教科書ぴったりトレーニング

はなまるシール

「…表」に使おう！
…とも犬を選んで、
…がんばり表に
「はなまるシール」をはろう！
★ 余ったシールは自由に使ってね。

キミのおとも犬

はなまるシール

ごほうびシール

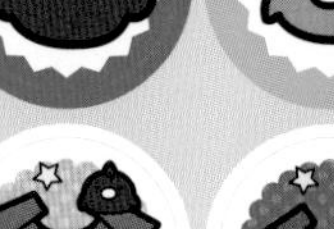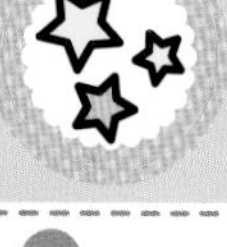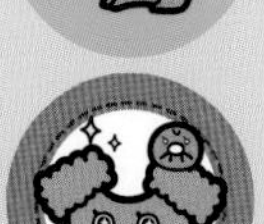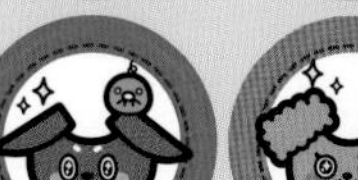

教科書ぴったりトレーニング
理科 3年 がんばり表
すきななまえをつけてね！
なまえ
ぴた犬（おとも犬）シールをはろう
シールの中からすきなぴた犬をえらぼう。
いつも見えるところに、この「がんばり表」をはっておこう。
この「ぴたトレ」を学習したら、シールをはろう！
どこまでがんばったかわかるよ。
おうちのかたへ
がんばり表のデジタル版「デジタルがんばり表」では、デジタル端末でも学習の進捗記録をつけることができます。1冊やり終えると、抽選でプレゼントが当たります。「ぴたサポシステム」にご登録いただき、「デジタルがんばり表」をお使いください。LINE または PC・ブラウザを利用する方法があります。
LINE用
PC・ブラウザ用
ぴたサポシステムご利用ガイドはこちら
https://www.shinko-keirin.co.jp/shinko/news/pittari-support-system
スタート
1. しぜんのかんさつ
① 身の回りの生き物
2～3ページ ぴったり12
4～5ページ ぴったり12
6～7ページ ぴったり3
2. 植物を育てよう
① たねをまこう
8～9ページ ぴったり12
10～11ページ ぴったり3
3. かげと太陽
① かげのでき方
② かげのいちと太陽
③ 日光のはたらき
12～13ページ ぴったり12
14～15ページ ぴったり12
16～17ページ ぴったり12
18～19ページ ぴったり3
2-2. ぐんぐんのびろ
20～21ページ ぴったり12
22～23ページ ぴったり3
4. チョウを育てよう
① チョウを育てよう
② チョウのからだを調べよう
24～25ページ ぴったり12
26～27ページ ぴったり12
28～29ページ ぴったり12
30～31ページ ぴったり3
2-3. 花がさいた
32～33ページ ぴったり12
5. こん虫を調べよう
① 生き物のようすを調べよう
② こん虫のからだのつくり
34～35ページ ぴったり12
36～37ページ ぴったり3
2-4. 実ができるころ
38～39ページ ぴったり12
40～41ページ ぴったり3
6. 音を調べよう
① 音が出ているときのもののようす
② 音をつたえよう
42～43ページ ぴったり12
44～45ページ ぴったり3
7. 光を調べよう
① 日光の進み方を調べよう
② 日光を集めよう
46～47ページ ぴったり12
48～49ページ ぴったり12
50～51ページ ぴったり3
8. 風のはたらき
① 風の強さと風車の回り方
② 風の強さとものを持ち上げる力
52～53ページ ぴったり12
54～55ページ ぴったり3
9. ゴムのはたらき
① ゴムの力と車の走り方
② ゴムの力をコントロールしよう
56～57ページ ぴったり12
58～59ページ ぴったり3
10. 明かりをつけよう
① 豆電球に明かりをつけよう
② 電気を通すものと通さないもの
③ スイッチを作ろう
60～61ページ ぴったり12
62～63ページ ぴったり12
64～65ページ ぴったり12
66～67ページ ぴったり3
11. じしゃくのひみつ
① じしゃくに引きつけられるもの
② じしゃくのせいしつ
③ じしゃくのはたらき
68～69ページ ぴったり12
70～71ページ ぴったり12
72～73ページ ぴったり3
12. ものの重さを調べよう
① ものの重さをくらべよう
② もののしゅるいと重さ
74～75ページ ぴったり12
76～77ページ ぴったり12
78～80ページ ぴったり3
できたらシールをはろう
ゴール
さいごまでがんばったキミは「ごほうびシール」をはろう！
ごほうびシールをはろう

教科書ぴったりトレーニングの使い方

『ぴたトレ』は教科書にぴったり合わせて使うことができるよ。教科書も見ながら、勉強していこうね。ぴた犬たちが勉強をサポートするよ。

ふだんの学習

ぴったり1 じゅんび

教科書のだいじなところをまとめていくよ。
めあて でどんなことを勉強するかわかるよ。
問題に答えながら、わかっているかかくにんしよう。
QR コードから「3 分でまとめ動画」が見られるよ。

※QR コードは株式会社デンソーウェーブの登録商標です。

ぴったり2 練習

「ぴったり1」で勉強したこと、おぼえているかな？
かくにんしながら、問題に答える練習をしよう。

ぴったり3 たしかめのテスト

「ぴったり1」「ぴったり2」が終わったら取り組んでみよう。
学校のテストの前にやってもいいね。
わからない問題は、ふりかえり を見て前にもどってかくにんしよう。

実力チェック

- 夏のチャレンジテスト
- 冬のチャレンジテスト
- 春のチャレンジテスト
- 3年 理科のまとめ 学力しんだんテスト

夏休み、冬休み、春休み前に使いましょう。
学期の終わりや学年の終わりのテストの前にやってもいいね。

ふだんの学習が終わったら、「がんばり表」にシールをはろう。

別冊

丸つけラクラクかいとう

問題と同じ紙面に赤字で「答え」が書いてあるよ。
取り組んだ問題の答え合わせをしてみよう。まちがえた問題やわからなかった問題は、右の「てびき」を読んだり、教科書を読み返したりして、もう一度見直そう。

おうちのかたへ

本書『教科書ぴったりトレーニング』は、教科書の要点や重要事項をつかむ「ぴったり1 じゅんび」、おさらいをしながら問題に慣れる「ぴったり2 練習」、テスト形式で学習事項が定着したか確認する「ぴったり3 たしかめのテスト」の3段階構成になっています。教科書の学習順序やねらいに完全対応していますので、日々の学習（トレーニング）にぴったりです。

「観点別学習状況の評価」について

学校の通知表は、「知識・技能」「思考・判断・表現」「主体的に学習に取り組む態度」の3つの観点による評価がもとになっています。

問題集やドリルでは、一般に知識を問う問題が中心になりますが、本書『教科書ぴったりトレーニング』では、次のように、観点別学習状況の評価に基づく問題を取り入れて、成績アップに結びつくことをねらいました。

ぴったり3 たしかめのテスト

- ●「知識・技能」のうち、特に技能（観察・実験の器具の使い方など）を取り上げた問題には「技能」と表示しています。
- ●「思考・判断・表現」のうち、特に思考や表現（予想したり文章で説明したりすることなど）を取り上げた問題には「思考・表現」と表示しています。

チャレンジテスト

- ●主に「知識・技能」を問う問題か、「思考・判断・表現」を問う問題かで、それぞれに分類して出題しています。

別冊『丸つけラクラクかいとう』について

おうちのかたへ では、次のようなものを示しています。

- 学習のねらいやポイント
- 他の学年や他の単元の学習内容とのつながり
- まちがいやすいことやつまずきやすいところ

お子様への説明や、学習内容の把握などにご活用ください。

内容の例

おうちのかたへ 1. 生き物をさがそう
身の回りの生き物を観察して、大きさ、形、色など、姿に違いがあることを学習します。虫眼鏡の使い方や記録のしかたを覚えているか、生き物どうしを比べて、特徴を捉えたり、違うところや共通しているところを見つけたりすることができるか、などがポイントです。

(キリトリ線)

教科書ぴったりトレーニング 理科 3年 折込①(ウラ)

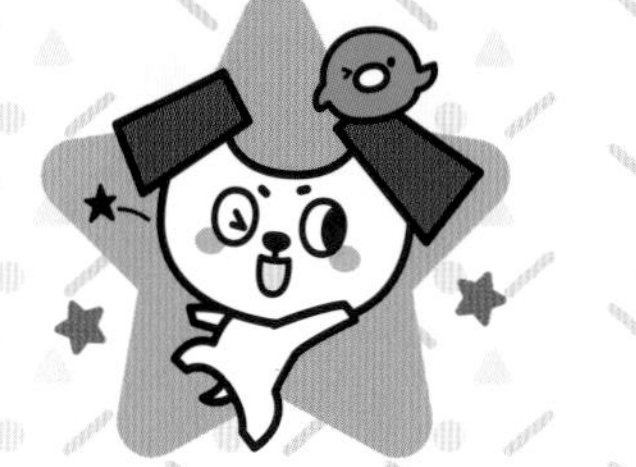

バッチリポスター

自由研究にチャレンジ！

「自由研究はやりたい，でもテーマが決まらない…。」
そんなときは，このふろくをさんこうに，自由研究を進めてみよう。
このふろくでは，『植物のどこを食べているのか』というテーマをれいに，せつめいしていきます。

①研究のテーマを決める

「植物の体は，どれも根・くき・葉からできていることを学習したけど，ふだん食べているものは，植物のどこを食べているのか，調べてみたいと思った。」など，身近なぎもんからテーマを決めよう。

②予想・計画を立てる

「ふだん食べているやさいなどの植物が，根・くき・葉のどの部分かを調べる。」など，テーマに合わせて調べるほうほうとじゅんびするものを考え，計画を立てよう。わからないことは，本やコンピュータで調べよう。

③調べたりつくったりする

計画をもとに，調べたりつくったりしよう。けっかだけでなく，気づいたことや考えたこともきろくしておこう。

④まとめよう

「根を食べているものには～，くきを食べているものには～，葉を食べているものには～があった。」など，調べたりつくったりしたけっかから，どんなことがわかったのかをまとめよう。

どの部分かわかりにくいものは本などで調べよう。

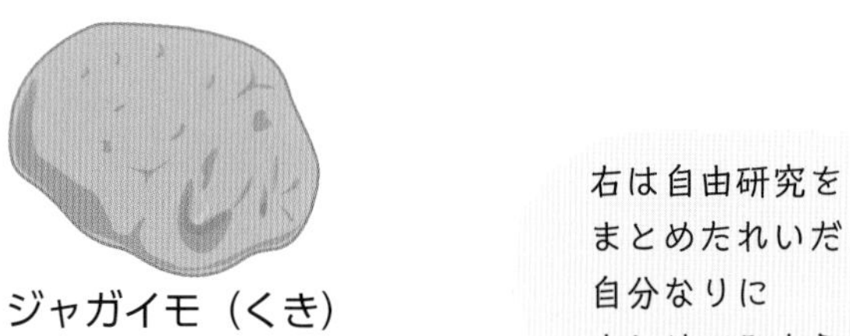

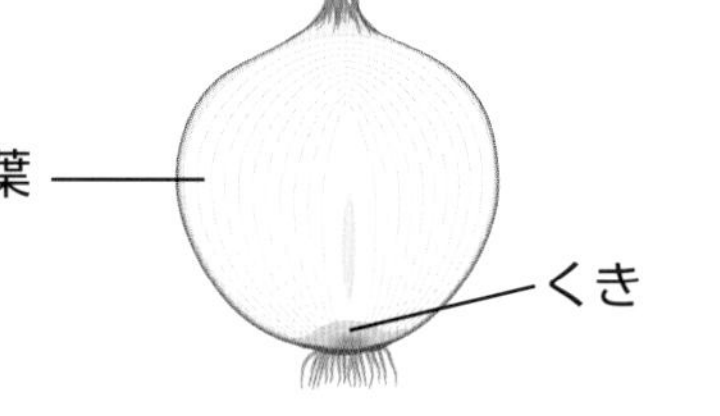

右は自由研究をまとめたれいだよ。自分なりにまとめてみよう。

植物のどこを食べているのか

年　組

【1】研究のきっかけ

小学校で，植物の体は，どれも根・くき・葉からできていることを学習した。ふだんやさいなどを食べているけど，それは植物のどこを食べているのか，調べてみたいと思った。

【2】調べ方

①まいにち食べているものの中から，植物をさがす。
②食べている植物が，根・くき・葉のどの部分かを調べる。

ニンジン　アスパラガス　キャベツ

【3】けっか

・根を食べているもの…
・くきを食べているもの…
・葉を食べているもの…
・そのほか…

【4】わかったこと

やさいは，植物の根・くき・葉のどれかだと思っていたけど，実やつぼみなど，根・くき・葉いがいでも，やさいとよんでいるものがあるとわかった。

きょうみを広げる・深める！

かんさつ・じっけんカード

3年

生き物

何という
植物(しょくぶつ)かな？

生き物

何という
植物(しょくぶつ)かな？

生き物

何という
植物(しょくぶつ)かな？

生き物

何という
植物(しょくぶつ)かな？

生き物

何という
植物(しょくぶつ)かな？

生き物

何という
植物(しょくぶつ)かな？

生き物

何という
植物(しょくぶつ)かな？

生き物

何という
こん虫かな？

生き物

何という
こん虫かな？

生き物

何という
こん虫かな？

生き物

何という
こん虫かな？

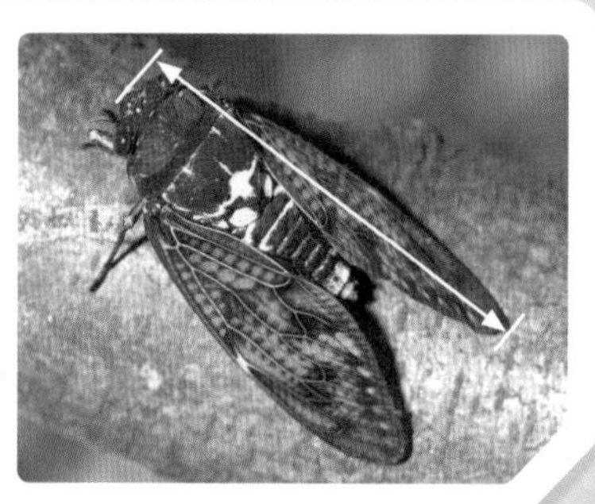

タンポポ

草たけは、15～30cm。
1つの花に見えるが、
たくさんの花が
集(あつ)まったもの。

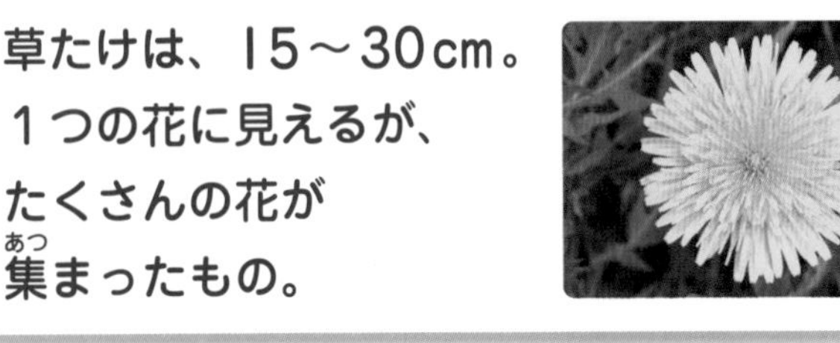

使(つか)い方(かた)

●切り取(と)り線にそって切りはなしましょう。

説(せつ)明(めい)

●「生き物」「きぐ」「たんい」の答えはうら面(めん)に書いてあります。
●植物(しょくぶつ)の草たけ（高さ）や動物(どうぶつ)の大きさはおよその数字です。
●動物(どうぶつ)の大きさは、←→ をはかった長さです。

ハルジオン

草たけは、30～60cm。
つぼみはたれ下がり、
くきの中は空っぽに
なっている。

ナズナ

草たけは、20～30cm。
小さな花がさく。ハート
の形をしたものは、
葉(は)ではなく実(み)。

カラスノエンドウ

草たけは、60～90cm。
葉(は)の先のまきひげが、
ほかのものにまきついて、
体をささえる。

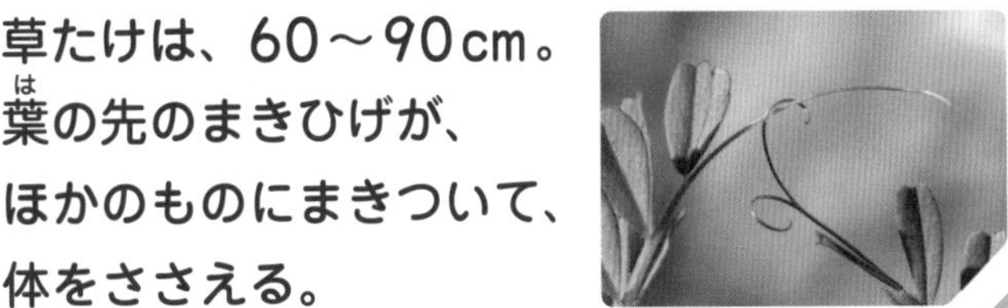
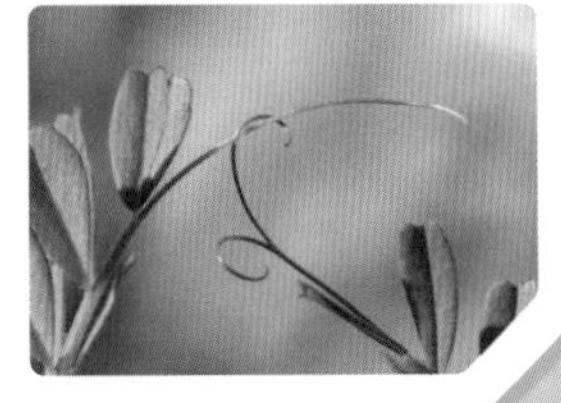

シロツメクサ

草たけは、20～30cm。
1つの花に見えるが、
たくさんの花が
集まったもの。

ヒメオドリコソウ

草たけは、10～25cm。
葉(は)は、たまごの形を
していて、ふちが
ぎざぎざしている。

ホトケノザ

草たけは、10～30cm。
葉(は)は、ぎざぎざがある
丸い形をしている。

ショウリョウバッタ

大きさは、めすが80mm、おすが50mm。
たまご→よう虫→せい虫のじゅんに育(そだ)つ。
キチキチという音を出す。

ベニシジミ

大きさは、15mm。たまご→よう虫
→さなぎ→せい虫のじゅんに育(そだ)つ。よう虫は、
スイバなどの葉(は)を食べる。せい虫は草地(くさち)で
よく見られ、花のみつをすう。

アブラゼミ

大きさは、55mm。
たまご→よう虫→せい虫の
じゅんに育(そだ)つ。
ジージリジリジリと鳴く。

ぬけがら

ツクツクボウシ

大きさは、45mm。
たまご→よう虫→せい虫の
じゅんに育(そだ)つ。
オーシツクツクと鳴く。

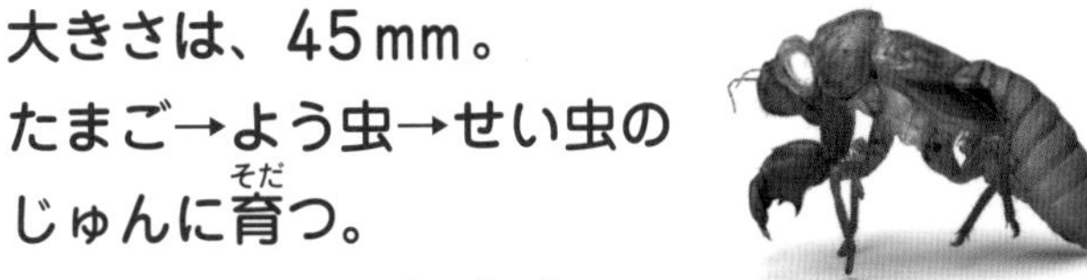
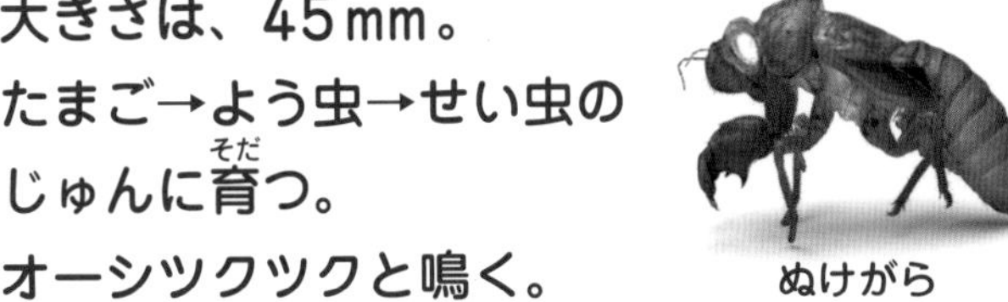

ぬけがら

生き物

何という
こん虫かな？

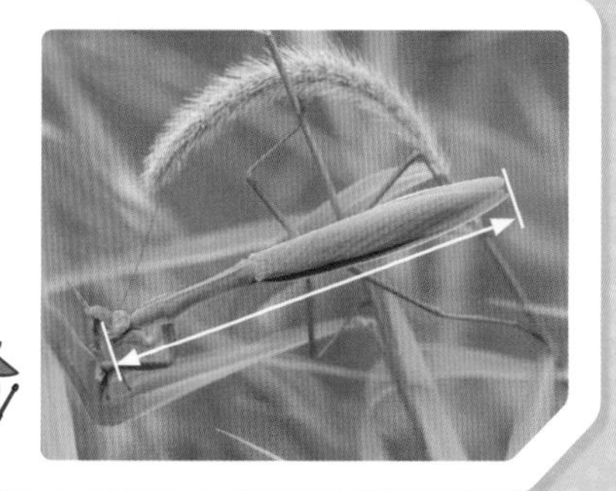

生き物

何という
こん虫かな？

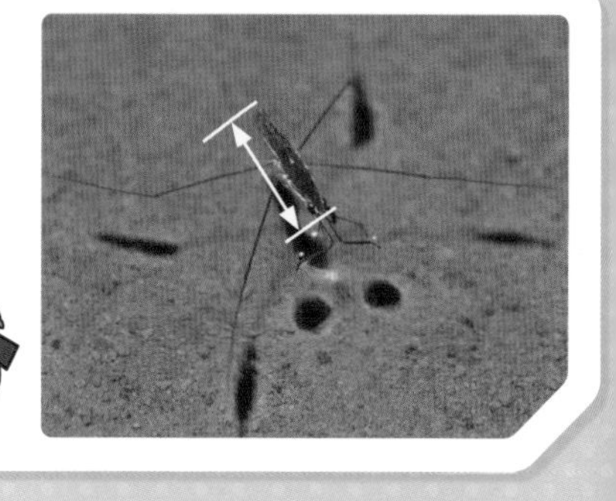

生き物

何という
こん虫かな？

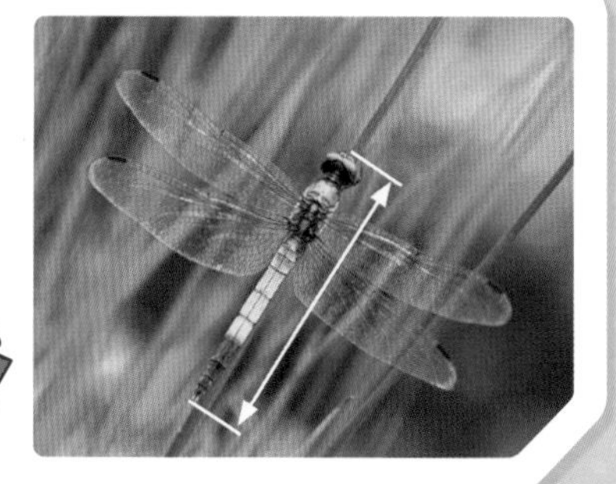

きぐ

何という
きぐかな？

きぐ

何という
きぐかな？

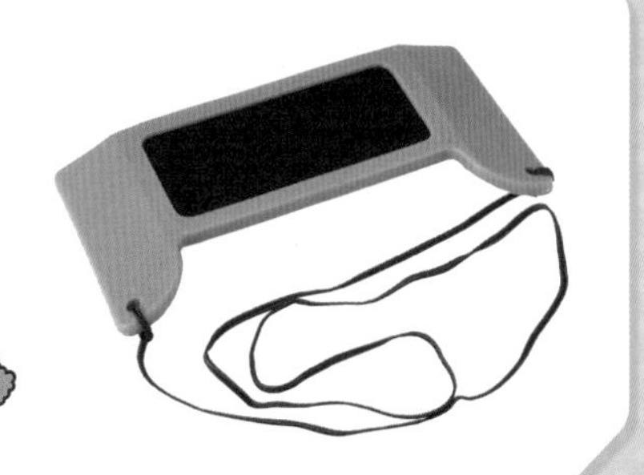

きぐ

何という
きぐかな？

きぐ

何という
きぐかな？

きぐ

何という
きぐかな？

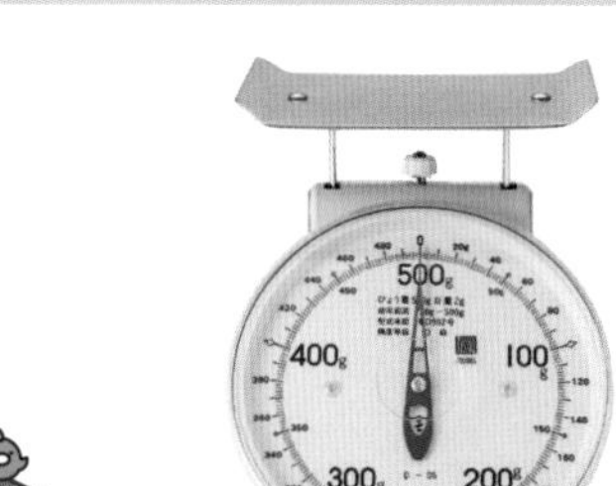
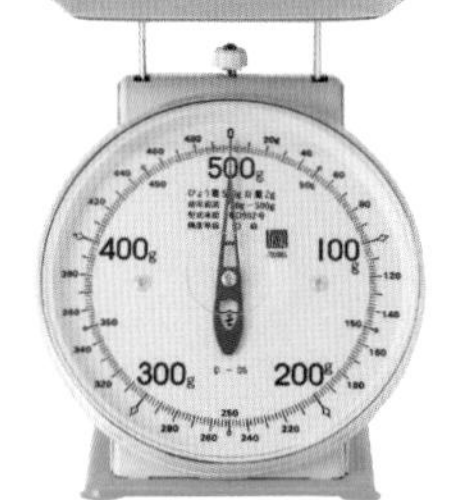

きぐ

何という
きぐかな？

たんい

これで何を
はかるかな？

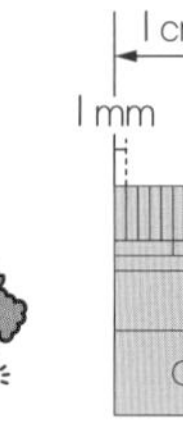
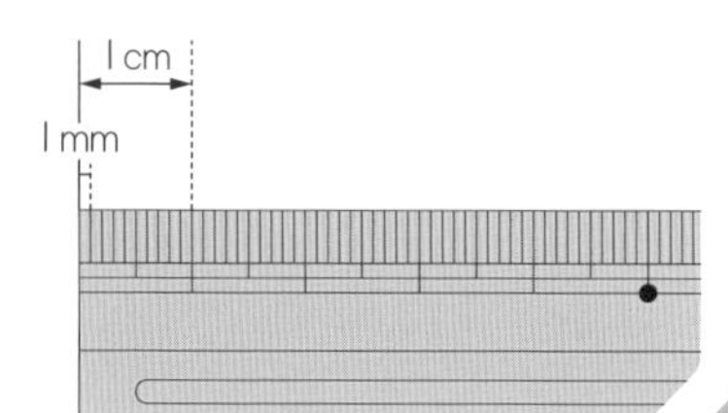

たんい

これで何を
はかるかな？

たんい

ものの大きさ（かさ）
を何というかな？

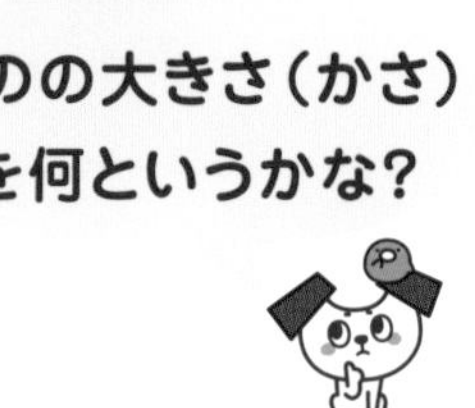
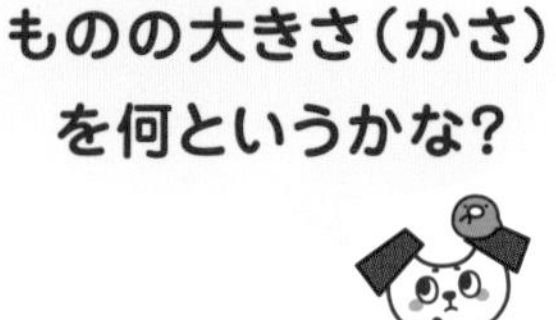
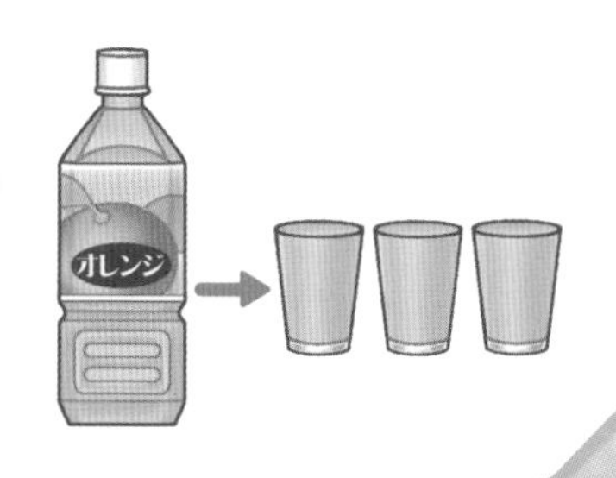

アメンボ

大きさは、15mm。たまご→よう虫→せい虫のじゅんに育(そだ)つ。
あしの先に毛が生えていて、その毛には油(あぶら)がついているため、水にしずまない。

オオカマキリ

大きさは、80mm。たまご→よう虫→せい虫のじゅんに育(そだ)つ。
かまのような前あしで、ほかのこん虫をつかまえて食べる。

虫めがね

小さなものを大きく見たり、
日光を集(あつ)めたりするために使(つか)う。
目をいためるので、ぜったいに、
虫めがねで太陽(たいよう)を見てはいけない。

シオカラトンボ

大きさは、50mm。たまご→よう虫→せい虫のじゅんに育(そだ)つ。
おすの体は青く、めすの体は茶色い。
ムギワラトンボともよばれている。

方位(ほうい)じしん

方位を調(しら)べるときに使(つか)う。
はりは、北と南を指(さ)して止まる。色がついているほうのはりが北を指す。

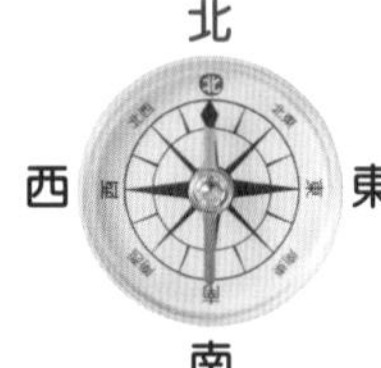

しゃ光板(こうばん)

太陽(たいよう)を見るときに使(つか)う。
太陽をちょくせつ見ると目をいためるので、これを使うが、長い時間見てはいけない。

はかり(台ばかり)

ものの重(おも)さをはかるときに使(つか)う。はかりを使うときは、平(たい)らなところにおき、はりが「0」を指(さ)していることをかくにんする。はかるものをしずかにのせ、はりが指す目もりを、正面(しょうめん)から読む。

温度計(おんどけい)

ものの温度をはかるときに使(つか)う。
目もりを読むときは、
真横(まよこ)から読む。

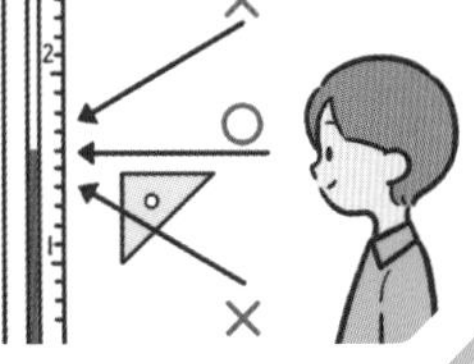

長さ

長さは、ものさしではかる。m(メートル)やcm(センチメートル)、mm(ミリメートル)は長さのたんい。
1m＝100cm　1cm＝10mm

はかり(電子てんびん)

ものの重(おも)さをはかるときに使(つか)う。はかりは平(たい)らなところにおき、スイッチを入れる。紙をしいて使うときは、台に紙をのせてから「0g」のボタンをおす。しずかにものをおいて、数字を読む。

体積(たいせき)

ものの大きさ(かさ)のことを体積という。同じコップではかってくらべると、体積のちがいがわかる。

重(おも)さ

重さは、はかりではかる。
kg(キログラム)やg(グラム)は重さのたんい。1円玉の重さは1g。1kg＝1000g

理科3年

学校図書版
みんなと学ぶ 小学校理科

教科書ぴったりトレーニング

▶3分でまとめ動画

とりはずしてお使いください

【写真提供】
アフロ/アマナイメージズ/コーベット・フォトエージェンシー/七彩工房/ピクスタ/宮川理恵/ルカフォト/NNP

ぴったり1 じゅんび

1. しぜんのかんさつ

①身の回りの生き物①

3分でまとめ

学習日　　月　　日

めあて
身の回りの生き物のようすがどうだったかをかくにんしよう。

教科書 6～11ページ　答え 2ページ

下の(　)に当てはまる言葉を書くか、当てはまるものを○でかこもう。

1 生き物にはどのようなちがいがあるだろうか。 教科書 6～11ページ

▶植物の名前を〔　〕からえらんで、①～④に書きましょう。また、⑤～⑧は正しい方を○でかこみましょう。

〔 ハルジオン　タンポポ　シロツメクサ　アブラナ　ホトケノザ 〕

高さは(⑤ 20 cm・50 cm)くらい。花は白色。

葉は(⑥ 丸い・ぎざぎざした)形。花は黄色。

①(　　　)　②(　　　)

高さは 30～60 cm くらい。花は(⑦ ピンク・黄)色。

高さは(⑧ 30 cm・1 m)くらい。花は黄色。

③(　　　)　④(　　　)

▶動物の名前を〔　〕からえらんで、⑨、⑩に書きましょう。また、⑪、⑫は正しい方を○でかこみましょう。

〔 モンシロチョウ　ダンゴムシ　ナナホシテントウ 〕

(⑪ 葉の上・石の下)で小さな虫を食べていた。

(⑫ 草むら・石の下)にいた。さわると丸くなった。

⑨(　　　)　⑩(　　　)

ここがだいじ!
①生き物は、それぞれ、色、形、大きさなどがちがっている。

ぴたトリビア
ナナホシテントウは、アブラムシという小さな虫を食べます。アブラムシは、植物のしるをすって植物を病気にしたり、弱らせてしまったりします。

学習日　　月　　日

1. しぜんのかんさつ

①身(み)の回りの生(い)き物(もの)①

教科書 6～11ページ　答え 2ページ

1 学校の近くで見つけた植物(しょくぶつ)をかんさつしました。

(1) ①～③の植物の名前を、下の［　　］からえらんで、(　　)に書きましょう。

［ オオイヌノフグリ　ナズナ　ホトケノザ　タンポポ ］

① 　② 　③ 

(　　　　)　(　　　　)　(　　　　)

(2) かんさつした植物の記ろくを集(あつ)め、とくちょうで分けてまとめます。まとめ方として正しいものには○を、まちがっているものには×をつけましょう。

ア(　　)植物全体(ぜんたい)の大きさで分ける。
イ(　　)花の色で分ける。
ウ(　　)葉(は)の形で分ける。
エ(　　)見つけた時間で分ける。
オ(　　)見つけた場所(ばしょ)で分ける。

2 身の回りで見つけた動物(どうぶつ)をかんさつしました。それぞれの写真(しゃしん)にあう動物の名前を●―●でつなぎましょう。

①　② 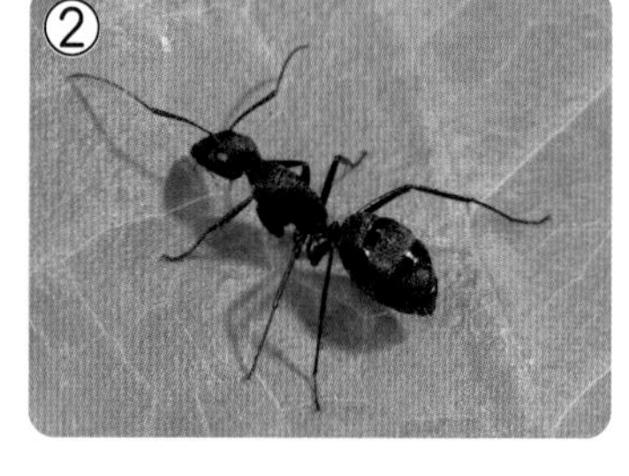 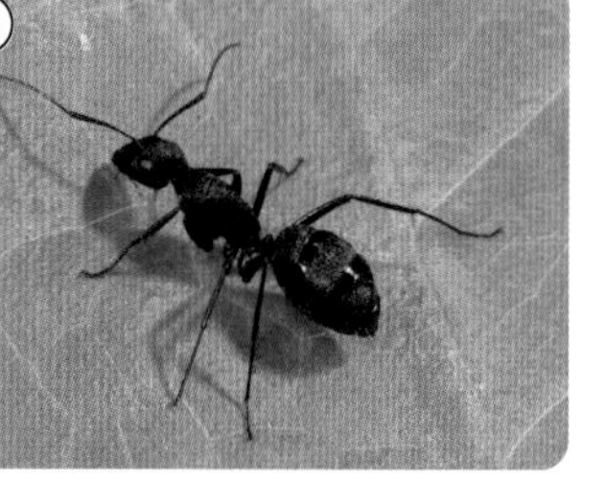 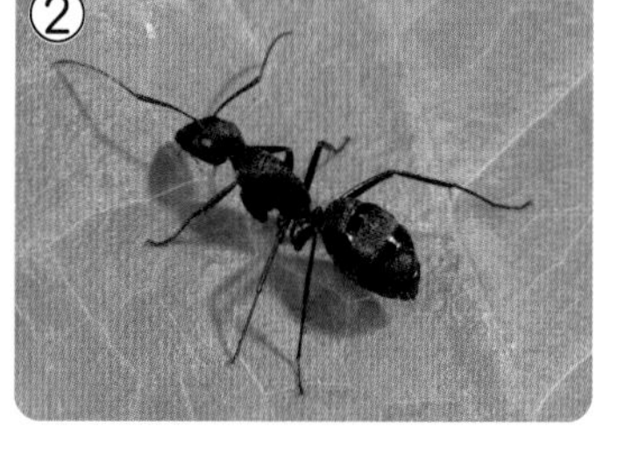　③ 

●　●　●

●　●　●　●

クロオオアリ　ダンゴムシ　モンシロチョウ　ナナホシテントウ

ヒント 1 (2)生き物は、それぞれ色、形、大きさ、すんでいる場所などがちがっています。

ぴったり1 じゅんび

学習日　　月　　日

1. しぜんのかんさつ

①身の回りの生き物②

◎めあて
虫めがねで生き物をかんさつし、記ろくのしかたをかくにんしよう。

教科書 12～15ページ　答え 3ページ

下の(　)に当てはまる言葉を書くか、当てはまるものを○でかこもう。

1 生き物をかんさつし、どのように記ろくしたらよいだろうか。

教科書 12～14ページ

▶虫めがねの使い方

虫めがねを目に近づけておく。

手に持ったものを見るときは、(① 見るもの ・ 虫めがね)を前後に動かして、はっきり見えるところで止める。

動かせないものを見るときは、(② 見るもの ・ 虫めがね)を前後に動かして、はっきり見えるところで止める。

〔手に持ったものを見るとき〕

〔動かせないものを見るとき〕

▶目をいためるので、ぜったいに虫めがねで(③　　　)を見てはいけない。

▶学校のまわりで見つけた動物や植物をかんさつして、カードに記ろくする。

- 生き物の全体の大きさ、(④　　)、形などを、絵や(⑤　　　)で記ろくする。
- 生き物をもっとよく見たいときは、(⑥　　　)を使ってかんさつする。

タンポポ
4月14日（はれ）　原田ゆか

場所	校庭のすみ。日のあたるところ。
形	葉はぎざぎざした形。
色	花は黄色。葉はこいみどり色。
大きさ	地面からの高さは15cmくらい。

日のあたるところにたくさんさいていた。

生き物を見つけた場所や、まわりのようすも書いておくといいね。

ここが、だいじ！
①虫めがねを使うと、ものを大きくして見ることができる。
②見つけた生き物をかんさつして、色、形、大きさなどを記ろくする。

ぴたトリビア　ナズナは、春の七草とよばれる植物の1つです。1月7日に、おかゆに入れて食べ、病気をしないで元気でいることをいのる風習があります。

1. しぜんのかんさつ

①身の回りの生き物②

1 虫めがねの使い方について、正しいものには○を、まちがっているものには×をつけましょう。

ア（　　）手に持ったものを見るときは、虫めがねを目に近づけておき、見るものを前後に動かして、はっきりと見えるところで止める。

イ（　　）動かせないものを見るときは、虫めがねを見るものに近づけておき、頭を前後に動かして、はっきり見えるところで止める。

ウ（　　）虫めがねはできるだけ目からはなして、遠くで見る。

エ（　　）虫めがねで太陽を見てはいけない。

オ（　　）動かせないものを見るときは、虫めがねを目に近づけておき、虫めがねを前後に動かして、はっきり見えるところで止める。

2 ナズナをかんさつして、カードに記ろくしました。

(1) 生き物をかんさつするときに、注目することを（　　）に書きましょう。

① 「ぎざぎざしている」「丸い」など、（　　　）に注目する。

② 「白色」「黄色」など、（　　　）に注目する。

③ 「25 cm くらい」「1 m くらい」など、（　　　　　　）に注目する。

(2) ㋐には、何を書くとよいですか。（　　）に当てはまる言葉を書きましょう。

調べた（　　　　　）と、天気を書く。

(3) ㋑にはどんな言葉が入りますか。正しい方に○をつけましょう。

ア（　　）日当たりのよいところにたくさんはえていた。

イ（　　）ぼうしをかぶってかんさつした。

ナズナ

㋐　村上こうた

25 cm

場所	校門のそば。
形	葉はぎざぎざしてて、先は丸い。
色	花は白色。葉はみどり色。
大きさ	高さ25cmくらい。
	㋑

ぴったり3 たしかめのテスト

1. しぜんのかんさつ

時間 30分　／100　合格 70点

教科書 6〜15ページ　答え 4ページ

1 春の野原で見られる植物をかんさつしました。　1つ5点(30点)

(1) ①〜④の植物の名前を、下の［　］からえらんで、(　)に書きましょう。

オオイヌノフグリ　カタバミ　シロツメクサ　ハコベ　ハルジオン

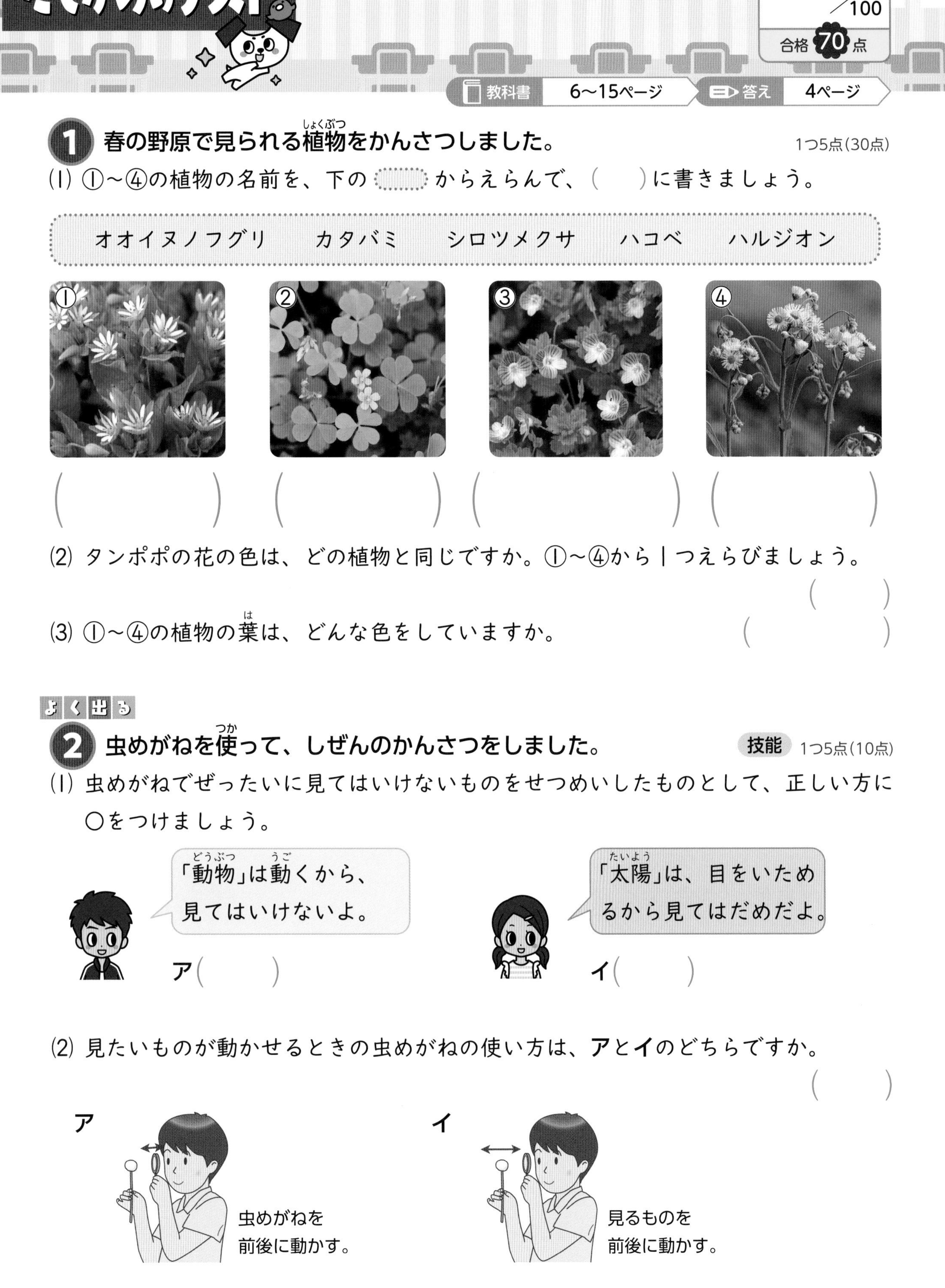

①(　) ②(　) ③(　) ④(　)

(2) タンポポの花の色は、どの植物と同じですか。①〜④から1つえらびましょう。(　)

(3) ①〜④の植物の葉は、どんな色をしていますか。(　)

よく出る

2 虫めがねを使って、しぜんのかんさつをしました。　技能　1つ5点(10点)

(1) 虫めがねでぜったいに見てはいけないものをせつめいしたものとして、正しい方に○をつけましょう。

「動物」は動くから、見てはいけないよ。　ア(　)

「太陽」は、目をいためるから見てはだめだよ。　イ(　)

(2) 見たいものが動かせるときの虫めがねの使い方は、アとイのどちらですか。(　)

ア　虫めがねを前後に動かす。

イ　見るものを前後に動かす。

学習日　　月　　日

3 **植物をかんさつして、記ろくしました。記ろくのかき方として正しいものを4つえらんで、(　　)に○をつけましょう。**　技能　1つ10点(40点)

ア(　　)花の色や形を記ろくする。
イ(　　)葉の大きさや形のとくちょうを記ろくする。
ウ(　　)気がついたことや感(かん)じたことを記ろくする。
エ(　　)絵だけで記ろくし、言葉(ことば)では記ろくしない。
オ(　　)植物が見られた場所(ばしょ)を記ろくする。
カ(　　)かんさつしたときの服(ふく)そうを記ろくする。

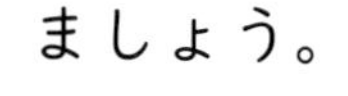

4 **動物のようすをかんさつしました。**　1つ5点、(2)は全部(ぜんぶ)できて5点(20点)

(1) 下の写真(しゃしん)の生(い)き物(もの)にはどんなとくちょうがありますか。あうものを●—●でつなぎましょう。

①

②

③

ア　からだは赤色で、黒い点がある。

イ　1cmくらいの大きさ。さわると丸くなる。

ウ　花のみつをすう。

(2) ①～③の生き物のうち、実(じっ)さいの大きさが一番大きいものは、どの生き物ですか。記号(きごう)と生き物の名前を答えましょう。

記号(　　　　)
名前(　　　　　　　　)

ふりかえり
2がわからないときは、4ページの1にもどってかくにんしましょう。
4がわからないときは、2ページの1にもどってかくにんしましょう。

ぴったり1 じゅんび

3分でまとめ

2. 植物を育てよう

①たねをまこう

学習日　月　日

めあて　植物がたねからどのように育つのかをかくにんしよう。

教科書 16~23ページ　答え 5ページ

下の(　)に当てはまる言葉を書くか、当てはまるものを○でかこもう。

1 ホウセンカとヒマワリはどのように育っていくだろうか。 教科書 16~23ページ

▶たねのまき方

ヒマワリのたね

(① 10cm ・ 50cm)はなす

ホウセンカのたね

(② 10cm ・ 50cm)はなす

▶花だんにまくときには、たねをまく前に、(③　　　　)をほり起こして、(④　　　　)を入れる。

▶土に(⑤　　　　)であなをあけ、たねを入れる。

▶ホウセンカのような小さなたねをポットにまくときは、土の上にたねをまいて、上にうすく(⑥　　　　)をかける。

▶たねをまいた後は、(⑦　　　　)をして土がかわかないようにする。

たねをまく前に、たねのようすを記ろくしておこう！

▶ホウセンカのめが出たときのようすを調べる。

ホウセンカのめばえ

(⑧ 子葉・葉)

(⑨ 子葉・葉)

▶たねをまくと、はじめに(⑩　　　　)まいの(⑪　　　　)が出る。

▶子葉が出た後に、(⑫　　　　)が出る。

▶植物の育ちは、せの(⑬　　　　)、葉の数や大きさ、くきの太さを調べる。

▶植物のせの高さは、土の表面から新しい葉の(⑭　　　　)までの高さをはかる。

ここが だいじ！
①たねからめが出ると、はじめに2まいの子葉が出る。
②子葉が出た後に、葉が出る。

ぴたトリビア　売られているヒマワリのたねには、育てるためのものだけでなく、食べるためのものもあり、油のざいりょうにもなります。

ぴったり2 練習

2. 植物を育てよう

①たねをまこう

学習日　月　日

教科書 16〜23ページ　答え 5ページ

1 ヒマワリとホウセンカのたねをまくじゅんびをしました。

(1) 下の写真は、それぞれどちらのたねでしょう。(　　)に名前を書きましょう。

① 

② 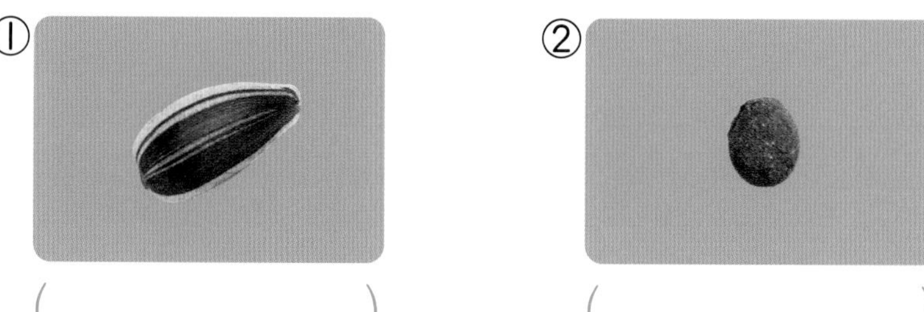

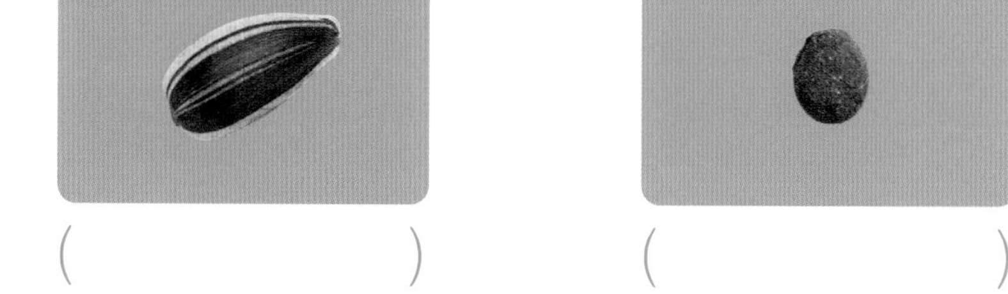

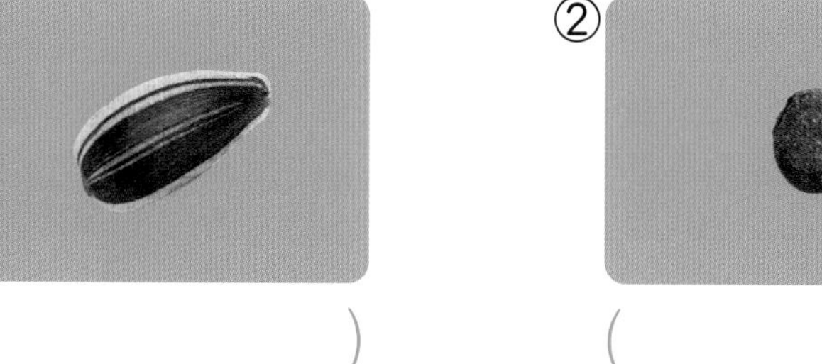

(　　　　　)　(　　　　　)

(2) たねをまく前に、土の中には何を入れておきますか。

(　　　　　)

(3) たねのまき方として、正しいものには○を、まちがっているものには×をつけましょう。

ア(　　)ホウセンカのたねをポットにまくときは、土の上にたねをまいて、上からうすく土をかける。

イ(　　)ヒマワリのたねは、シャベルであなをほって、おくの方にうめる。

ウ(　　)たねをまいた後は、上からひりょうをまく。

エ(　　)たねをまいた後は、土がかわかないように水やりをする。

2 ヒマワリのめが出て育つようすを調べました。

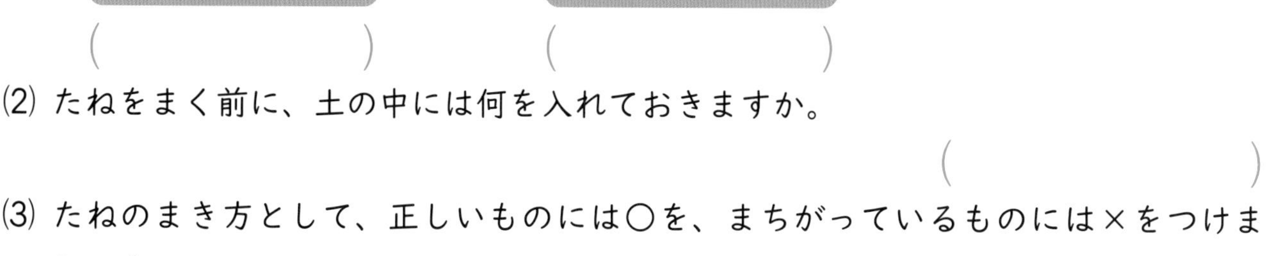

(1) アを何といいますか。名前を書きましょう。

(　　　　　)

(2) イを何といいますか。名前を書きましょう。

(　　　　　)

(3) これから数がふえて、大きくなっていくのは、アとイのどちらですか。

(　　)

ヒント ② 子葉は2まいだけですが、葉の数はどんどんとふえていきます。

2. 植物を育てよう

教科書 16〜23ページ　答え 6ページ

1 ヒマワリのたねのようすを調べました。　1つ5点(15点)

(1) ヒマワリのたねは**ア**〜**ウ**のうちのどれですか。□に○をつけましょう。

ア
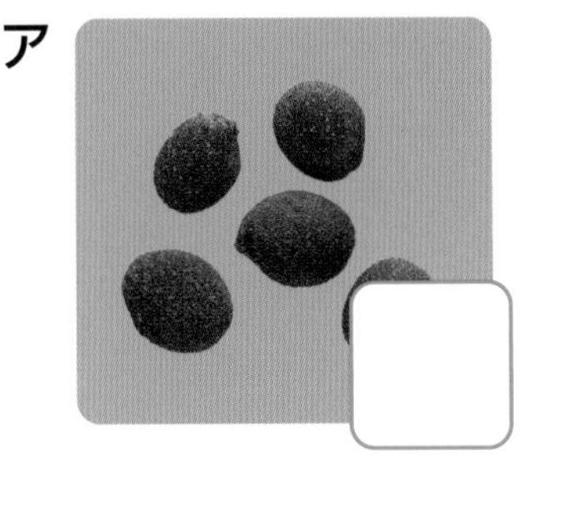

イ

ウ
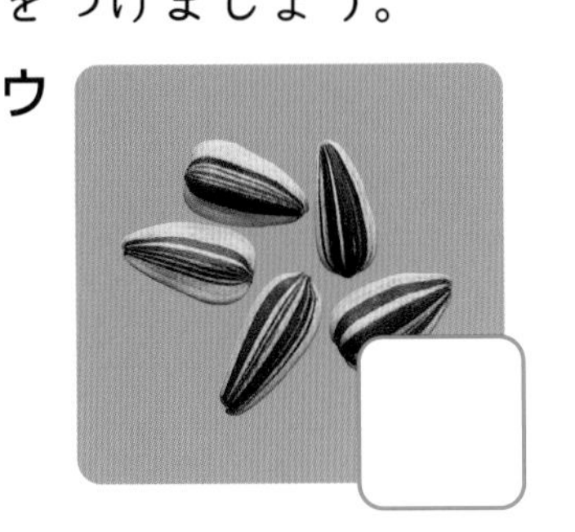

(2) ヒマワリのたねのようすについて、(　　)の中の正しい方を○でかこみましょう。

- ヒマワリのたねは白と黒のすじがあり、(① 丸い・細長い)形である。
- 大きさは2cmくらいで、ホウセンカのたねより(② 小さい・大きい)。

よく出る

2 めを出したホウセンカを調べました。　1つ10点(30点)

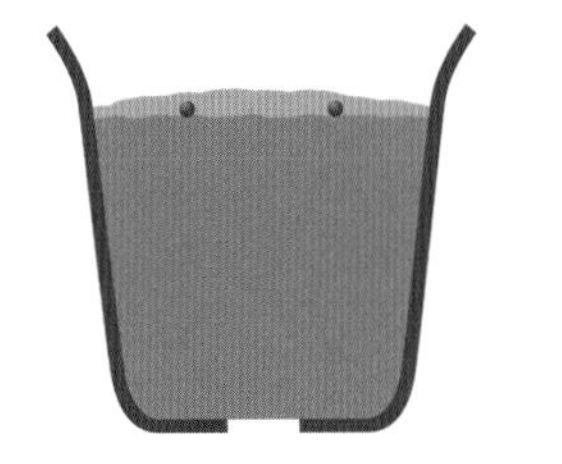

(1) はじめに出るものは、**ア**、**イ**のどちらですか。　(　　　)

(2) (1)を何といいますか。　(　　　　)

(3) この後の育ち方について、正しいものに○をつけましょう。

あ(　　)**ア**と同じ形の葉がふえていく。
い(　　)**イ**と同じ形の葉がふえていく。
う(　　)**ア**とも**イ**ともちがう形の葉がふえていく。

3 ホウセンカのたねをポットにまきます。(　　)に当てはまる言葉を［　］の中からえらんで、書きましょう。　技能 1つ5点(15点)

- たねをまく前に、土に(①　　　　)をまぜておく。
- たねを土の上にまいて、うすく(②　　　　)をかける。
- まいた後は、土がかわかないように(③　　　　)をする。

たね　土　ひりょう　水やり　ポット　じょうろ

学習日　　月　　日

4 植物の育ちをかんさつします。調べて記ろくするとよいものを3つえらんで、○をつけましょう。

技能　1つ5点(15点)

ア(　　)調べた場所(ばしょ)の住所(じゅうしょ)
イ(　　)葉の数や大きさ
ウ(　　)いっしょに調べた人の名前
エ(　　)まわりのけしき
オ(　　)植物のせの高さやくきの太さ
カ(　　)植物の色や形

できたらスゴイ!

5 ホウセンカとヒマワリの育ち方について調べました。

1つ5点、(3)は全部(ぜんぶ)できて10点(25点)

ア

イ

アの葉の形が、
ホウセンカだよ。

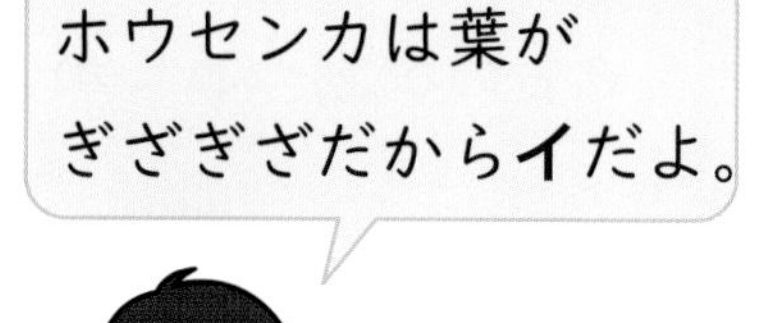
ホウセンカは葉が
ぎざぎざだからイだよ。

(1) ホウセンカは、アとイのどちらですか。　思考・表現

(　　)

(2) ホウセンカとヒマワリについて、ア～カから正しいものを2つえらんで、○をつけましょう。

ア(　　)ホウセンカとヒマワリは、たねの色や形、大きさが同じ。
イ(　　)ホウセンカとヒマワリは、たねの色や形、大きさがちがう。
ウ(　　)ホウセンカとヒマワリは、たねの色や形は同じだが、大きさがちがう。
エ(　　)ホウセンカもヒマワリも、1つのたねから1つのめが出てくる。
オ(　　)ホウセンカもヒマワリも、1つのめが広がると、1まいの子葉(しよう)になる。
カ(　　)ホウセンカもヒマワリも、子葉が大きくなると、葉になる。

(3) たねからめが出てからのようすについて、(　　)に当てはまる言葉を書きましょう。

ホウセンカもヒマワリもはじめに(①　　　)まいの(②　　　)が出て、その後に(③　　　)が出てきた。

ふりかえり
2がわからないときは、8ページの1にもどってかくにんしましょう。
5がわからないときは、8ページの1にもどってかくにんしましょう。

3. かげと太陽（たいよう）

①かげのでき方
②かげのいちと太陽①

学習日　　月　　日

めあて
かげのでき方と太陽のいちがどうなっているかをかくにんしよう。

教科書 24〜33ページ　答え 7ページ

下の（　）に当てはまる言葉（ことば）を書くか、当てはまるものを○でかこもう。

1 かげができるとき、太陽はどの方向（ほうこう）に見えるだろうか。 教科書 24〜28ページ

- 太陽の光を（①　　　　）という。
- 太陽の方向を調べるときは、目をいためないように、かならず（②　　　　）を使（つか）う。
- 日光をさえぎるものがあると、かげは、太陽の（③　　　　）がわにできる。
- いろいろなもののかげは、全部（ぜんぶ）（④ 同じ ・ ちがう ）向きにできる。
- 人やものが動（うご）くと、かげは（⑤ 動く ・ 動かない ）。

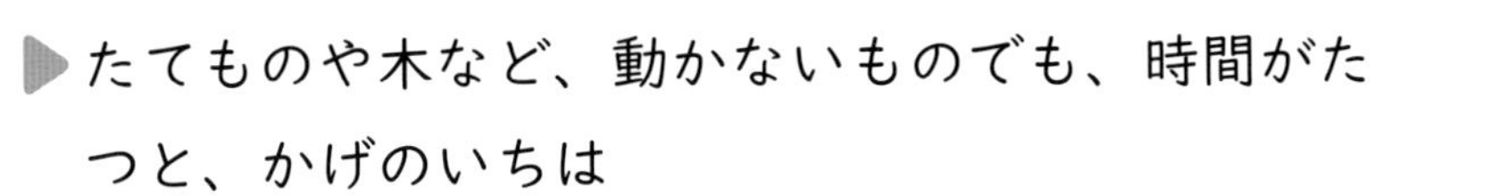

2 時間がたつとかげのいちがかわるのは、なぜだろうか。 教科書 29〜33ページ

- たてものや木など、動かないものでも、時間がたつと、かげのいちは（① かわる ・ かわらない ）。
- かげと太陽のいちを調べる。
  - 方位（ほうい）を調べるには、（②　　　　）を使う。
  - 午前、正午、（③　　　　）の3回、かげの向きと太陽の方向を調べる。
- 時間がたつと太陽のいちがかわるので、（④　　　　）のいちも動く。
- 時こくによって、かげのいちは（⑤ かわる ・ かわらない ）。

ここがだいじ！
①日光をさえぎるものがあると、太陽の反対（はんたい）がわにかげができる。
②時間がたつとかげのいちがかわるのは、太陽のいちがかわるから。

公園の池などで、カメが日なたに集（あつ）まっているようすが見られることがあります。これは、日光をあびて、からだをかわかしたり、あたためたりするためです。

ぴったり2 練習

3. かげと太陽

①かげのでき方

②かげのいちと太陽①

学習日　月　日

教科書 24～33ページ　答え 7ページ

1 かげのでき方を調べました。

(1) 木のかげの向きから、太陽はどこにあるとわかりますか。◌の中を赤えんぴつでぬりましょう。

(2) 女の子のかげは、㋐～㋒のどの向きにできますか。記号を書きましょう。
(　　)

(3) 女の子が動くと、かげはどうなりますか。正しいものに○をつけましょう。

ア(　　)女の子といっしょに動き、向きが反対になる。

イ(　　)女の子といっしょに動き、向きはかわらない。

ウ(　　)動かない。

(4) 太陽を見るときに使う道具を何といいますか。

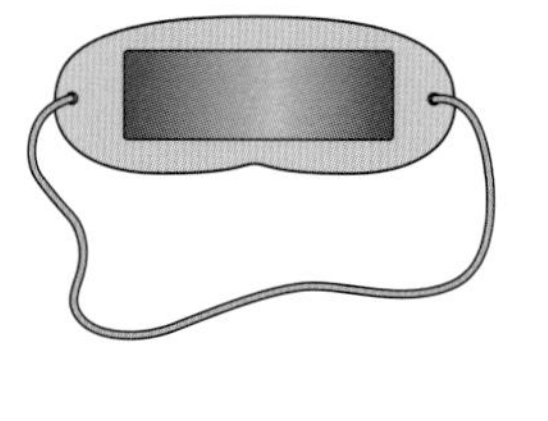

(　　　　)

2 かげの動きと太陽のいちを調べました。

(1) ぼうのかげはどの向きにできますか。えんぴつでぬりましょう。

(2) 太陽のいちが→の向きにかわるとき、かげのいちは㋐と㋑のどちらにかわりますか。記号を書きましょう。(　　)

(3) かげのいちがかわるのはどうしてですか。正しい方に○をつけましょう。

ア(　　)天気がかわるから。

イ(　　)太陽のいちがかわるから。

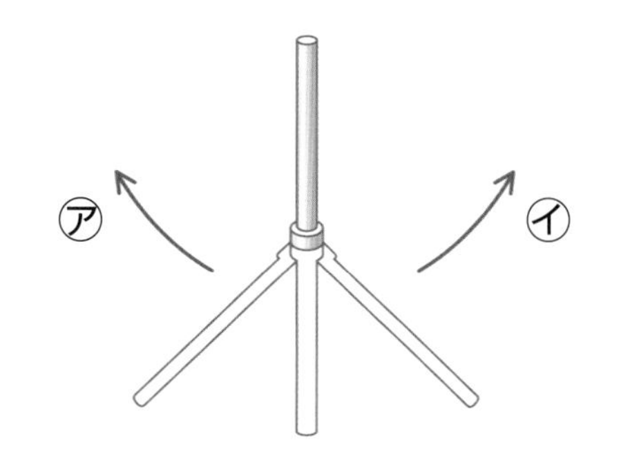

ヒント 1 2 かげは太陽と反対がわにできますね。

ぴったり1 じゅんび

3. かげと太陽

②かげのいちと太陽②

学習日　月　日

めあて　かげのいちがなぜかわるのかについてかくにんしよう。

教科書 31～33ページ　答え 8ページ

下の(　)に当てはまる言葉を書こう。

1 方位はどのようにして調べるのだろうか。

教科書 31ページ

▶方位じしんのはりは、自由に動くようにしておくと、いつも(①　　)と(②　　)を指して止まる。

▶北と南の方位を正しく知ることで、(③　　)と(④　　)の方位もわかる。

▶方位じしんの使い方

- 手のひらに方位じしんをのせる。はりが止まったら、文字ばんを回し、色のぬってあるはりの先を、文字ばんの(⑤　　)に合わせる。
- 文字ばんの(⑥　　)を読み取る。

回す　北　西　東　南

北の反対がわが南だね。

2 かげと太陽はどのようにいちがかわるのだろうか。

教科書 32～33ページ

▶太陽は、(①　　)からのぼって、(②　　)の空を通り、(③　　)へとしずんでいく。

▶かげは、太陽と反対に(④　　)から(⑤　　)へといちをかえる。

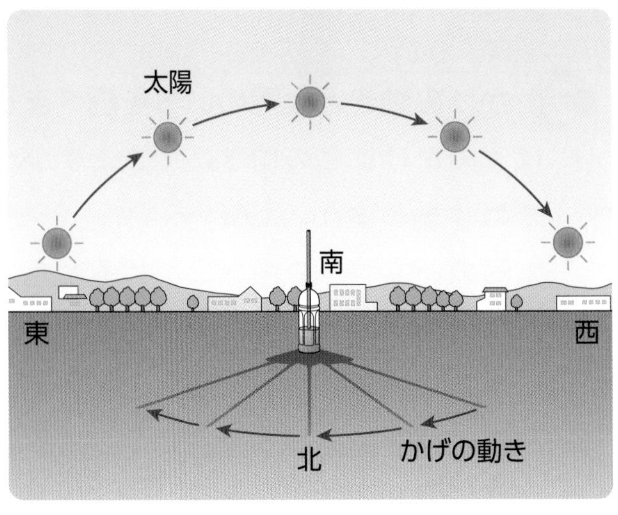

太陽は南に見えるとき、空の高いところにあるね。

ここがだいじ!
①太陽は東からのぼって、南の空を通り、西へとしずんでいく。
②かげは太陽と反対に、西から東へといちをかえる。

ぴたトリビア　かげの長さは、太陽が南の高いところにあるときは短くなり、西や東のひくいところにあるときは長くなります。

ぴったり2 練習

3. かげと太陽

②かげのいちと太陽②

学習日　　月　　日

教科書 31～33ページ　答え 8ページ

1 右の絵の道具で方位を調べます。

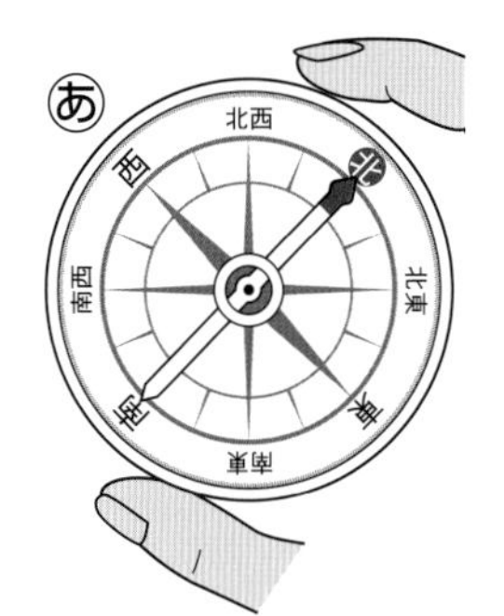

(1) この道具の名前は何ですか。

(　　　　　　)

(2) 色のぬってあるはりの先は、どの方位を指していますか。

(　　　)

(3) 右の絵のあの方位は何ですか。正しいものに○をつけましょう。

ア(　　)北　イ(　　)南
ウ(　　)東　エ(　　)西
オ(　　)北西

2 かげと太陽のいちを、午前、正午、午後の3回、調べました。

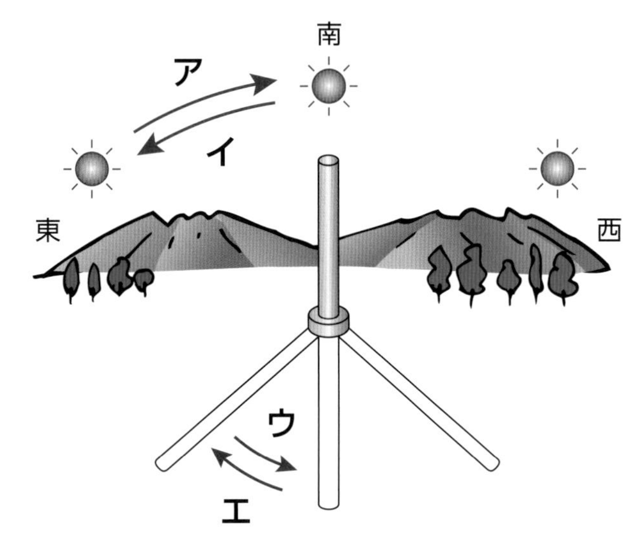

(1) 午前のぼうのかげはどれですか。図の正しいかげをえんぴつでぬりましょう。

(2) 正午には、太陽は東、南、西のうちのどこにありますか。方位を書きましょう。

(　　　)

(3) 太陽のいちのかわり方は、ア、イのどちらですか。

(　　　)

(4) かげのいちのかわり方は、ウ、エのどちらですか。

(　　　)

(5) かげのいちがかわるのはどうしてですか。(　　)に当てはまる言葉を書きましょう。

(　　　　　)のいちがかわるから。

(6) 太陽が高い空にあるのは、東、西、南、北のどの方位ですか。

(　　　)

ヒント 2 太陽は、東からのぼり、西にしずみます。かげは太陽に対してどのようにできましたか。

3. かげと太陽

③日光のはたらき

学習日　月　日

めあて：日なたと日かげの地面のようすはどうちがうのかをかくにんしよう。

教科書 34～39ページ　答え 9ページ

下の(　)に当てはまる言葉を書くか、当てはまるものを○でかこもう。

1 日なたと日かげの地面のようすはどのようにちがうだろうか。 教科書 34ページ

▶日なたと日かげの地面のようすのちがいを、手を当ててくらべた。

あたたかさ	(① 日なた ・ 日かげ) の方があたたかい。
しめり具合	(② 日なた ・ 日かげ) の方がしめっている。

目をとじるとちがいがよくわかるね。

日なた　日かげ

2 地面は日光によってあたためられているのだろうか。 教科書 35～38ページ

▶地面の温度のはかり方

- 土をあさくほり、温度計の(①　　　)をあなに入れ、軽く土をかける。
- 日なたでは、温度計に直せつ(②　　　)が当たらないよう、おおいをする。

おおいをする。　水を入れたペットボトル　軽く土をかける

▶温度計の読み方

- 温度計のえきの先が動かなくなったら、えきの先と(③　　　)の高さを合わせ、えきの先の(④　　　)を読む。
- 温度計がななめになっているときは、目もりを(⑤　　　)から読む。
- えきの先が目もりと目もりの間にあるときは、(⑥　　　)方の目もりを読む。

20　10　16どと読み、16℃と書く。

▶地面は(⑦　　　)によってあたためられている。

▶そのため、地面の温度は、日かげより日なたの方が(⑧　　　)なる。

▶午前9時ごろと正午ごろをくらべると、地面の温度は(⑨　　　)ごろの方が高くなる。

ここがだいじ！
①日なたの地面は、日かげの地面よりも温度が高くなる。
②地面は日光によりあたためられている。

ぴたトリビア 温度計のえきだめには、色をつけたとう油などが入っています。えきだめがあたたまると、とう油がふくらみ、細いくだの中のえきの先が上がります。

3. かげと太陽

③日光のはたらき

教科書 34〜39ページ　答え 9ページ

1 日なたと日かげの地面を調べました。

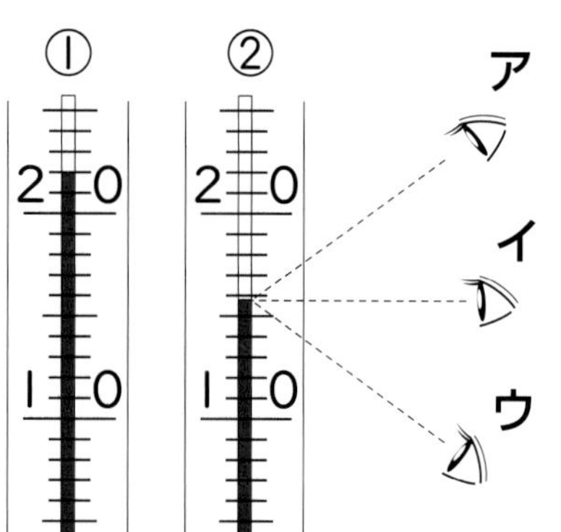

(1) アとイでは、どちらが日なたでどちらが日かげですか。

ア(　　　)　イ(　　　)

(2) アとイでは、どちらの地面の方があたたかいですか。

(　　　)

(3) アとイでは、どちらの地面の方がしめっていますか。

(　　　)

(4) 地面のあたたかさのちがいをはっきりくらべるには、どのような方ほうがありますか。(　　)に当てはまる言葉を書きましょう。

(①　　　)を使って、地面の(②　　　)をはかる。

2 正午ごろに温度計で日なたと日かげの地面の温度をはかりました。

(1) 温度を読むとき、正しい目の高さはア〜ウのどれですか。記号を書きましょう。

(　　　)

①　②
20　20
10　10
ア
イ
ウ

(2) ①と②の温度は、それぞれ何℃ですか。

①(　　　)

②(　　　)

(3) 日なたの地面の温度は①と②のどちらですか。

(　　　)

(4) 日なたと日かげで地面の温度がちがうのはなぜですか。(　　)に当てはまる言葉を書きましょう。

日なたでは、地面が(①　　　)によって、あたためられるから、日かげの地面の温度よりも(②　　　)なる。

(5) 地面の温度のはかり方について、正しいものを１つえらび、○をつけましょう。

ア(　　)地面の土を深くほり、温度計のえきだめを入れ、上から土でかためる。

イ(　　)日なたでは、温度計の上におおいをする。

ウ(　　)日なたでも日かげでも、温度計の上におおいをする。

エ(　　)えきだめを土の中に入れたら、すぐに温度計の目もりを読む。

3. かげと太陽

教科書 24～39ページ　答え 10ページ

よく出る

1 かげのいちと太陽のかんけいを調べました。　1つ5点(20点)

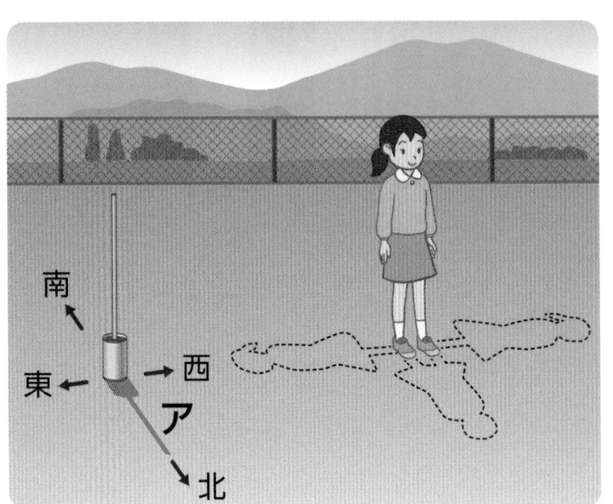

(1) ぼうのかげがアにできるとき、女の子のかげはどこにできますか。えんぴつでぬりましょう。

(2) ぼうのかげがアにできるとき、太陽はどの方位にありますか。また、このときの時こくはいつごろですか。それぞれ正しいものに○をつけましょう。

方位（ 北・南・東・西 ）

時こく（ 午前9時ごろ ・ 正午ごろ ・ 午後3時ごろ ）

(3) かげのでき方について、（　）に当てはまる言葉を書きましょう。

かげは太陽の（　　　　）がわにできる。

2 日なたと日かげの地面のちがいを調べました。日かげの地面のようすとして正しいものを3つえらび、○をつけましょう。　全部できて15点(15点)

ア（　）あたたかい　　イ（　）つめたい

ウ（　）暗い　　エ（　）明るい

オ（　）しめり気がある　　カ（　）かわいている

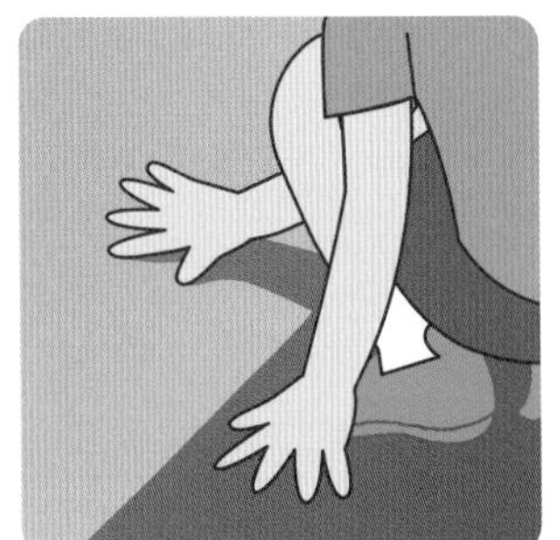

3 温度計の目もりを読んで、温度を書きましょう。　技能　1つ5点(15点)

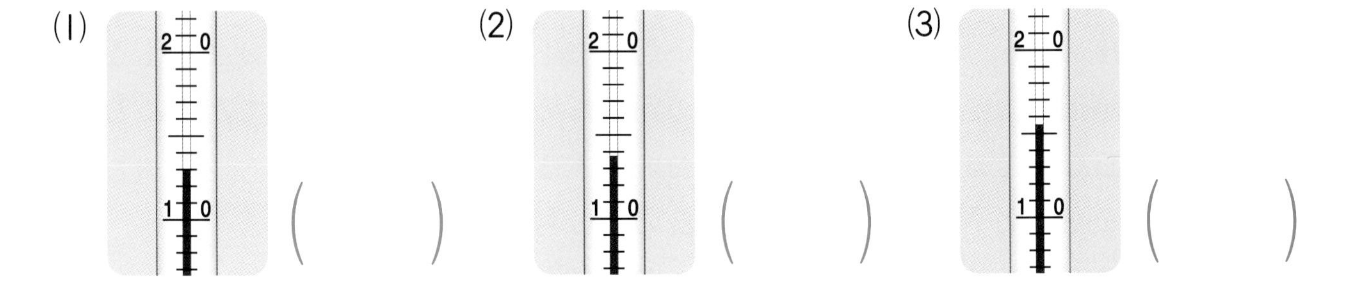

(1)（　　　）　(2)（　　　）　(3)（　　　）

学習日　　月　　日

4 方位じしんを使って方位を調べました。

技能　1つ5点(10点)

(1) 方位じしんの色のぬってあるはりの先は、どの方位を指して止まりますか。(　　)

(2) はりの動きが止まった後、はりと文字ばんの合わせ方が正しいのは、①と②のどちらですか。(　　)

5 1日のかげと太陽のいちを調べました。正しいものに○をつけましょう。

1つ10点(30点)

(1) 太陽のいちのかわり方で正しいものはどれですか。

ア(　　)①→②→③
イ(　　)②→③→①
ウ(　　)③→②→①

(2) かげのいちのかわり方で正しいものはどれですか。

ア(　　)㋐→㋑→㋒
イ(　　)㋑→㋒→㋐
ウ(　　)㋒→㋑→㋐

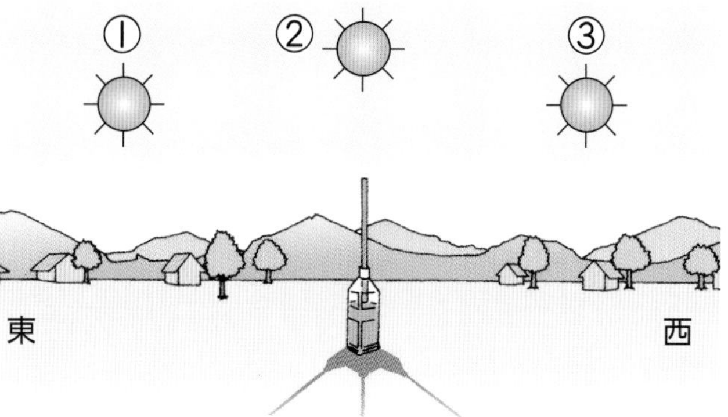

(3) 記述 時間がたつと、かげのいちがかわるのはなぜですか。　思考・表現

(　　　　　　　　　　)

できたらスゴイ!

6 日なたと日かげの地面の温度を調べ、表にしました。

1つ5点、(1)は全部できて5点(10点)

(1) 表の①、②には日なたと日かげのどちらが入りますか。

①(　　　　)　②(　　　　)

(2) 表からわかることで、正しいものに○をつけましょう。

ア(　　)日なたの方が日かげより地面があたたまりやすい。
イ(　　)地面の温度は、正午より午前9時の方が高い。
ウ(　　)日かげでは時間がたつと、地面の温度が下がる。

日なたと日かげの地面の温度くらべ
5月20日はれ　山田ゆき

	午前9時	正午
(①)の地面	21℃	26℃
(②)の地面	17℃	19℃

ふりかえり
❶がわからないときは、12ページの1、14ページの2にもどってかくにんしましょう。
❻がわからないときは、16ページの2にもどってかくにんしましょう。

ぴったり1 じゅんび

2-2. ぐんぐんのびろ

3分でまとめ

学習日　　月　　日

めあて
植物の育つようすや、植物のからだのつくりをかくにんしよう。

教科書 40～45ページ　答え 11ページ

下の(　　)に当てはまる言葉を書くか、当てはまるものを○でかこもう。

1 植物はどれくらい育っているだろうか。　教科書 40～41ページ

▶葉が出始めたころにくらべ、
せの高さは(① 高く・ひくく)なり、
くきの太さは(② 太く・細く)なり、
葉の数は(③ ふえて・へって)、
葉の大きさは(④ 大きく・小さく)なった。

▶ポットで育てている植物は、葉の数が、
(⑤ 6～8・10～12)まいになったら、
花だんに植えかえる。

▶草取りや(⑥　　　　)をわすれないように
世話をする。

2 植物のからだは、どんなつくりをしているだろうか。　教科書 42～45ページ

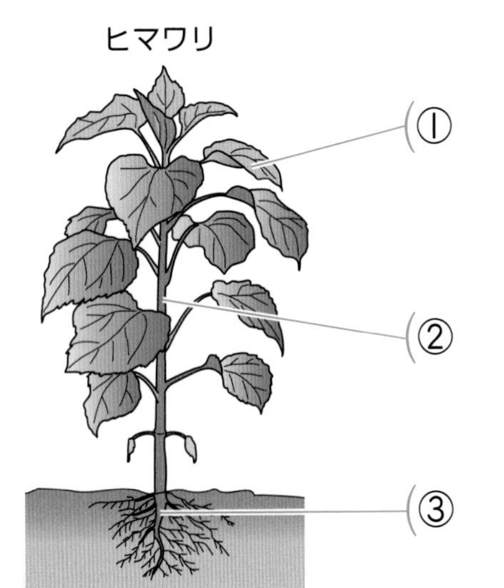

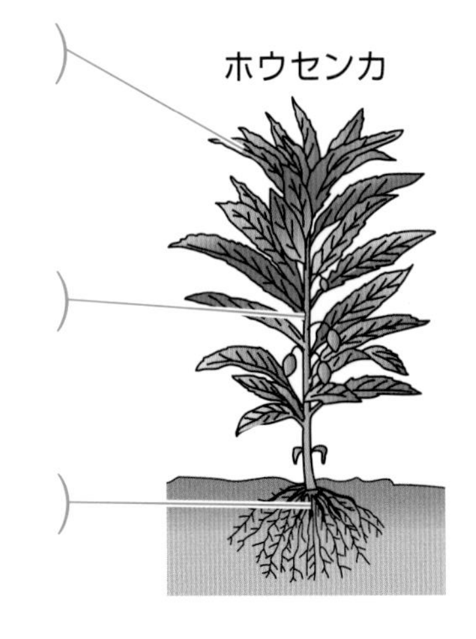

▶植物のからだは、(④　　　　)、(⑤　　　　)、(⑥　　　　)からできている。

▶葉は、(⑦　　　　)についている。

▶根は、(⑧　　　　)の中に広がっている。

ここがだいじ！
①植物はせが高くなり、葉の数もふえて大きくなっている。
②植物のからだは、根、くき、葉からできている。

ぴたトリビア　ハルジオンのくきは、ストローのように中が空どうになっています。

学習日　　月　　日

2-2. ぐんぐんのびろ

教科書 40〜45ページ　答え 11ページ

1 6月ごろのヒマワリのようすを調べました。

(1) 一番はやく出たのは、**ア**〜**ウ**のどれですか。
(　　)

(2) 葉が出始めたころとくらべると、どのように育っていますか。それぞれ書きましょう。

①葉の数　(　　　　)
②葉の大きさ(　　　　)
③せの高さ　(　　　　)
④くきの太さ(　　　　)

2 植物のからだのつくりを調べます。

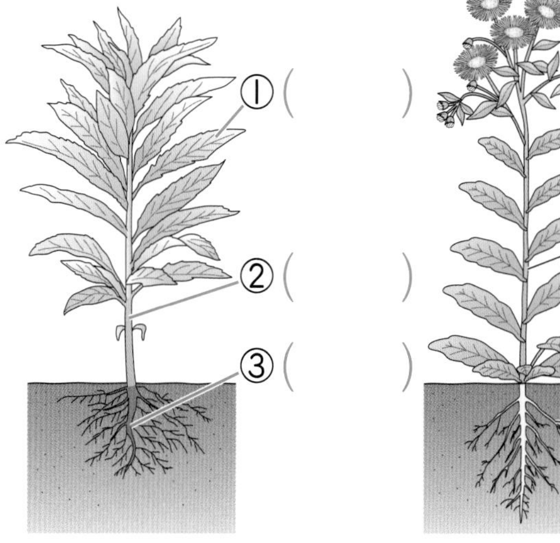

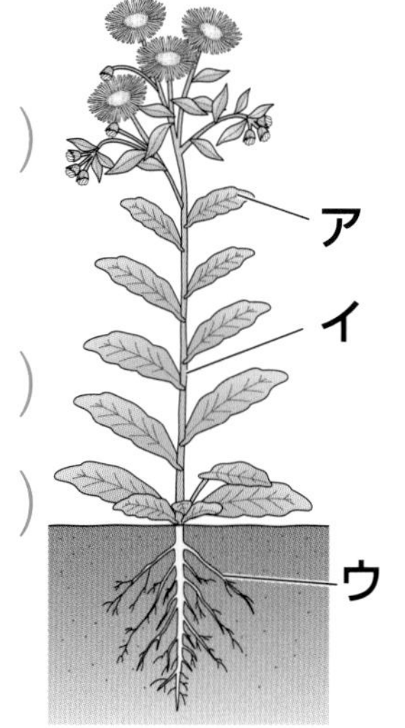

(1) ホウセンカのからだの①〜③の部分の名前を、上の(　　)に書きましょう。

(2) ホウセンカの②にあたるのは、ハルジオンでは、**ア**〜**ウ**のどこですか。(　　)

(3) ホウセンカの③の部分のかんさつのしかたで、正しいものに○をつけましょう。

ア(　　)水で土をそっとあらい落として調べる。
イ(　　)手で土をはらって調べる。
ウ(　　)③の部分をすべて切ってから調べる。

(4) 植物のからだのつくりについて、(　　)に当てはまる言葉を書きましょう。

植物のからだは、根は(①　　　　)に、葉は(②　　　　)についている。

2-2. ぐんぐんのびろ

時間 30分
／100
合格 70点

教科書 40〜45ページ　答え 12ページ

1 **ホウセンカとヒマワリをかんさつしました。** 1つ5点(15点)

(1) ホウセンカの葉(は)は①と②のどちらですか。

(　　　)

(2) ヒマワリの根(ね)は③と④のどちらですか。

(　　　)

(3) 6月ごろにかんさつしたとき、ホウセンカとヒマワリでは、どちらの方がせが高いですか。

(　　　　　　)

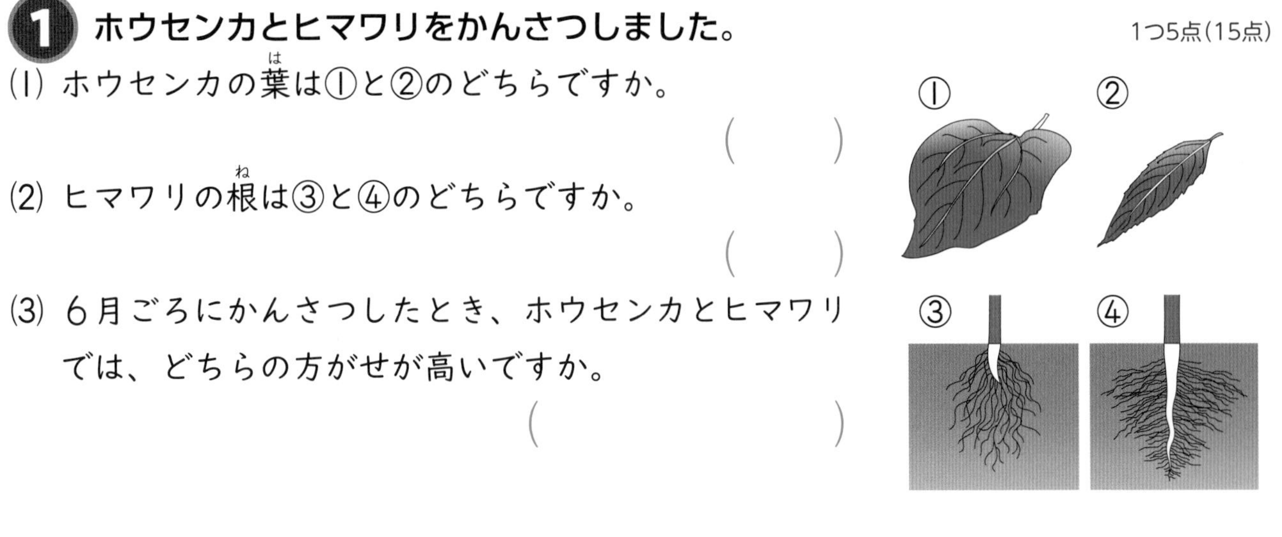

よく出る

2 **ホウセンカのからだのつくりを調(しら)べました。①〜③の部分(ぶぶん)の名前を(　　)に書きましょう。** 1つ5点(15点)

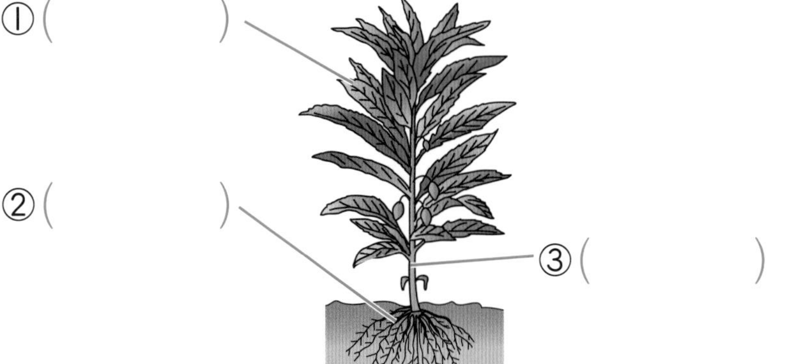

3 **春にたねをまいた植物(しょくぶつ)をかんさつしました。正しいものを3つえらび、○をつけましょう。** 1つ5点(15点)

ア(　　)ヒマワリは、せが高くなり、くきも太くなった。
イ(　　)ホウセンカの葉は、数がふえたが、大きさはかわらない。
ウ(　　)ヒマワリの葉は、どんどん大きくなっているが、数はかわらない。
エ(　　)ホウセンカは、せが高くなり、葉の数もふえている。
オ(　　)ホウセンカの葉もヒマワリの葉も、くきについている。
カ(　　)ヒマワリとホウセンカの葉の数は同じである。

4 ポットに植えたホウセンカを植えかえます。

1つ10点(30点)

(1) 葉の数が何まいぐらいになったら植えかえますか。正しい方に○をつけましょう。　技能

ア(　　)6～8まい
イ(　　)10～12まい

(2) 植えかえるときに見ると、土の中に㋐がいっぱい広がっています。㋐の名前を書きましょう。(　　　　)

(3) 植えかえた後、しおれないように育てていくには、何をあげればいいですか。(　　　　)

できたらスゴイ!

5 ハルジオンとエノコログサのからだのつくりを調べました。

1つ5点、(2)、(3)は全部できて5点(25点)

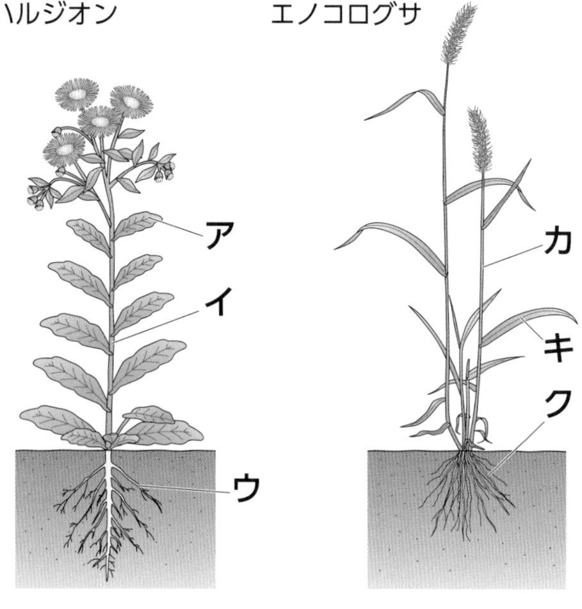

(1) ハルジオンの**ア**～**ウ**と同じからだの部分は、エノコログサの**カ**～**ク**のどこにあたりますか。

ア(　　)　**イ**(　　)　**ウ**(　　)

(2) ハルジオンとエノコログサについて、同じところとちがうところをかんさつしました。正しいものを3つえらび、○をつけましょう。　思考・表現

ア(　　)どちらも葉の数が同じ。
イ(　　)どちらも葉がくきについている。
ウ(　　)葉の形や根、くきのようすがちがう。
エ(　　)せの高さはちがうが、くきの太さは同じ。
オ(　　)どちらもからだの部分が、根、くき、葉に分かれている。
カ(　　)エノコログサは、葉がかれてから花がさく。

(3) 調べた植物のからだのつくりについて、(　　)に当てはまる言葉を書きましょう。

どの植物も、からだのつくりは、(①　　　　)、(②　　　　)、(③　　　　)の部分からできている。

ぴったり1 じゅんび

4. チョウを育てよう

①チョウを育てよう①

3分でまとめ

学習日　　月　　日

めあて
チョウがたまごからどのように育つのかをかくにんしよう。

教科書 46～51ページ　答え 13ページ

下の(　)に当てはまる言葉を書くか、当てはまるものを○でかこもう。

1 モンシロチョウはキャベツ畑で何をしているだろうか。　教科書 46～50ページ

▶キャベツ畑をとび回っているモンシロチョウは、キャベツの葉に(①　　　　)をうむ。

▶キャベツ畑でキャベツの葉にあながあいているのは、モンシロチョウのよう虫が(②　　　　)ため。

モンシロチョウは、キャベツやダイコンなどの葉の(③ おもて・うら)に、たまごをうむ。

▶モンシロチョウとはちがい、アゲハは(④　　　　)やカラタチやサンショウなどの葉にたまごをうむ。

2 たまごとよう虫は、どうやって育つだろうか。　教科書 49～51ページ

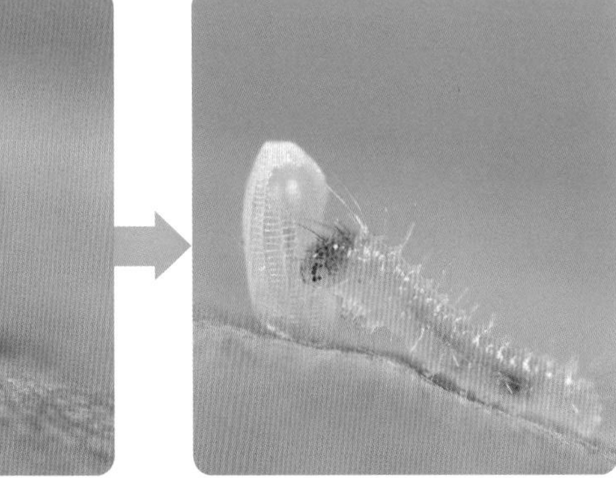

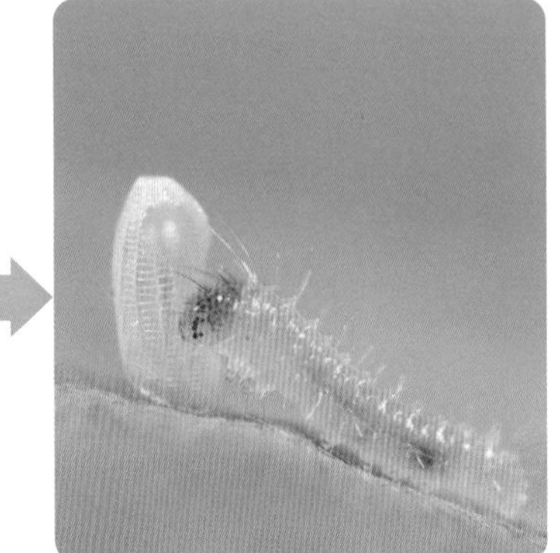

▶モンシロチョウのたまごは、ついている(①　　　　)ごと持ち帰って、ようきに入れる。

▶モンシロチョウのたまごは、(②　　　　)色で、細長く、大きさは(③ 1mm・5mm)くらい。

▶チョウのたまごからは、(④　　　　)がかえる。

▶たまごから出てきたばかりの(⑤　　　　)は、はじめに(⑥　　　　)を食べる。

ここがだいじ!
①モンシロチョウは、キャベツの葉のうらに黄色のたまごをうむ。
②たまごから出てきたよう虫は、はじめにたまごのからを食べる。

ぴたトリビア
モンシロチョウのよう虫はキャベツを食べ、成虫は花のみつをすいます。このように、こん虫は育ってからだの形がかわると、食べる物もかわることがあります。

学習日　　月　　日

4. チョウを育てよう

①チョウを育てよう①

教科書 46～51ページ　答え 13ページ

1 モンシロチョウのたまごをさがして調べました。

(1) モンシロチョウのたまごの絵をかきました。正しい方に○をつけて、色えんぴつでたまごの色を黄色にぬりましょう。

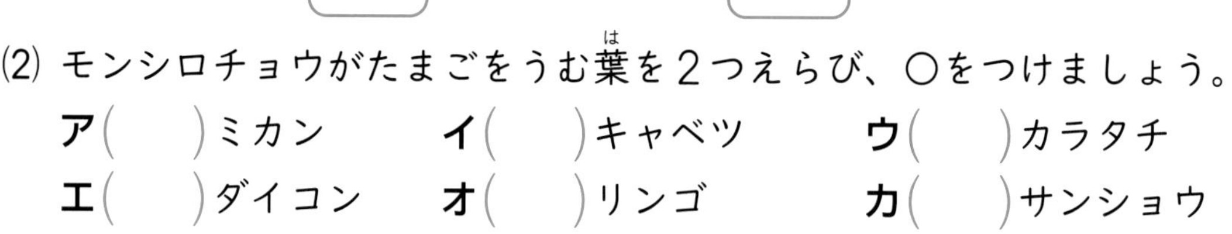

(2) モンシロチョウがたまごをうむ葉を2つえらび、○をつけましょう。

ア(　　)ミカン　　イ(　　)キャベツ　　ウ(　　)カラタチ
エ(　　)ダイコン　　オ(　　)リンゴ　　カ(　　)サンショウ

(3) モンシロチョウのたまごは、葉のどこについていましたか。正しい方に○をつけましょう。

ア(　　)葉のおもて　　イ(　　)葉のうら

(4) モンシロチョウのたまごの大きさとして正しいものに、○をつけましょう。

ア(　　)1mm くらい　　イ(　　)1cm くらい　　ウ(　　)3cm くらい

2 モンシロチョウのたまごを取ってきて、ようきに入れて育てます。

(1) モンシロチョウの育て方として、正しいものに○を、まちがっているものに×をつけましょう。

ア(　　)たまごやよう虫を動かすときは葉ごと動かす。
イ(　　)よう虫になったら、ふんや食べのこしのそうじをときどきする。
ウ(　　)えさの葉は、毎日取りかえる。
エ(　　)日光が直せつ当たるところにおく。
オ(　　)世話をする前後には、かならず手をあらう。

(2) たまごから出てきたばかりのよう虫のからだは何色ですか。(　　　　)

(3) たまごから出てきたよう虫は、はじめに何を食べますか。(　　　　)

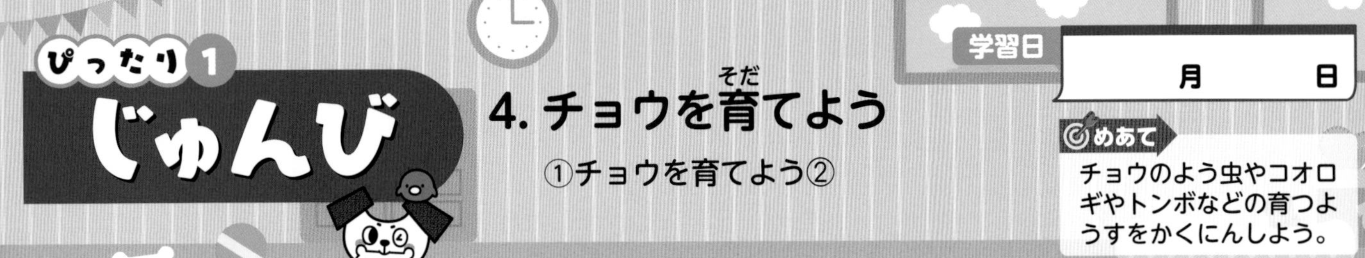

4. チョウを育てよう

①チョウを育てよう②

学習日　　月　　日

めあて
チョウのよう虫やコオロギやトンボなどの育つようすをかくにんしよう。

教科書 52〜60ページ　答え 14ページ

下の（　）に当てはまる言葉を書くか、当てはまるものを○でかこもう。

1 モンシロチョウのよう虫はどのように育つだろうか。 教科書 52〜57ページ

▶よう虫の育ち方

- モンシロチョウのよう虫は、キャベツの（①　　　　）を食べて育つ。
- よう虫は（②　　　　）をぬいで大きくなり、さなぎになるまでに4回皮をぬぐ。

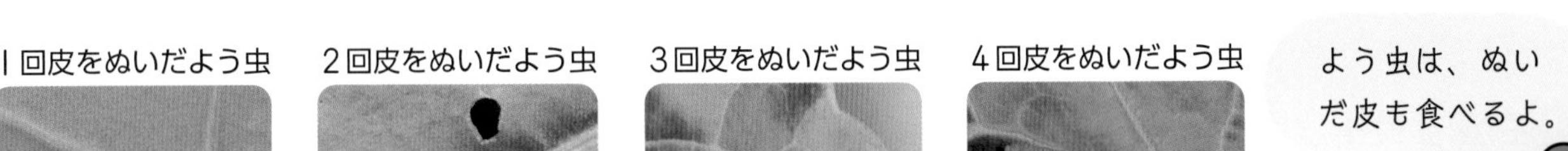

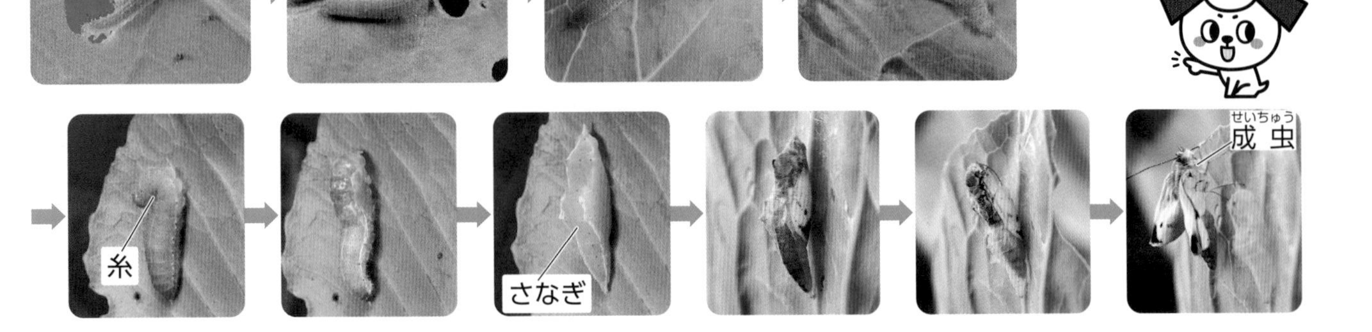

よう虫は、ぬいだ皮も食べるよ。

- 大きくなったよう虫はからだに（③　　　）をかけ、皮をぬいで（④　　　　）になる。さなぎのあいだは、えさを（⑤ 食べる・食べない）。
- さなぎの色がかわってきて、やがて中から（⑥ よう虫・成虫）が出てくる。
- モンシロチョウは、たまごからよう虫になり、さなぎになって（⑦　　　　）になる。

2 コオロギやトンボはどのような育ち方をするだろうか。 教科書 59〜60ページ

▶コオロギの育ち方

①・②には、〔たまご・よう虫〕のどちらかを書こう。

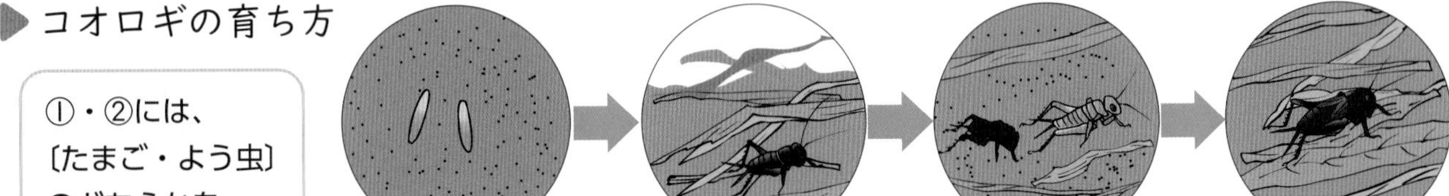

▶コオロギはたまごを（③　　　）の中に、トンボはたまごを（④　　　）の中にうむ。

▶コオロギやトンボは、たまご→（⑤　　　　）→（⑥　　　　）のじゅんに育つ。

- チョウの育ち方とちがい、（⑦　　　　）にならないで成虫になる。

ここが、だいじ！
①チョウは、たまご→よう虫→さなぎ→成虫のじゅんに育つ。
②コオロギやトンボは、たまご→よう虫→成虫のじゅんに育つ。

チョウのしゅるいによって、よう虫が食べる物はちがいます。モンシロチョウのよう虫はキャベツなど、アゲハのよう虫はミカンなどの植物を食べます。

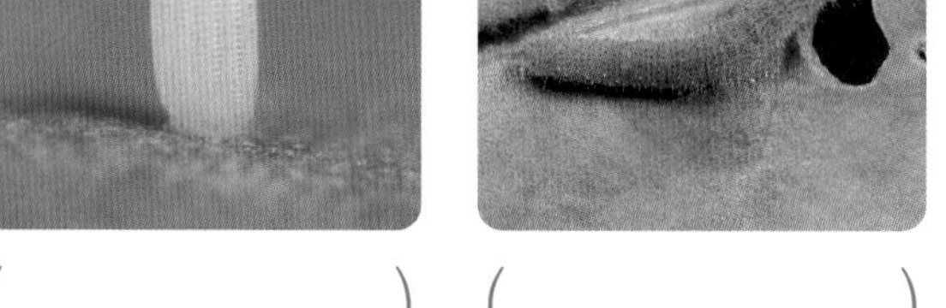

ぴったり2 練習

4. チョウを育てよう

①チョウを育てよう②

学習日　　月　　日

教科書 52~60ページ　答え 14ページ

1 モンシロチョウの育ち方をまとめました。

①
②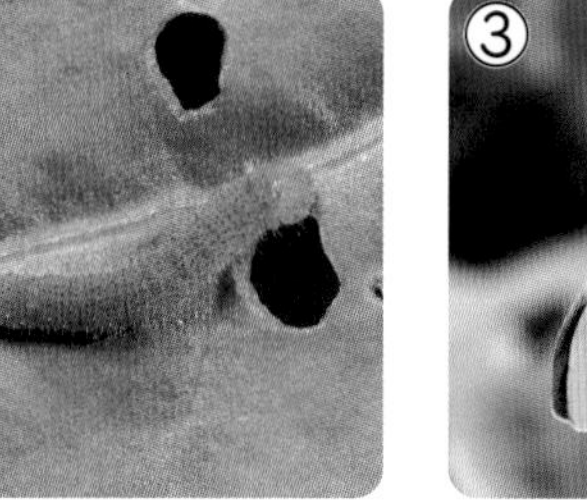
③

④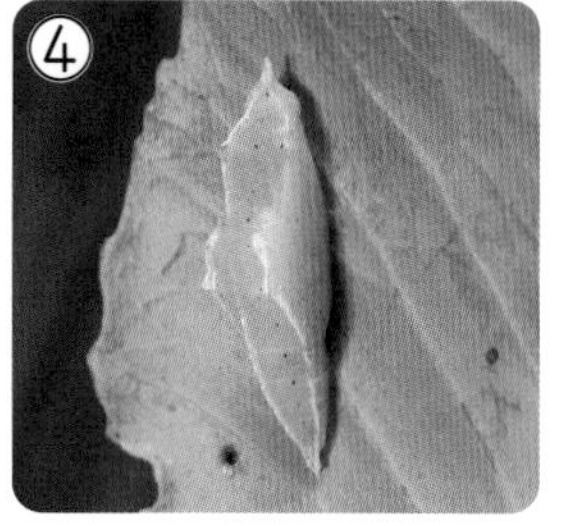

(　　　)(　　　)(　　　)(　　　)

(1) ①~④はそれぞれ、たまご、よう虫、さなぎ、成虫のうちのどれですか。
(　)に名前を書きましょう。

(2) ①~④のうち、何も食べないでじっとしているのはどのころですか。2つえらび、番号を書きましょう。　(　　)、(　　)

(3) ①~④のうち、皮をぬいで大きくなるのはどのころですか。番号を書きましょう。
(　　)

(4) たまごから育っていくじゅんになるように、①~④をならべましょう。
(　　→　　→　　→　　)

2 コオロギを育てて、育ち方をかんさつしました。

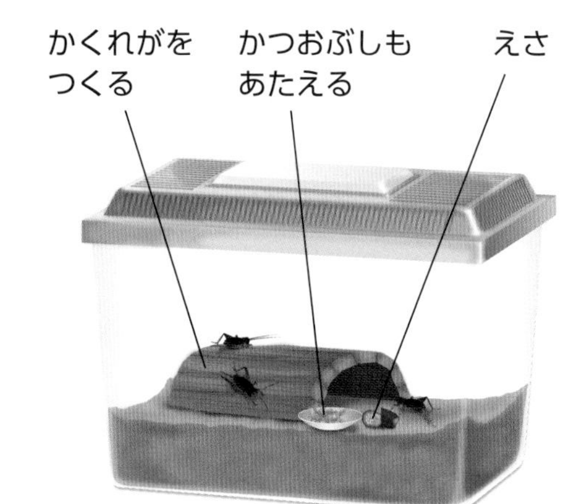

(1) コオロギのえさとして正しいものを2つえらんで、○をつけましょう。

ア(　)キャベツ　イ(　)ナス
ウ(　)キュウリ　エ(　)イトミミズ

(2) コオロギの育て方について、正しいものには○を、まちがっているものには×をつけましょう。

ア(　)土がしめらないように、日光に当ててかわかす。
イ(　)直せつ日光が当たるところにはおかない。
ウ(　)えさはなくなってから新しいものを入れる。

(3) コオロギの育ち方について、正しい方に○をつけましょう。

ア(　)たまご→よう虫→成虫　イ(　)たまご→よう虫→さなぎ→成虫

ぴったり1 じゅんび

4. チョウを育(そだ)てよう

②チョウのからだを調(しら)べよう

学習日　　月　　日

めあて
チョウの成虫をかんさつして、こん虫のからだのつくりをかくにんしよう。

教科書 61～65ページ　答え 15ページ

下の(　　)に当てはまる言葉(ことば)を書こう。

1 チョウの成虫(せいちゅう)はどのようなからだのつくりをしているだろうか。 教科書 61～65ページ

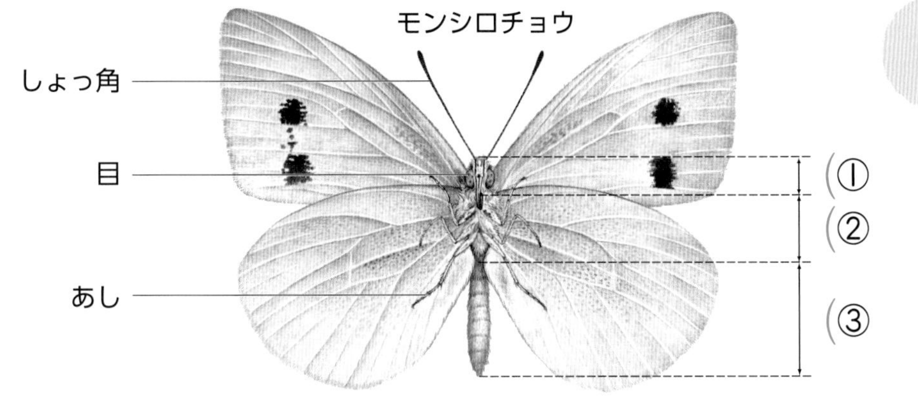

(① 　　　　)
(② 　　　　)
(③ 　　　　)

アゲハも、からだのつくりはモンシロチョウと同じだよ。

▶ チョウのからだは、(④ 　　　　)・(⑤ 　　　　)・(⑥ 　　　　)の3つの部分(ぶぶん)に分けられる。

▶ あしは(⑦ 　　　　)本で、むねの部分についている。

▶ はねは4まいあり、(⑧ 　　　　)の部分についている。

▶ しょっ角は(⑨ 　　　　)本あり、頭の部分についている。

▶ 目と口は、(⑩ 　　　　)の部分についている。

チョウと同じように、からだが頭・むね・はらの3つの部分からできていて、むねにあしが6本ついているなかまを(⑪ 　　　　)という。

いろいろなこん虫の育ち方

▶ カブトムシの育ち方

- たまご→(⑫ 　　　　)→さなぎ→(⑬ 　　　　)のじゅんに育つ。
- (⑭ 　　　　)になってから成虫になることを、完全(かんぜん)へんたいという。

カブトムシ

▶ トノサマバッタの育ち方

- たまご→(⑮ 　　　　)→(⑯ 　　　　)のじゅんに育つ。
- (⑰ 　　　　)にならないで成虫になることを、不完全(ふかんぜん)へんたいという。

トノサマバッタ

ここがだいじ!

①チョウのからだは、頭・むね・はらの3つの部分に分けられ、むねにはあしが6本ついている。

②チョウと同じからだのつくりをしているなかまを、こん虫という。

ぴたトリビア　オオカマキリは不完全へんたいです。よう虫は成虫とよくにたすがたをしていますが、はねがないか、あっても小さいです。何度か皮(かわ)をぬいで大きくなり、やがて成虫になります。

ぴったり2

練習

4. チョウを育てよう

②チョウのからだを調べよう

学習日　月　日

教科書 61～65ページ　答え 15ページ

1 モンシロチョウのからだのつくりを調べました。

(1) 下の絵のア～エにあてはまるからだの部分の名前を書きましょう。

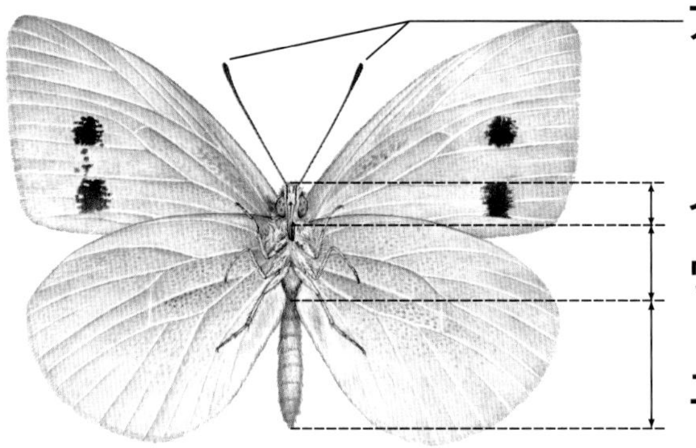

ア（　　　）
イ（　　　）
ウ（　　　）
エ（　　　）

(2) あしは何本ありますか。（　　　）

(3) あしはからだのどの部分についていますか。記号を書きましょう。（　　　）

(4) はねは何まいありますか。（　　　）

(5) はねはからだのどの部分についていますか。記号を書きましょう。（　　　）

(6) からだのつくりについて、（　）にあてはまる言葉を書きましょう。

チョウのように、からだが（①　　　）・（②　　　）・（③　　　）の3つの部分に分けることができ、（④　　　）にあしが（⑤　　　）本ついているなかまを（⑥　　　）という。

2 アゲハの育ち方をまとめました。

(1) ①～③にあてはまる絵をえらび、記号を書きましょう。

①よう虫（　　　）　②さなぎ（　　　）　③成虫（　　　）

㋐　㋑ 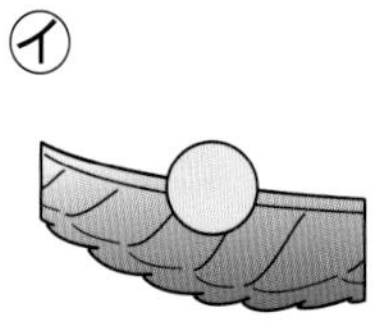　㋒ 　㋓

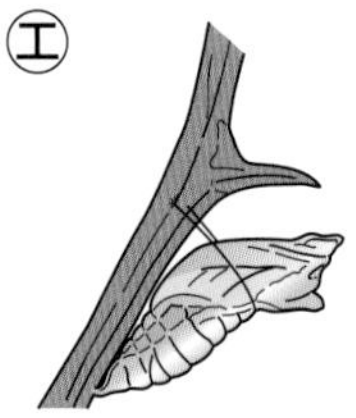

(2) ㋐～㋓を育ち方のじゅんにならべます。正しいものに○をつけましょう。

ア（　）㋐→㋒→㋓→㋑　イ（　）㋑→㋓→㋒→㋐　ウ（　）㋑→㋒→㋓→㋐

(3) アゲハとちがい、さなぎにならないで成虫になるこん虫を1つえらび、○をつけましょう。

ア（　）トノサマバッタ　イ（　）カブトムシ　ウ（　）ゲンジボタル

4. チョウを育てよう

時間 30分　／100　合格 70点

教科書 46〜65ページ　答え 16ページ

よく出る

1 モンシロチョウの育ち方とからだのつくりを調べました。

1つ5点(30点)

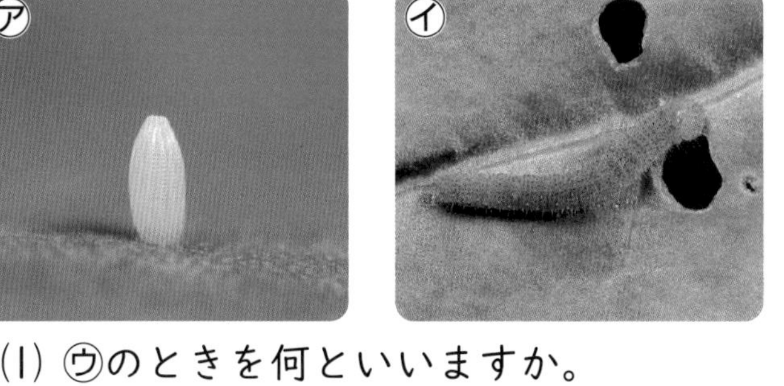
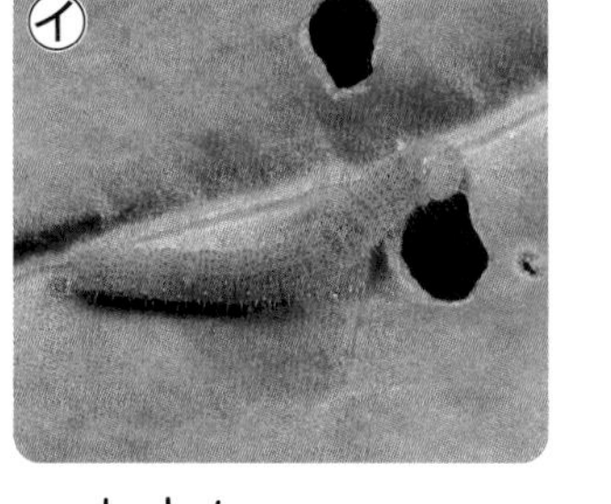
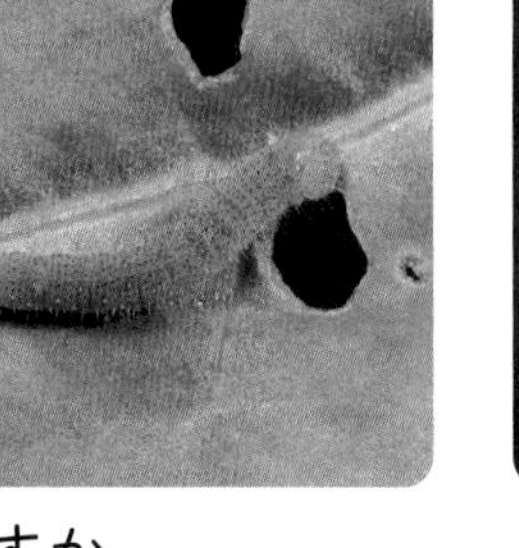
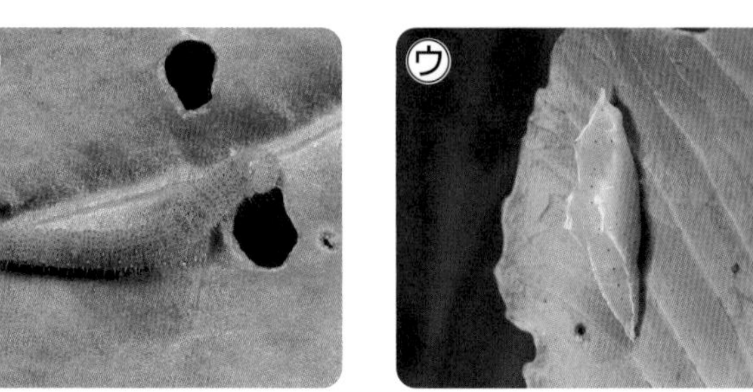
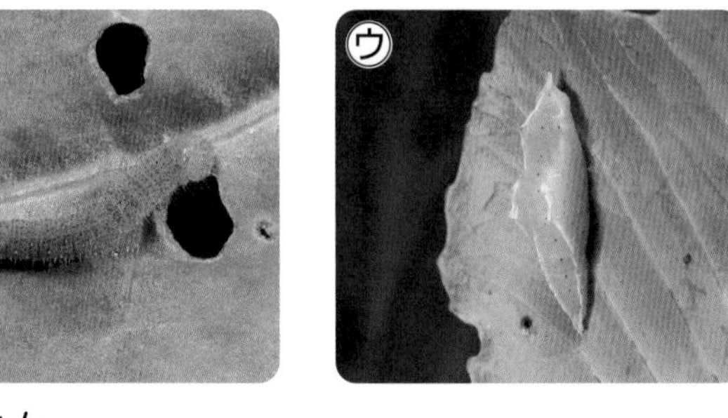

(1) ウのときを何といいますか。　(　　　　)

(2) アはどこで見つけることができますか。正しいものに○をつけましょう。

ア(　)ミカンの葉　イ(　)カラタチの葉　ウ(　)キャベツの葉

(3) イのときのようすについて、正しいものに○をつけましょう。

ア(　)皮をぬいで大きくなる。　イ(　)えさを食べず、じっと動かない。

ウ(　)花にとまってみつをすう。

(4) 成虫のからだのつくりを調べました。①は頭です。②、③の部分の名前を書きましょう。

②(　　　)　③(　　　)

(5) あしは①〜③のどの部分についていますか。番号を書きましょう。　(　　)

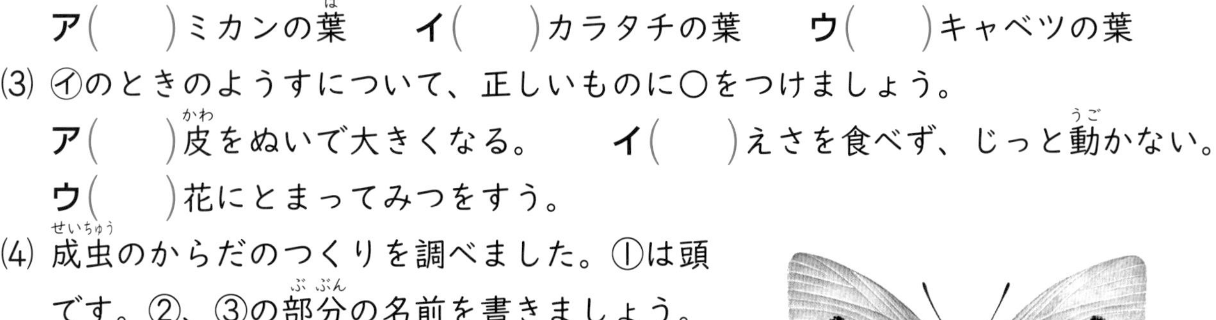

2 トンボのよう虫を育てます。

1つ5点(20点)

(1) ようきに入れるとよいものに○をつけましょう。　技能

ア(　)かつおぶし　イ(　)かくれが

ウ(　)イトミミズ　エ(　)キュウリ

(2) トンボの育つじゅんになるよう、(　)に言葉を書きましょう。

たまご→(①　　　)→(②　　　)

(3) トンボは、どこにたまごをうみますか。

(　　　)の中

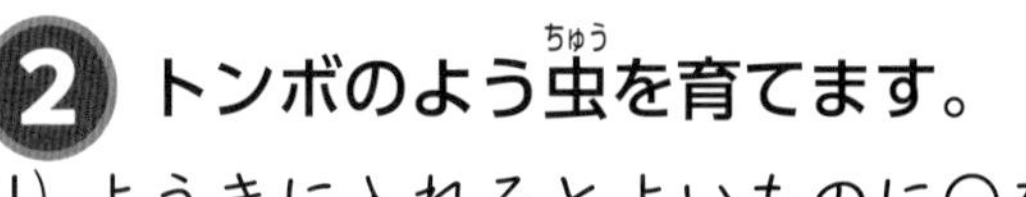

学習日　　月　　日

3 モンシロチョウのよう虫の育つようすをかんさつしました。①〜④で、正しいことを言っているものを１つえらび、○をつけましょう。 思考・表現 (10点)

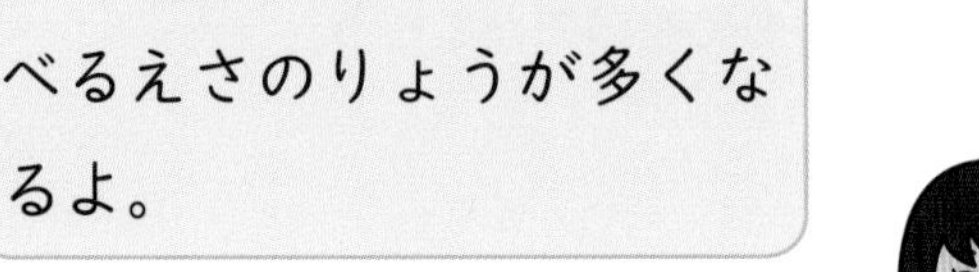

よう虫は大きくなると、食べるえさのりょうが多くなるよ。 ①(　　)

よう虫は葉を食べなくなると、すぐに成虫になったよ。 ②(　　)

よう虫は大きくなると、ふんのりょうがへったよ。 ③(　　)

よう虫は皮をぬぐたびに少し小さくなるよ。 ④(　　)

できたらスゴイ！

4 いろいろなこん虫の育ち方を調べました。 1つ5点、(4)は全部できて5点(40点)

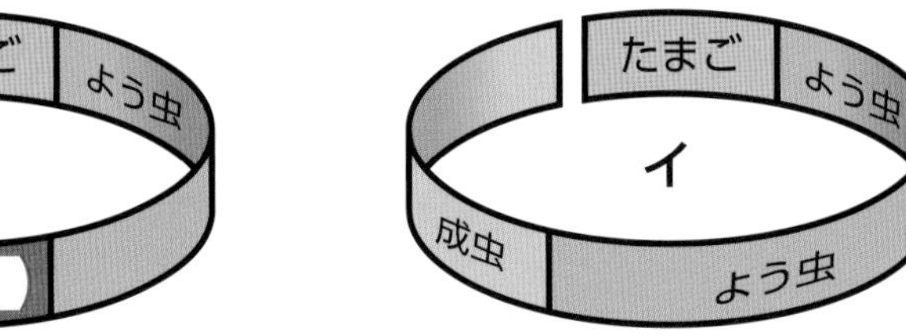

(1) こん虫には、上の図のアのようなじゅんで育つものと、イのようなじゅんで育つものがいます。アの(　　)に当てはまる言葉を書きましょう。 (　　　　)

(2) 下の①〜⑤のこん虫の育ち方は、それぞれア、イのどちらでしょう。それぞれの(　　)に当てはまる方の記号を書きましょう。

① (　　　)

② (　　　)

③ (　　　)

④ (　　　)

⑤ (　　　)

(3) ①〜⑤のこん虫のうち、木のえだの中にたまごをうむのはどれですか。番号を書きましょう。 (　　)

(4) ④のアゲハは、ミカンやカラタチやサンショウなどの葉にたまごをうみます。それはどうしてですか。(　　)に当てはまる言葉を書きましょう。

アゲハの(①　　　　　　)が、葉を(②　　　　　　)から。

ふりかえり
1がわからないときは、26ページの1、28ページの1にもどってかくにんしましょう。
4がわからないときは、28ページの1にもどってかくにんしましょう。

2-3. 花がさいた

3分でまとめ

学習日　月　日

めあて
花がさくころの植物の育つようすについてかくにんしよう。

教科書 66〜67ページ　答え 17ページ

下の(　)に当てはまる言葉を書くか、当てはまるものを○でかこもう。

1 植物はどれくらい育っているだろうか。

教科書 66〜67ページ

▶ホウセンカやヒマワリのようすを前の記ろくとくらべよう。

・葉の数
(① ふえた ・ へった)。

・葉の大きさ
(② 大きく ・ 小さく)なった。

・せの高さ
(③ 高く ・ ひくく)なった。

・くきの太さ
(④ 太く ・ 細く)なった。

6月ごろより、ずいぶん大きくなっているね。

つぼみができ、花もさいているね。

▶ホウセンカとヒマワリの花

(⑤　　　　)　(⑥　　　　)

⑤・⑥には、〔ホウセンカ・ヒマワリ〕のどちらかを書こう。

▶ヒマワリもホウセンカも(⑦　　　　)がふくらんで、(⑧　　　　)がさく。

▶植物によって、花の形や色は(⑨ 同じ ・ ちがう)。

▶ヒマワリの花は(⑩　　　　)色で、ふつう１本のくきに(⑪　　　　)つの大きな花がさく。

▶ホウセンカの花は、１本のくきにたくさんの(⑫　　　　)がさく。

ここが だいじ!

①植物はせが高くなり、くきも太くなり、葉は数がふえて大きくなっている。
②植物は、つぼみができ、やがてつぼみがふくらんで、花がさく。
③植物によって、それぞれちがった形や色の花がさく。

ぴたトリビア ホウセンカやアサガオ、オシロイバナなどの花は、水の中でもんで、色水をつくることができます。色水をふでにつけて、絵をかいてみましょう。

2-3. 花がさいた

学習日　　月　　日

教科書 66〜67ページ　答え 17ページ

1 下の写真は、ある植物のつぼみと花のようすです。

□

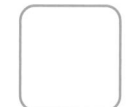

(1) この植物の名前を書きましょう。（　　　　）

(2) ①、②のうち、つぼみはどちらですか。上の□に○をつけましょう。

(3) 育っていくじゅんとして、正しい方に○をつけましょう。

ア（　）①→②　　イ（　）②→①

(4) この植物の育つようすで、正しいものには○を、まちがっているものには×をつけましょう。

ア（　）葉の大きさが顔より大きいものがあった。

イ（　）せの高さが2mより高いものがあった。

ウ（　）1本のくきにたくさんの花がついていた。

エ（　）1本のくきの一番上に、大きな花が1つさいていた。

2 ホウセンカのつぼみをかんさつしました。

(1) つぼみができるころは、その前にくらべて、くきや葉のようすはどうかわりましたか。（　）に当てはまる言葉を書きましょう。

せの高さは（①　　　　）なり、くきも太くなっている。

葉は（②　　　　）なり、数もふえている。

(2) この後のつぼみのようすとして、正しいものを1つえらび、○をつけましょう。

ア（　）つぼみがかれた後に、花がさく。

イ（　）つぼみがふくらんで、花がさく。

ウ（　）1本のくきについたたくさんのつぼみの中で、1つだけが花になる。

エ（　）1つのつぼみから、いろいろな色の花がさく。

この本の終わりにある「夏のチャレンジテスト」をやってみよう！

ぴったり1 じゅんび

5. こん虫を調べよう

①生き物のようすを調べよう
②こん虫のからだのつくり

3分でまとめ

学習日　　月　　日

めあて
生き物のすみかや、こん虫の成虫のからだのつくりをかくにんしよう。

教科書 70〜79ページ　答え 18ページ

下の(　　)に当てはまる言葉を書こう。

1 生き物はどのようなところにいるだろうか。

教科書 70〜73ページ

▶こん虫などの生き物は、草むらや石の下などのすみかや、(①　　　　　　)となる植物などがある場所に多くいる。

▶生き物は、まわりの(②　　　　　　)とかかわって生きている。

生き物	すみか	成虫の食べ物
モンシロチョウ	草むら	花のみつ
ショウリョウバッタ	草むら	草の葉
アキアカネ	野山	ほかの虫
エンマコオロギ	草むら	草の葉
オカダンゴムシ	落ち葉の下、石の下	かれ葉

生き物によって、食べ物やすみかがちがっているね。

2 こん虫の成虫のからだはどんなつくりになっているだろうか。

教科書 74〜77ページ

▶こん虫の成虫のからだは、(①　　　　)・(②　　　　)・(③　　　　)の3つに分けられる。

▶むねには、(④　　　　)が(⑤　　　)本ついている。

チョウ(モンシロチョウ)

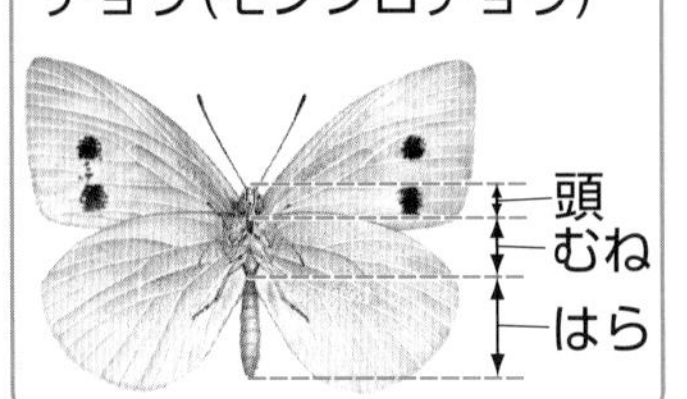

バッタ(ショウリョウバッタ)

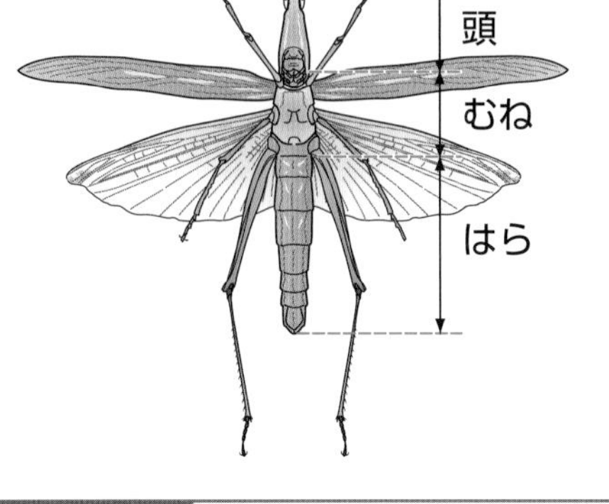

トンボ(アキアカネ)

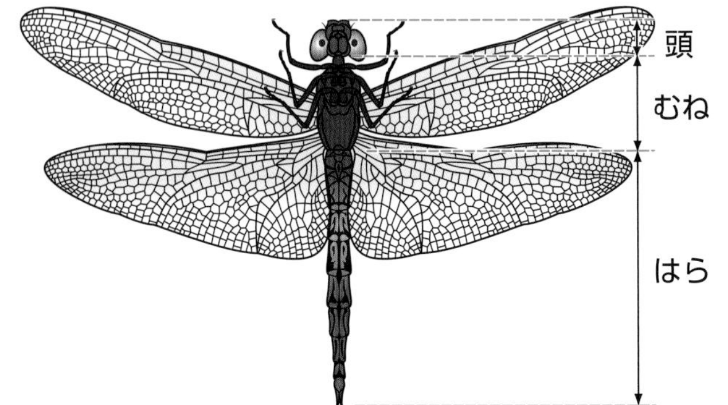

ここがだいじ!
①生き物はさまざまな場所をすみかにしている。
②こん虫の成虫は、からだが頭・むね・はらの3つに分けられ、むねにあしが6本ついている。

ぴたトリビア　こん虫の成虫のむねには、6本のあしがありますが、オカダンゴムシには14本、クモには8本のあしがあり、どちらもこん虫ではありません。

ぴったり2 練習

学習日　　月　　日

5. こん虫を調べよう

①生き物のようすを調べよう
②こん虫のからだのつくり

教科書 70〜79ページ　答え 18ページ

1 いろいろなこん虫のすみかや食べ物について調べました。

(1) ㋐〜㋔のこん虫の名前を下からえらび、□に番号を書きましょう。

①アキアカネ　②エンマコオロギ　③オオカマキリ
④カブトムシ　⑤トノサマバッタ

(2) 草むらにすんで、虫をつかまえて食べるのは㋐〜㋔のどれですか。（　　）

(3) ㋒はどこにすんでいますか。正しいものに○をつけましょう。

ア（　）池の中　イ（　）草むら　ウ（　）林　エ（　）落ち葉の下

2 トンボのからだのつくりを調べました。

(1) ㋐〜㋒の部分を何といいますか。（　）に名前を書きましょう。

㋐（　　　）
㋑（　　　）
㋒（　　　）

(2) からだはいくつの部分に分かれていますか。（　　）

(3) あしはどの部分に何本ついていますか。

（　　　）に（　　）本ついている。

ヒント 2 トンボもこん虫です。チョウのからだのつくりとくらべてみましょう。

5. こん虫を調べよう

よく出る

1 ショウリョウバッタのからだのつくりを調べました。

1つ5点、(1)は全部できて5点(15点)

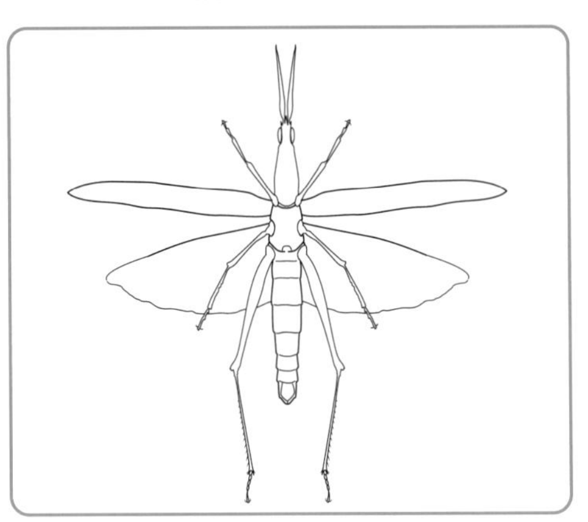

(1) 作図 右のショウリョウバッタのからだを、頭は黄色、むねは赤色、はらは青色にぬりましょう。 技能

(2) ショウリョウバッタのあしは、どこに何本ついていますか。(　)にあてはまる言葉を書きましょう。

(① 　　)に(② 　　)本ついている。

2 いろいろなこん虫のすみかと食べ物について調べました。

1つ5点(15点)

(1) 次の文のうち、正しいものを2つえらび、○をつけましょう。

ア(　)モンシロチョウは、成虫がみつをすう花だんや、よう虫のえさがあるキャベツ畑などでよく見られる。

イ(　)カブトムシは林にすみ、木のしるをすう。

ウ(　)オオカマキリは、暗くしめったところにすみ、かれた葉を食べる。

(2) それぞれのこん虫のすみかとなる場所には、こん虫が生きていくためにひつようなものがあります。それは何ですか。

(　　)

3 生き物のかんさつについて、(　)に当てはまる言葉を　からえらび、記号を書きましょう。

技能 1つ5点(20点)

(1) 生き物をさがすときは、草むら、花だん、(① 　)、(② 　)などをさがす。

(2) 生き物のからだの色や(　)、大きさなどをかんさつして記ろくする。

(3) 記ろくには、名前、日にち、天気、(　)も記ろくする。

㋐しいくようき　㋑形　㋒どく　㋓林
㋔落ち葉や石の下　㋕虫めがね　㋖見つけた場所

学習日　　月　　日

4 生き物をかんさつするときに注意することについて、正しいものを２つえらび、〇をつけましょう。

1つ5点(10点)

ア(　　)石などを動かしたら、もとにもどさずそのままにしておく。

イ(　　)ハチなど、どくをもっている生き物にさわるときは、てぶくろをする。

ウ(　　)ウルシなど、さわるとかぶれたりする植物にはさわらない。

エ(　　)こん虫を野外へ放すときは、とってきた場所にかんけいなく、どこにでも放せばよい。

オ(　　)こん虫を野外へ放すときは、かならずとってきた場所に放す。

できたらスゴイ!

5 いろいろな生き物をなかま分けします。

(1)は1つ10点、(2)は1つ4点(40点)

(1) ㋐～㋕の生き物を、こん虫とこん虫でない虫に分けて、当てはまるもの全部の記号を書きましょう。

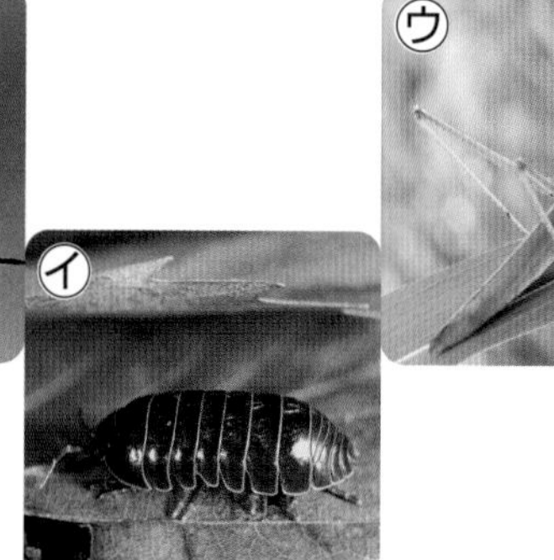

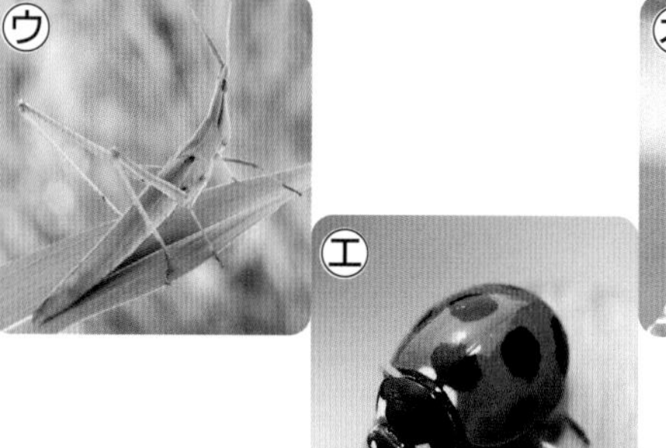
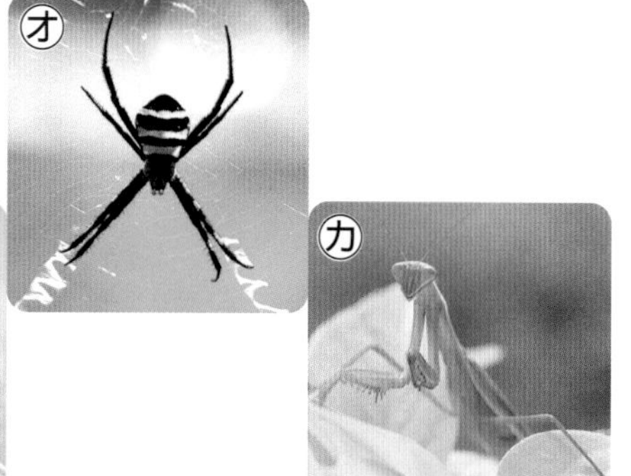
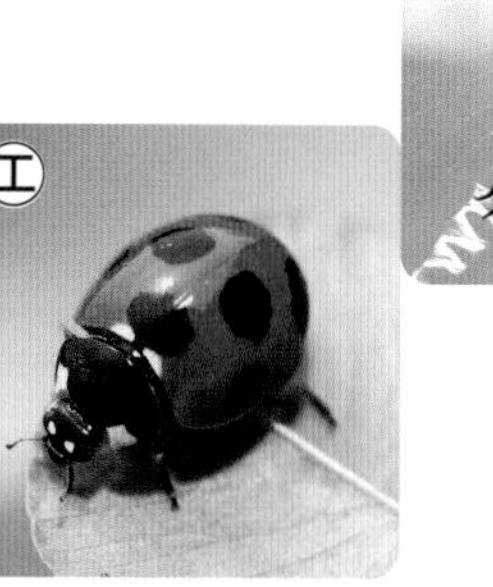
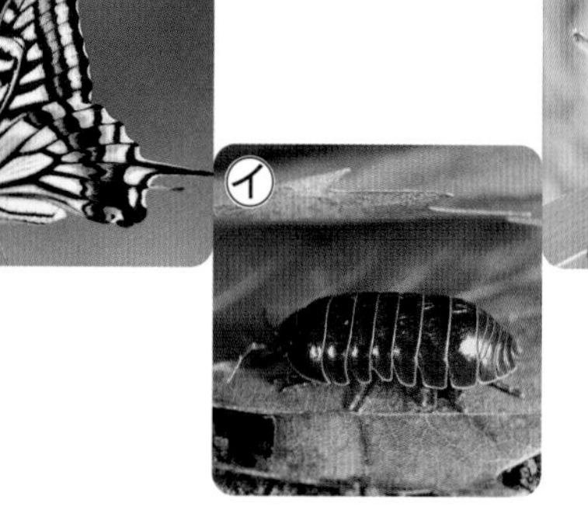
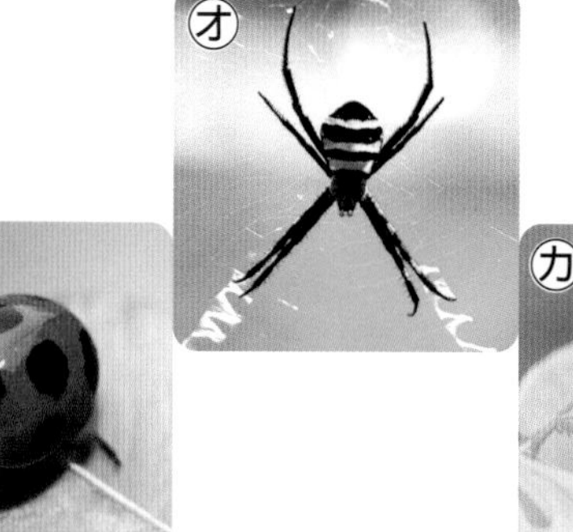
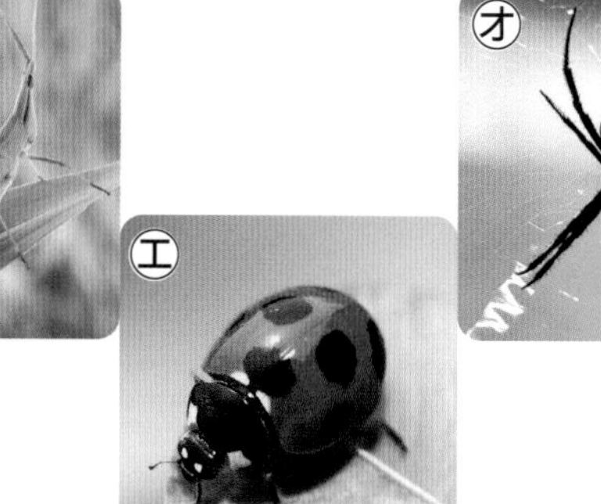

①こん虫　(　　　　　　　　)

②こん虫でない虫　(　　　　　　　　)

(2) 次の文の①～⑤に当てはまる数や言葉を書きましょう。

- こん虫の成虫のからだは、頭・むね・はらの(①　　　)つの部分に分けることができ、６本のあしがついているが、クモやオカダンゴムシはちがう。
- クモのからだは、(②　　　)つの部分に分かれ、(③　　　)本のあしがある。
- オカダンゴムシのからだは、こん虫と同じく(④　　　)つの部分に分かれているが、あしの数はこん虫よりも(⑤　　　)。

ふりかえり
❶がわからないときは、34ページの2にもどってかくにんしましょう。
❺がわからないときは、34ページの2にもどってかくにんしましょう。

ぴったり1 じゅんび

3分でまとめ

2-4. 実ができるころ

学習日　　月　　日

めあて
花がさいたあとの植物のようすや植物の育つじゅんばんをかくにんしよう。

教科書 80～85ページ　答え 20ページ

下の(　)に当てはまる言葉を書くか、当てはまるものを○でかこもう。

1 花がさいたあとの植物はどうなっているだろうか。

教科書 80～84ページ

▶植物は、花がさいたあとには、(①　　　)ができる。

▶ヒマワリやホウセンカは、実ができたあと、やがてくきや葉は(② ふえる ・ かれる)。

▶かれた植物の(③　　　)を土からほり出して調べると、春のころとくらべ、大きく育っていることがわかる。

ヒマワリ

▶ホウセンカの育ち方(まとめ)

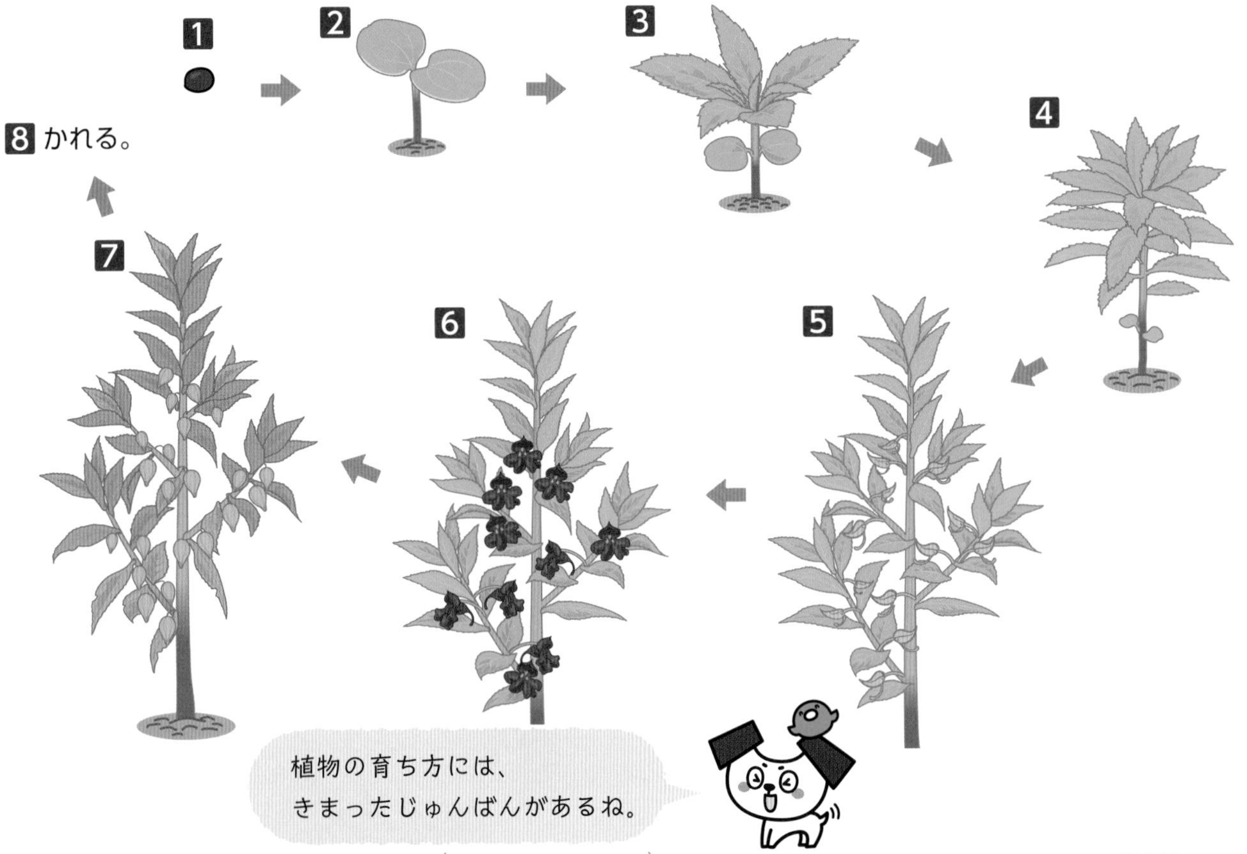

1 2 3 4 5 6 7 8 かれる。

植物の育ち方には、きまったじゅんばんがあるね。

1たね → 2めが出て、(④　　　)が出る。→ 3葉が出る。→ 4葉がしげり、植物のせの高さは(⑤　　　)なり、くきは(⑥　　　)なる。→ 5(⑦　　　)ができる。→ 6(⑧　　　)がさく。→ 7花のあとに(⑨　　　)ができて、(⑨)の中に(⑩　　　)ができる。→ 8かれる。

▶植物は、ひとつの(⑪　　　)から育ち、(⑫　　　)がさき、実をつくる。

ここが だいじ!
①植物はひとつのたねから育ち、花がさいて実をつくり、やがてかれる。
②植物は、育ち方にきまったじゅんばんがある。

ぴたトリビア
植物の実には、ミカンのように人が食べられるものがあります。ミカンを食べるときに、ミカンのたねを見つけられることがあります。

ぴったり2 練習

2-4. 実(み)がてきるころ

学習日　月　日

教科書 80〜85ページ　答え 20ページ

1 植物(しょくぶつ)の花がさいた後のようすをかんさつしました。

(1) ㋐〜㋒はホウセンカの花がさいた後のようすです。育(そだ)つじゅんにならべましょう。

（　　→　　→　　）

(2) ホウセンカとヒマワリのようすについて、正しいものに○をつけましょう。

ア（　）ホウセンカは花がさいた後に実(み)ができてからかれるが、ヒマワリは花がさいた後に実ができないでかれる。

イ（　）ホウセンカもヒマワリも、花がさいた後に葉(は)やくきがかれ始(はじ)め、すっかりかれたら実ができる。

ウ（　）ホウセンカもヒマワリも、花がさいた後に実ができて、その後、葉やくきがかれる。

エ（　）ホウセンカは花がさいた後に実ができるが、ヒマワリは花がさかなかったつぼみに実ができる。

2 植物の育ち方をまとめました。（　）に当てはまる言葉(ことば)を　からえらんで書きましょう。

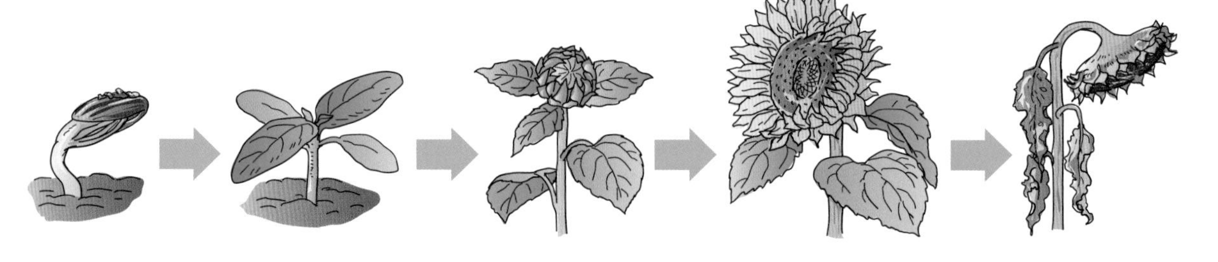

植物は、ひとつの（①　　）から（②　　）を出し、（③　　）と（④　　）がのび、（⑤　　）をしげらせて大きく育っていく。やがて（⑥　　）ができて（⑦　　）がさき、（⑧　　）ができる。ひとつのたねから（⑨　　）の実ができて、やがて実をのこして（⑩　　）いく。

くき　たね　つぼみ　葉　花　根(ね)　実　め
かれて　少し　たくさん

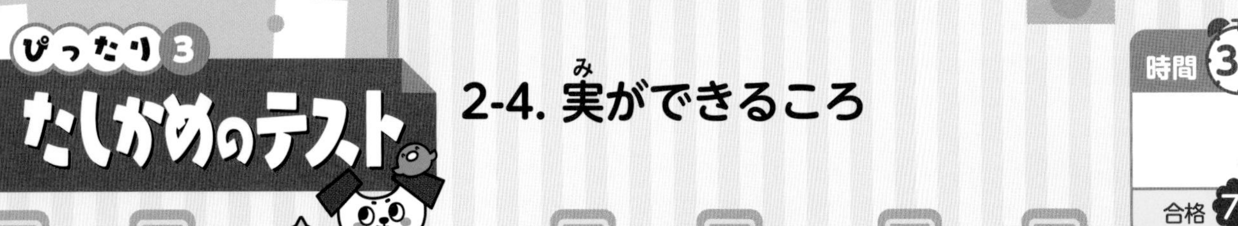

2-4. 実(み)ができるころ

時間 30分　／100　合格 70点

教科書 80〜85ページ　答え 21ページ

よく出る

1 ホウセンカの育(そだ)つようすをかんさつしました。

1つ5点、(1)は全部(ぜんぶ)できて10点(20点)

(1)　(　　)　(　　)　(　　)　(　　)

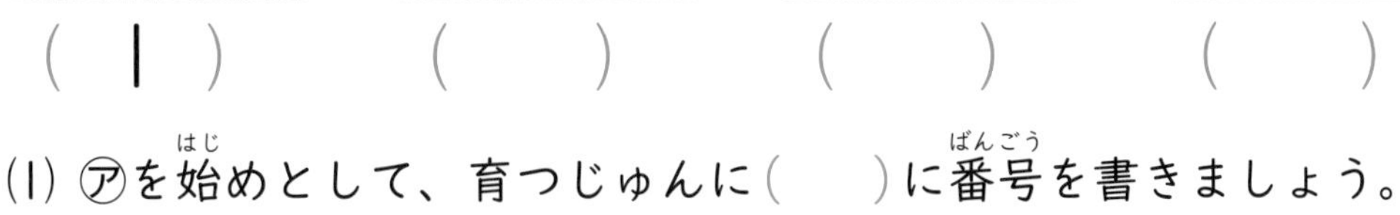

(1) ㋐を始(はじ)めとして、育つじゅんに(　　)に番号(ばんごう)を書きましょう。

(2) ホウセンカのたねはどちらですか。正しい方の□に○をつけましょう。

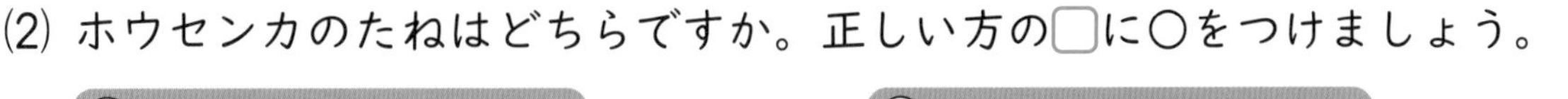

(3) ホウセンカの育ち方のじゅんばんと、ヒマワリの育ち方のじゅんばんは同じですか、ちがいますか。

(　　　　　　)

2 ヒマワリの育つようすを調(しら)べました。

1つ5点(10点)

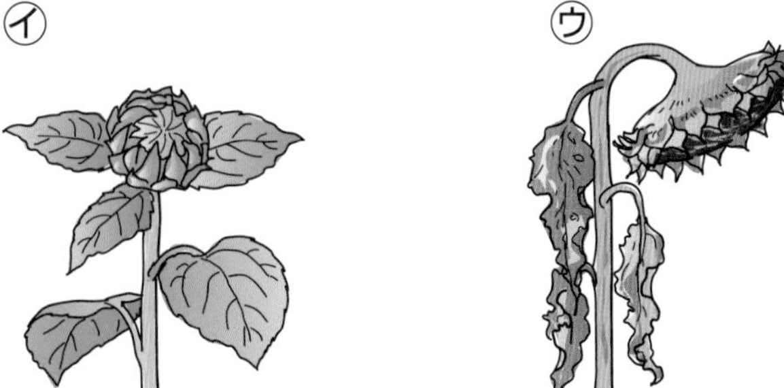

(1) ヒマワリの実ができているようすは、㋐〜㋒のどれですか。(　　)

(2) ヒマワリの育つじゅんとして、正しいものに○をつけましょう。

ア(　　)㋐→㋑→㋒→かれる　　イ(　　)㋐→㋑→かれる→㋒

ウ(　　)㋑→㋐→㋒→かれる　　エ(　　)㋑→㋐→かれる→㋒

学習日　　月　　日

3 ホウセンカに実ができたころ、かんさつカードに記ろくすることとして正しいものには○を、まちがっているものには×をつけましょう。

技能　1つ5点(30点)

ア(　　)実は、さわるとはじけた。
イ(　　)ひとつのくきに、ひとつだけ実ができている。
ウ(　　)葉は緑色で、どんどん数がふえて大きくなっている。
エ(　　)くきも葉も茶色くなってきた。
オ(　　)水やりをすると、まだまだ大きくなりそうだ。
カ(　　)実の中には、新しいたねができている。

ホウセンカの実
9月17日（はれ）川上 あやか
くきも葉も茶色になった。
実がたくさんぶらさがっている。
さわると実がはじけた。
●花びらがちったあと、実ができた。
●実にさわると、はじけたのでびっくりした。
●葉もくきも茶色くなって、かれてきた。
●もう大きくならないみたいだ。

できたらスゴイ!

4 植物の実をかんさつしました。

1つ5点、(4)は10点(40点)

(1) ㋐、㋑は、それぞれ何の植物の実ですか。名前を書きましょう。

㋐(　　　　　　)　㋑(　　　　　　)

(2) 実ができた後、植物の葉はどうなりますか。正しいものに○をつけましょう。

ア(　　)葉は数がふえ、大きく育っていく。
イ(　　)葉の数も大きさも、花がさいたころと同じで、かわらない。
ウ(　　)葉は茶色くなって、数もへっていく。

(3) (2)のようになるのは、どうしてですか。(　　)に当てはまる言葉を書きましょう。

植物は、(①　　　　)がちった後、実をのこして(②　　　　)しまうので、葉も(③　　　　)色になって、落ちてしまう。

(4) 記述 花がさいた後の植物の育ち方を、□の中の言葉を使ってせつめいしましょう。

思考・表現

花　実　かれて

(　　　　　　　　　　)

ふりかえり
❶がわからないときは、38ページの❶にもどってかくにんしましょう。
❹がわからないときは、38ページの❶にもどってかくにんしましょう。

ぴったり1 じゅんび

3分でまとめ

6. 音を調(しら)べよう

①音が出ているときのもののようす
②音をつたえよう

学習日　月　日

めあて　音が出ているときのもののようすや、音のつたわり方をかくにんしよう。

教科書 86～95ページ　答え 22ページ

下の(　)に当てはまる言葉(ことば)を書くか、当てはまるものを○でかこもう。

1 音が出ているとき、ものはふるえているだろうか。

教科書 86～90ページ

▶ものをたたいたり、はじいたりすると、(①　　　)が出る。

▶(　①　)が出ているものは(②　　　　)いる。

▶音が大きいとものの ふるえは(③　大きく・小さく　)、音が小さいとものの ふるえは(④　大きい・小さい　)。

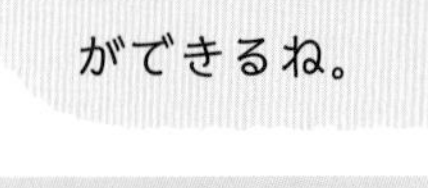

たいこに紙ふぶきをおいてたたくと、たいこのふるえを目でたしかめることができるね。

2 糸電話は、どのように音がつたわるのだろうか。

教科書 91～94ページ

●糸電話を作って、声を出しているときの紙コップや糸のふるえのようすを調べる。

- 声を出していないとき、紙コップのそこや糸はふるえて(①　いる・いない　)が、声を出しているとき、紙コップのそこや糸はふるえて(②　いる・いない　)。
- 声を出しているとき、糸をつまんでふるえを止めると、音は(③　　　　　)なる。
- 声を出しているとき、糸をたるませると音は(④　　　　　)が、糸をピンとはると音は(⑤　　　　　)。

▶糸電話は、(⑥　　　)がふるえることで音がつたわる。

▶糸のふるえを止めると、音は(⑦　　　　　)。

ここが だいじ!
①ものから音が出ているとき、ものはふるえている。
②音が大きいとものの ふるえは大きく、音が小さいとものの ふるえは小さい。
③糸電話は糸がふるえることで、音がつたわる。

ふだんは空気が音(声)をつたえますが、うちゅうでは空気がないから音がつたわりません。

6. 音を調べよう

①音が出ているときのもののようす

②音をつたえよう

1 たいこをならして、音が出ているもののようすを調べました。

(1) 音が出ているたいこにさわると、どんな感じがしますか。正しい方に○をつけましょう。

ア(　　)ふるえている。

イ(　　)止まっている。

(2) 右の図のように、たいこに紙ふぶきをおいてたたきます。

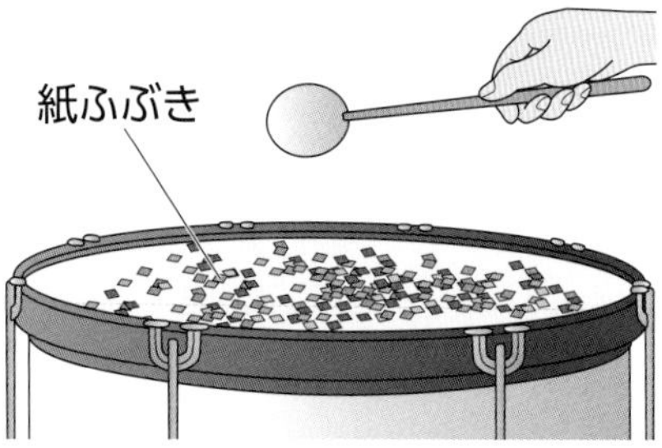

① 紙ふぶきをおく理由に、○をつけましょう。

ア(　　)たいこの音を大きくするため。

イ(　　)たいこのふるえを目でたしかめるため。

ウ(　　)たいこの音を遠くまでとどかせるため。

紙ふぶき

② たたき方をかえて、音の大きさをかえて紙ふぶきの動きを表にしました。㋐、㋑に入るものをア～ウからえらび、記号を書きましょう。

音の大きさ	たいこにおいた紙ふぶきの動き
大きな音	㋐
小さな音	㋑

ア　動かない。　　イ　動き方が大きい。

ウ　動き方が小さい。

㋐(　　　)　㋑(　　　)

2 糸電話を使って、音のつたわり方を調べました。

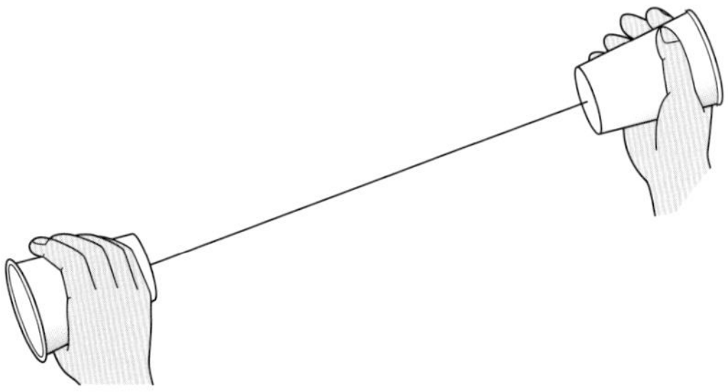

(1) 声を出していないとき、糸電話の糸のふるえはどうなっていますか。

(　　　　　　)

(2) 声を出しているときに糸電話の糸をつまむと、音はつたわりますか。

(　　　　　　)

(3) 糸電話の糸を次のようにしたとき、音が聞こえる方に○をつけましょう。

ア(　　)糸をピンとはらせる。　　イ(　　)糸をたるませる。

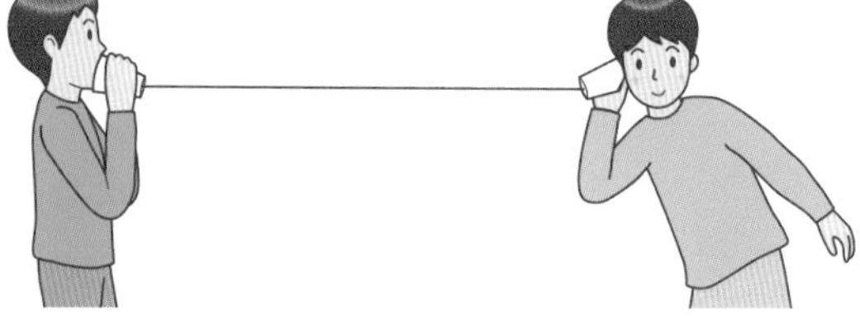

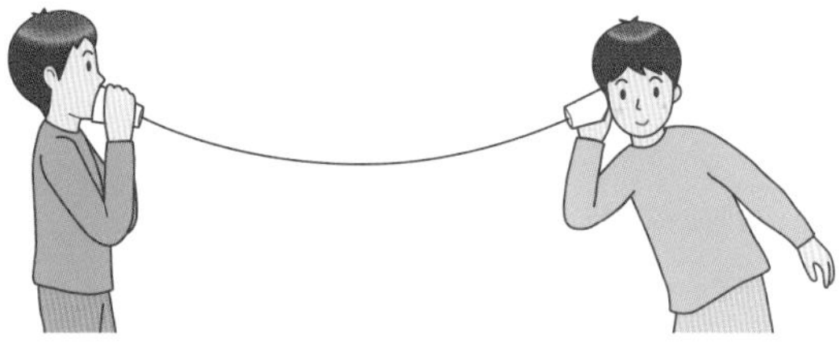

ヒント ❷ 糸電話で声を出しているとき、糸をつまむと、ふるえは止まります。

6. 音を調べよう

時間 30 分　／100　合格 70 点

教科書 86〜95ページ　答え 23ページ

よく出る

1 がっきを使って、音が出ているときのもののようすを調べました。 1つ5点(20点)

トライアングル

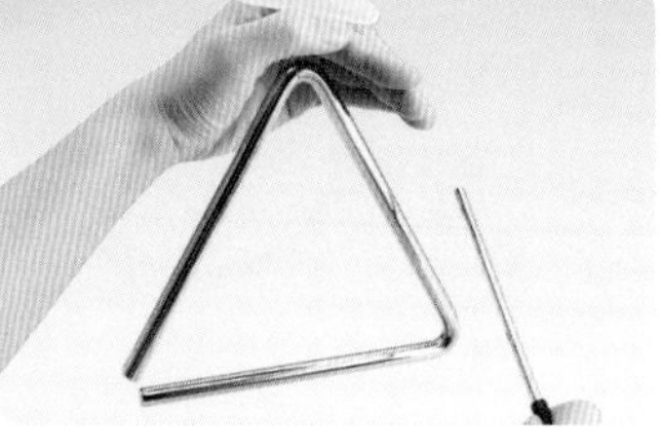

タンブリン

たいこ

(1) トライアングルをたたいて音を出し、指先でそっとふれてみました。トライアングルはどのようなようすでしたか。（　　　　）

(2) トライアングル、タンブリン、たいこのうち、タンブリンとたいこの音だけが聞こえたとき、それぞれのがっきはふるえていますか、ふるえていませんか。

トライアングル（　　　　）
タンブリン（　　　　）
たいこ（　　　　）

2 トライアングル、タンブリン、たいこを使って、音の大きさをかえたときの音が出ているもののようすを調べました。 (1)、(2)は1つ5点、(3)は全部できて10点(30点)

(1) たいこをたたいて音を出して、手のひらでそっとふれました。音が聞こえなくなった後、もう１回たたいて音を出して、手のひらでそっとふれたところ、ふるえが小さいと感じました。２回目にたたいたときに聞こえた音は、１回目の音より大きいですか、小さいですか。 思考・表現 （　　　　）

(2) それぞれのがっきについて、２回音を出して、音の大きさをくらべました。トライアングルは１回目より音が大きく、タンブリンとたいこは１回目より音が小さくなりました。それぞれのがっきの２回目のふるえは、１回目とくらべて大きいですか、小さいですか。 思考・表現

トライアングル（　　　　）
タンブリン（　　　　）
たいこ（　　　　）

(3) 音の大きさと音が出ているもののようすについて、（　）に当てはまる言葉を書きましょう。

・音が小さいとものののふるえは（　　　　）。一方、音が大きいとものののふるえは（　　　　）。

学習日　　月　　日

できたらスゴイ！

③ 身(み)の回りのものを使って、音がつたわるときのようすを調べました。 1つ10点(30点)

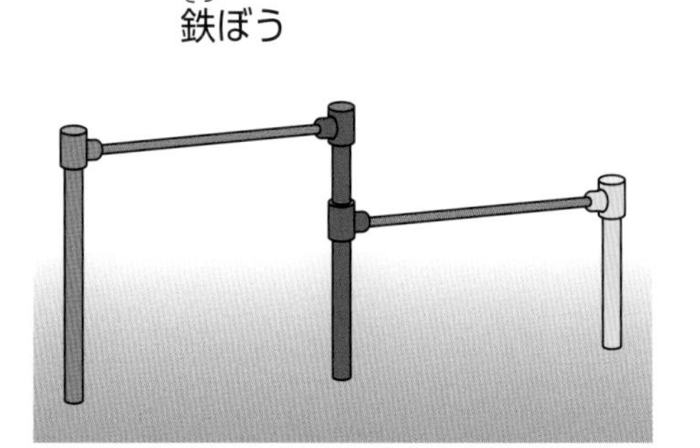

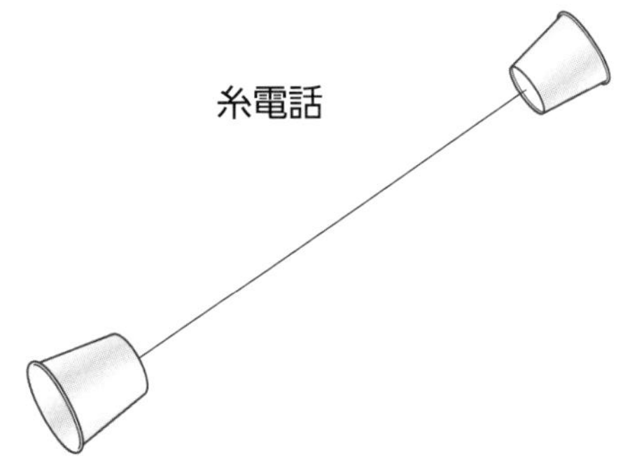

(1) 鉄ぼうをたたき、たたいたところからはなれているところに耳をつけると、音が聞こえました。このとき、鉄ぼうはふるえていますか、ふるえていませんか。

(　　　　　　)

(2) 糸電話で声を出して、音が聞こえているときの糸は、どのようなようすですか。

(　　　　　　)

(3) 糸電話で声を出して、音が聞こえているときに、糸をつまみました。音はどうなりますか。

(　　　　　　)

④ がっきをならしてみました。正しいものには○を、正しくないものには×を書きましょう。

1つ5点(20点)

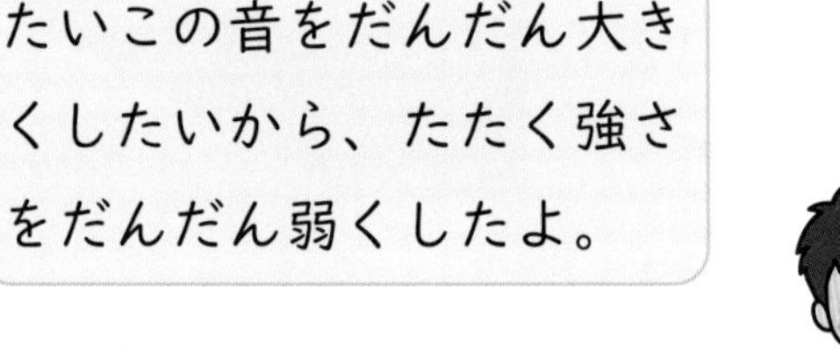

たいこの音をだんだん大きくしたいから、たたく強さをだんだん弱くしたよ。

①(　　)

はじめの音より2回目の音の方が大きかったよ。はじめの音の方が、ふるえが小さいということだね。

②(　　)

トライアングルはかたいから、音が出ているあいだもふるえていなかったね。

③(　　)

トライアングルの音をすぐに止めたいから、指先でつまんだよ。

④(　　)

ふりかえり

❶がわからないときは、42ページの❶にもどってかくにんしましょう。
❸がわからないときは、42ページの❷にもどってかくにんしましょう。

ぴったり1 じゅんび

7. 光を調べよう

①日光の進み方を調べよう

学習日　　月　　日

めあて
日光をかがみではね返したときのようすをかくにんしよう。

教科書 96～100ページ　答え 24ページ

下の(　　)に当てはまる言葉を書くか、当てはまるものを○でかこもう。

1 かがみで日光をはね返し、まとに当ててみよう。

教科書 96～98ページ

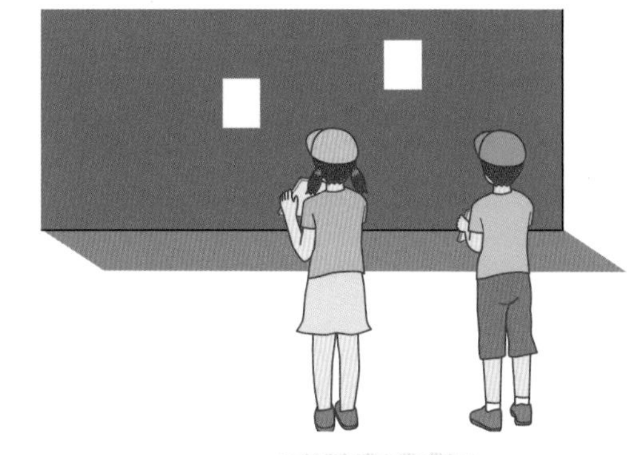

- かがみを使うと、日光を(①　　　　　　　　)ことができる。
- 日光をはね返しているかがみを動かすと、はね返した日光はかがみと(②　同じ　・　ちがう　)方へ動く。

はね返した日光を、人の顔に当ててはいけないよ。

かがみの動きと日光の動きをよく見よう。

2 かがみではね返した日光は、どのように進むだろうか。

教科書 98～100ページ

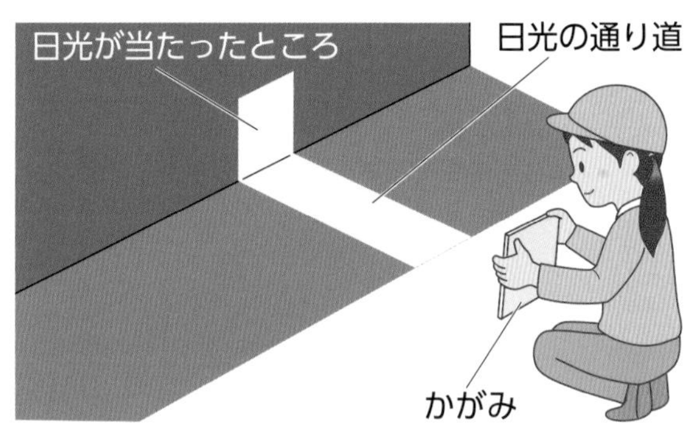

- はね返した日光を地面にはわせると、(①　　　　　)の通り道がわかる。
- かがみと、まとの間に手を入れて、手を前後に動かすと、いつも手に光が(②　当たる　・　当たらない　)。
- かがみを上、下、右、左に動かすと、はね返った光も上、下、右、左に(③　　　　　)。
- かがみではね返った日光は、(④　　　　　　　　)に進む。

はね返した日光を地面にはわせると、日光の通り道が明るくなるね。

かがみの向きをかえると、日光の進む向きもかわるよ。

ここがだいじ!
①かがみを使うと、日光をはね返すことができる。
②はね返った光は、まっすぐに進む。

ぴたトリビア　黒いものより、白いものの方が光をはね返しています。

ぴったり2 練習

7. 光を調べよう

①日光の進み方を調べよう

学習日　　月　　日

教科書 96〜100ページ　答え 24ページ

1 日かげのかべに、かがみではね返した日光を当てました。

(1) 日光の当たったところは、まわりとくらべてどうなりますか。正しい方に○をつけましょう。

ア(　　)明るくなる。
イ(　　)暗くなる。

(2) 丸いかがみを使うと、光の当たったところはどんな形になりますか。

(　　　　　　)

(3) かがみの前に手をおくと、光の当たったところはどのようになりますか。正しいものに○をつけましょう。

ア(　　)手のかげができる。
イ(　　)全体に暗くなる。
ウ(　　)手をおく前とかわらない。

(4) かがみではね返した日光を地面にはわせてみました。日光の通り道から、日光はどのように進むといえますか。正しいものに○をつけましょう。

ア(　　)広がって進む。
イ(　　)曲がって進む。
ウ(　　)まっすぐに進む。

2 かがみではね返した日光をまとの中心に当てました。この光を㋐〜㋓のいちに動かすには、かがみをどのように動かせばよいですか。正しいものをえらんで、□に番号を書きましょう。

① かがみを上に向ける。
② かがみを下に向ける。
③ かがみを右に向ける。
④ かがみを左に向ける。

まと　中心　㋐　㋑　㋒　㋓

学習日　　月　　日

7. 光を調べよう

②日光を集めよう

めあて
かがみや虫めがねを使って日光を集めたときのようすをかくにんしよう。

教科書 101～107ページ　答え 25ページ

下の(　　)に当てはまる言葉を書くか、当てはまるものを○でかこもう。

1 かがみをふやして日光を集めると、どうなるだろうか。

教科書 101～103ページ

- かがみで日光をはね返してまとに当てると、日光が当たったところは、(①　　　　)、(②　　　　　)なる。
- かがみのまい数をふやすと、日光を集めたところは、かがみ１まいのときより(③　明るく　・　暗く　)、(④　あたたかく　・　つめたく　)なる。
- かがみのまい数が(⑤　　　　　)なるほど、日光を集めたところは明るく、(⑥　　　　　)なる。

温度計

かがみのまい数	１まい	２まい	３まい
まとの明るさ	－	１まいのときより明るい	２まいのときより明るい
まとの温度	18℃	29℃	45℃

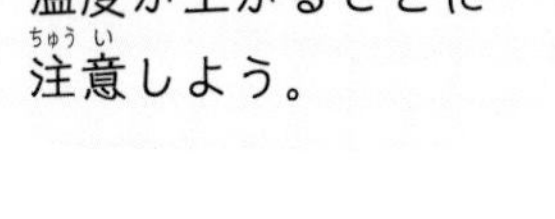

かがみをふやすほど、温度が上がることに注意しよう。

2 虫めがねを使って日光を集めてみよう。

教科書 104～105ページ

- 虫めがねを使うと、(①　　　　　)を集めることができる。
- 虫めがねを黒い紙に近づけたり遠ざけたりすると、明るいところはどうかわるだろう。

虫めがねを紙に近づけて、明るいところが大きな円になるようにする。
➡虫めがねを遠ざけていくと、明るいところは(②　大きく　・　小さく　)なっていき、明るさは(③　明るく　・　暗く　)なっていく。

- 日光が集まった部分が小さいほど(④　明るく　・　暗く　)なり、紙がこげるくらいに(⑤　　　　　)なる。

ここが、だいじ！

①かがみのまい数が多いほど、日光が当たったところは、明るく、あたたかくなる。
②虫めがねを使って、日光を集めることができる。
③日光が集まった部分が小さくなるほど、より明るく、あたたかくなる。

ぴたトリビア　日がさをさすと、日光が直せつからだに当たることによる暑さから身を守ることができます。

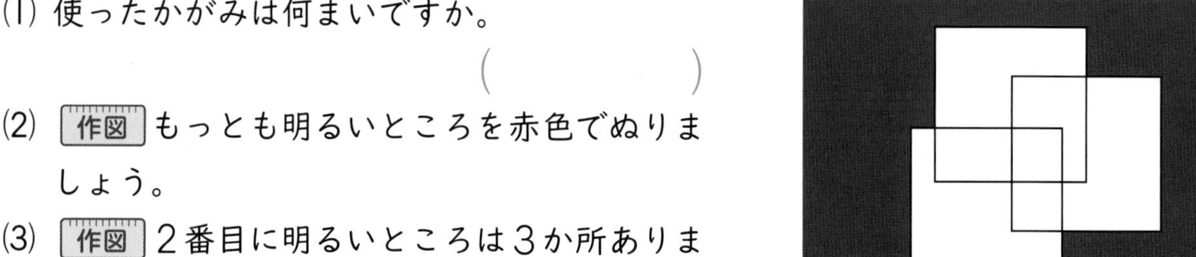

ぴったり2 練習

学習日　月　日

7. 光を調(しら)べよう

②日光を集(あつ)めよう

教科書 101〜107ページ　答え 25ページ

1 何まいかのかがみを使(つか)って、はね返(かえ)した日光を集めました。

(1) 使ったかがみは何まいですか。（　　　）

(2) 作図 もっとも明るいところを赤色でぬりましょう。

(3) 作図 2番目に明るいところは3か所あります。黄色でぬりましょう。

(4) 黄色でぬったところは、何まいのかがみではね返した日光が当たっていますか。（　　　）

(5) 作図 3番目に明るいところは3か所あります。青色でぬりましょう。

(6) もっともあたたかいのは、何色でぬったところですか。（　　　）

(7) かがみの数をふやし、たくさんのはね返した日光を集めると、どうなりますか。（　）に当てはまる言葉(ことば)を書きましょう。

かがみではね返した日光をたくさん集めると、日光が当たったところは、より（①　　　）なり、温度(おんど)は（②　　　）なる。

2 大きな虫めがねと小さな虫めがねを使って、黒い紙の上に同じ大きさになるように日光を集めました。

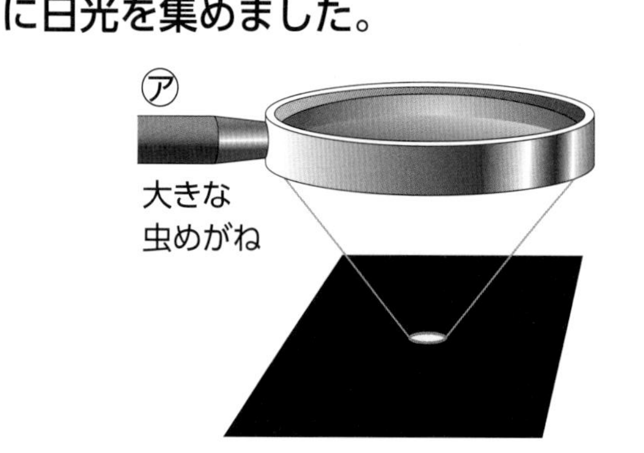

(1) 集めた日光は、㋐と㋑のどちらの方が明るいですか。（　　　）

(2) 紙がはやくこげるのは、㋐と㋑のどちらですか。（　　　）

(3) ㋐の虫めがねを紙から近づけたり遠ざけたりして、日光の集まった部分(ぶぶん)が小さくなるようにしました。このとき、正しい方を○でかこみましょう。

日光の集まった部分が小さいほど、集まった部分は（① 明るく ・ 暗(くら)く）、（② あたたかく ・ つめたく）なる。

2 (2)黒い紙がこげてけむりが出るのは、あつく（温度が高く）なるためです。

7. 光を調べよう

時間 30分　／100　合格 70点

教科書 96～107ページ　答え 26ページ

よく出る

1 かがみを使って、日光の進み方を調べました。

1つ5点(15点)

(1) 1まいのかがみで、どのようなことができますか。
正しいものに○をつけましょう。

ア(　　)日光を集めることができる。

イ(　　)日光をはね返すことができる。

ウ(　　)日光を通すことができる。

(2) まいさんが日光を地面にはわせて、通り道を調べました。日光はどのように進んでいますか。
(　　)に当てはまる言葉を書きましょう。

日光は(　　　　　　)に進む。

ア
あきらさん
まいさん

(3) あきらさんが、かべに光を当てています。光を動かして、かべの㋐の部分に光を当てるには、あきらさんはかがみをどのように動かせばよいですか。

(　　　　　　　　　　)

2 まとを作って、3まいのかがみではね返した日光を当て、明るさや温度をくらべました。

(1)は1つ5点、(2)は1つ10点(35点)

かがみのまい数	ア	イ	ウ
まとの明るさ	明るい	2まいのときより明るい	1まいのときより明るい
まとの温度	16℃	①	②

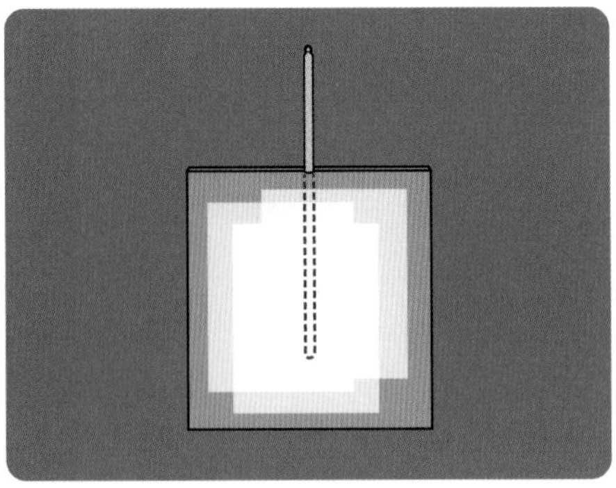

(1) 表のア～ウは、かがみが1まい、2まい、3まいのときのどれですか。

かがみ1まい(　　　)

かがみ2まい(　　　)

かがみ3まい(　　　)

(2) 表の温度は、まとに3分間日光を当てたときのまとの温度です。①、②に当てはまる温度を、□からえらんで書きましょう。

12℃　29℃　45℃

①(　　　)

②(　　　)

学習日　　月　　日

❸ 虫めがねを使って日光を集(あつ)めます。正しいものを３つえらんで○をつけましょう。

1つ5点(15点)

ア(　　)集めた日光を紙に当てると、しばらくして紙がこげる。

イ(　　)日光の集まった部分を小さくするには、虫めがねを紙に近づける。

ウ(　　)大きな虫めがねと小さな虫めがねでは、小さな虫めがねの方が、日光をたくさん集めることができる。

エ(　　)日光の集まった部分を小さくすると、さらに明るくなる。

オ(　　)虫めがねで太陽(たいよう)を見ると、目をいためるので見てはいけない。

できたらスゴイ!

❹ 黒い紙の上に、虫めがねで日光を集めました。

1つ5点(35点)

⑴ 日光が集まっている部分がもっとも明るいのは、㋐～㋒のどれですか。(　　)

⑵ 紙がもっともはやくこげてしまうのは、㋐～㋒のどれですか。(　　)

⑶ 光が集まっている部分の温度がもっとも高いのは、㋐～㋒のどれですか。(　　)

⑷ ㋐のじょうたいから、虫めがねを紙から遠ざけていくと㋑のようになりました。次(つぎ)に㋒のようにするには、虫めがねを下の絵のⓐとⓘのどちらの方に動かせばよいですか。(　　)

㋐　㋑　㋒

ⓘ　ⓐ

⑸ 虫めがねの大きさをもっと大きなものにかえて、日光の集まっている部分の大きさが㋒と同じになるようにしました。このとき日光の集まっている部分の明るさは、大きな虫めがねにかえる前とくらべて、どうなっていますか。　思考・表現

(　　　　　　　　)

⑹ ⑸で答えたようになるのはどうしてですか。正しい方を○でかこみましょう。

大きな虫めがねの方が、集めることのできる光のりょうが(① 多い ・ 少ない)から、(② 明るく ・ 暗(くら)く)なる。

ふりかえり　❶がわからないときは、46ページの❷にもどってかくにんしましょう。
❹がわからないときは、48ページの❷にもどってかくにんしましょう。

8. 風のはたらき

①風の強さと風車(ふうしゃ)の回り方
②風の強さとものを持(も)ち上げる力

3分でまとめ

めあて
風の強さと風車の回り方やものを持ち上げる力についてかくにんしよう。

教科書 108～117ページ　答え 27ページ

下の(　　)に当てはまる言葉(ことば)を書くか、当てはまるものを○でかこもう。

1 風の強さをかえると、風車の回り方はかわるだろうか。 教科書 108～113ページ

▶送風(そうふう)きで風の強さをかえて、風車の回り方を調(しら)べる。

送風きの高さと(①　　　　)の高さが同じになるように、送風きを台にのせて合わせます。

台　風

▶風の強さと風車の回り方

風の強さ	回る速(はや)さや回り方	回っているときの音	じくにさわったときの手ごたえ
弱　い	(② 速い ・ おそい)	(③ 小さい ・ 大きい)	(④ 強い ・ 弱い)

風の強さ	回る速さや回り方	回っているときの音	じくにさわったときの手ごたえ
強　い	(⑤ 速い ・ おそい)	(⑥ 小さい ・ 大きい)	(⑦ 強い ・ 弱い)

▶風車は、風が強いほど(⑧ 速く ・ おそく)回り、じくにさわったときの手ごたえも(⑨ 強く ・ 弱く)、回る音も(⑩ 小さい ・ 大きい)。

2 どうすれば、風車のものを持(も)ち上げる力は大きくなるだろうか。 教科書 113～116ページ

風

▶風の強さと持ち上げられたおもりの数

風の強さ	1回目	2回目
弱　い	4こ	4こ
強　い	6こ	6こ

強い風ほど、おもりをたくさん持ち上げられるね。

けがをするから、送風きに指(ゆび)を入れてはいけないよ！

▶風の力を使(つか)って、ものを持ち上げることが(① できる ・ できない)。

▶強い風ほど、風車がものを持ち上げる力は(② 小さく ・ 大きく)なる。

ここがだいじ！
①風車は、風が強いほど、速く回る。
②風の力で、ものを持ち上げることができる。
③風が強いほど、ものを持ち上げる力は大きくなる。

風力発電(はつでん)は、風の力を使って電気をつくっています。

8. 風のはたらき

①風の強さと風車(ふうしゃ)の回り方

②風の強さとものを持(も)ち上げる力

学習日　　月　　日

教科書 108～117ページ　答え 27ページ

1 送風(そうふう)きを使(つか)って、風の強さと風車の回り方について実(じっ)けんします。

⑴ 送風きの風の強さには、「弱い」と「強い」があります。風車がより速(はや)く回るのは、どちらの強さにしたときですか。（　　　）

⑵ 風の強さを「強い」にすると、風車が回っているときの音はどうなりますか。正しいものに○をつけましょう。

ア（　　）大きくなる。　イ（　　）小さくなる。　ウ（　　）かわらない。

⑶ 風の強さを「強い」にすると、回っているじくにさわったときの手ごたえはどうなりますか。正しいものに○をつけましょう。

ア（　　）強くなる。　イ（　　）弱くなる。　ウ（　　）かわらない。

⑷ この実けんから、どのようなことがわかりますか。（　　）に言葉(ことば)を書きましょう。

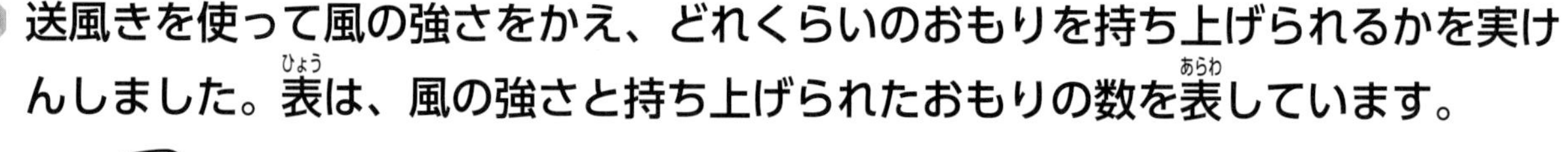

風車は、風が（①　　　　）ほど、速く回る。また、風が強いほど、回っているときの音は（②　　　　）く、じくをさわったときの手ごたえも（③　　　　）なる。

2 送風きを使って風の強さをかえ、どれくらいのおもりを持ち上げられるかを実けんしました。表(ひょう)は、風の強さと持ち上げられたおもりの数を表(あらわ)しています。

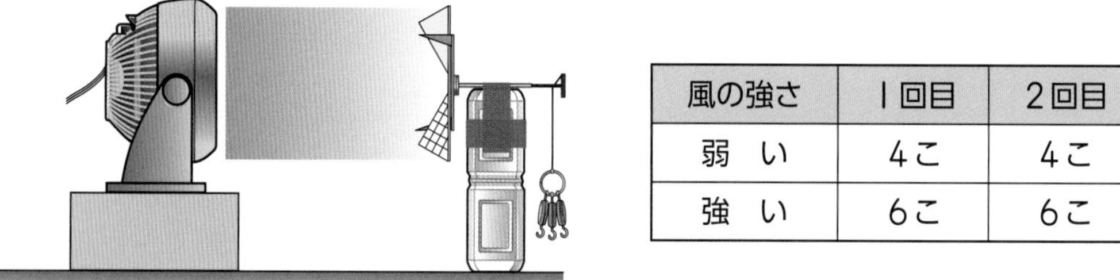

風の強さ	1回目	2回目
弱　い	4こ	4こ
強　い	6こ	6こ

⑴ 風の力を使うと、どのようなことができるといえますか。（　　）に当てはまる言葉を書きましょう。

風の力を使うと、ものを（　　　　　　　）ことができる。

⑵ 表から、風の力が強いほど、ものを持ち上げる力はどうなるといえますか。

（　　　　　　　）

⑶ もっとたくさんのおもりを持ち上げるには、どのような風を当てればよいですか。

（　　　　　　　　　　　　　　）

8. 風のはたらき

教科書 108〜117ページ　答え 28ページ

よく出る

1 送風き(そうふう)の風の強さをかえて、風車(ふうしゃ)の回り方を調(しら)べ、表(ひょう)にまとめました。表の①〜④に当てはまる言葉(ことば)を、下の［　］からえらんで、記号(きごう)で答えましょう。同じ記号を２回使(つか)ってもかまいません。

1つ5点(20点)

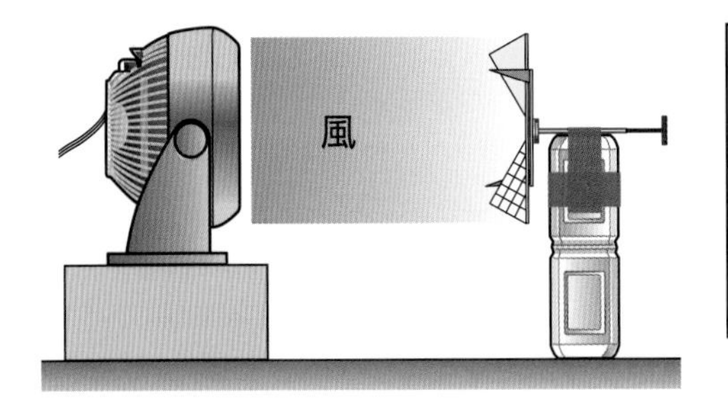

風の強さ	回る速(はや)さ	回っているときの音	じくにさわったときの手ごたえ
（①　）	おそい	小さい	（④　）
（②　）	速い	（③　）	強い

㋐強い　㋑弱い　㋒速い　㋓おそい　㋔大きい　㋕小さい

よく出る

2 送風きの風の強さをかえて、風車がおもりをいくつ持(も)ち上げられるか調べ、表にまとめました。

1つ10点(20点)

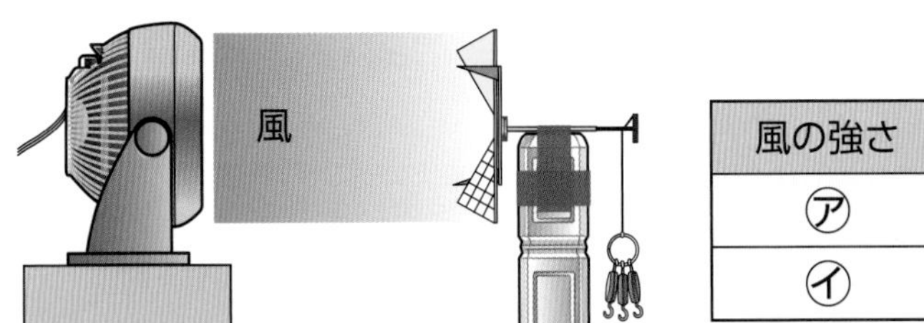

風の強さ	1回目	2回目
㋐	3こ	3こ
㋑	5こ	5こ

(1) 表の㋐と㋑には風の強さが入ります。風の強さが強いのは㋐と㋑のどちらですか。

（　　）

(2) この実(じっ)けんから、風の強さと風車がものを持ち上げる力について、どのようなことがいえるでしょうか。正しいものに○をつけましょう。

ア（　）風車がものを持ち上げる力は、風の強さではかわらない。
イ（　）風車がものを持ち上げる力は、風が弱いほど大きくなる。
ウ（　）風車がものを持ち上げる力は、風が強いほど大きくなる。
エ（　）風車がものを持ち上げる力は、風があたたかいほど大きくなる。

学習日　　月　　日

3 送風きで風車に風を当て、風車の回り方を調べます。

技能　1つ5点(20点)

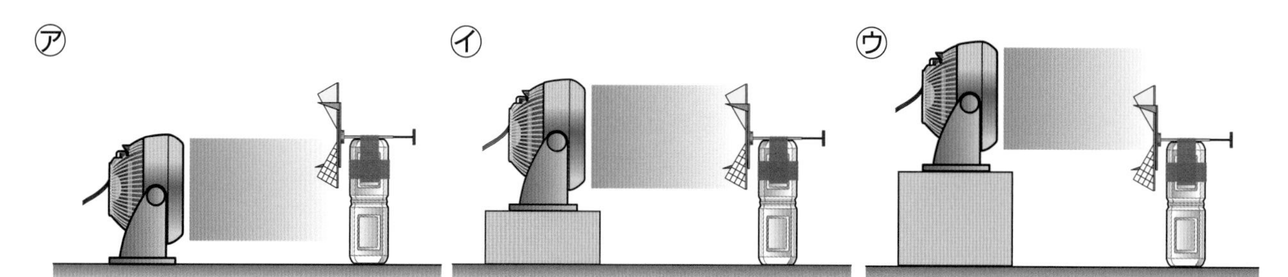

(1) 送風きはどのような高さに合わせるとよいですか。上の㋐～㋒からえらび、記号で答えましょう。　(　　)

(2) 風の強さをかえて風車の回り方を調べるときに、送風きと風車とのきょりはどのようにすればよいですか。正しいものに○をつけましょう。

ア(　　)１回ごとに、送風きと風車との間のきょりをかえる。
イ(　　)送風きと風車との間のきょりをいつも同じにする。
ウ(　　)送風きと風車とのきょりは気にしなくてよい。

(3) 風の強さをかえて風車の回り方を調べるときに、記ろくしておくとよいことが３つあります。(　　)に当てはまる言葉を書きましょう。

①回る(　　　　)　②回っているときの(　　　　)
③じくにさわったときの手ごたえ

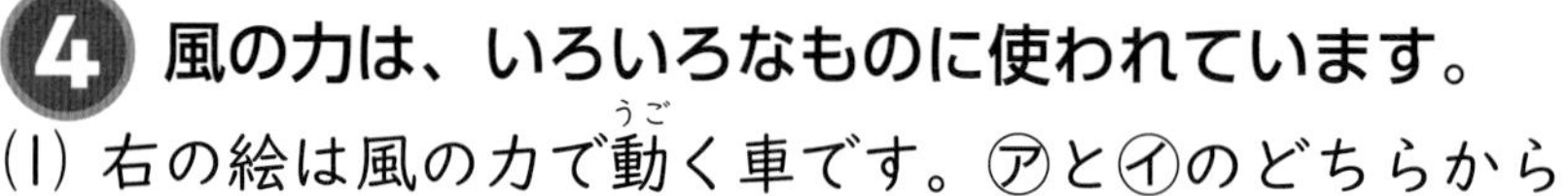

できたらスゴイ!

4 風の力は、いろいろなものに使われています。

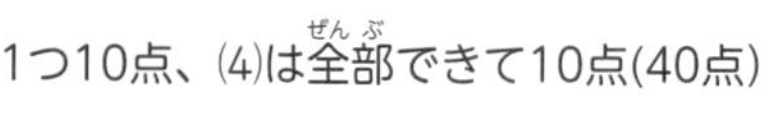

1つ10点、(4)は全部(ぜんぶ)できて10点(40点)

(1) 右の絵は風の力で動(うご)く車です。㋐と㋑のどちらから風を当てた方が、車はよく走りますか。　(　　)

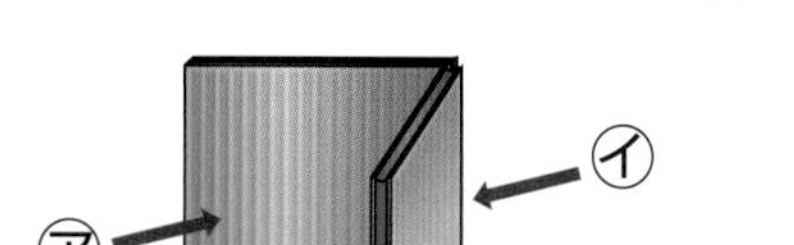

(2) この車を遠くまで走らせるには、どんな風を当てればよいですか。正しい方に○をつけましょう。

ア(　　)弱い風　　イ(　　)強い風

(3) 風が強いほど、ものを動かす力はどうなるといえますか。　(　　　　)

(4) 右の写真(しゃしん)は風力発電(はつでん)きです。(　　)に当てはまる言葉を書きましょう。　思考・表現

風力発電では、(①　　　)の力で風車を回し、その力で、(②　　　)をつくっている。

ふりかえり
1 がわからないときは、52ページの 1 にもどってかくにんしましょう。
2 がわからないときは、52ページの 2 にもどってかくにんしましょう。

ぴったり1 じゅんび

9. ゴムのはたらき

①ゴムの力と車の走り方

②ゴムの力をコントロールしよう

学習日　　月　　日

めあて

ゴムののびと、ゴムの力で動く車の走るようすをかくにんしよう。

教科書 118～127ページ　答え 29ページ

下の(　　)に当てはまる言葉を書くか、当てはまるものを〇でかこもう。

1 どうすれば、車を遠くまで走らせることができるだろうか。 教科書 118～123ページ

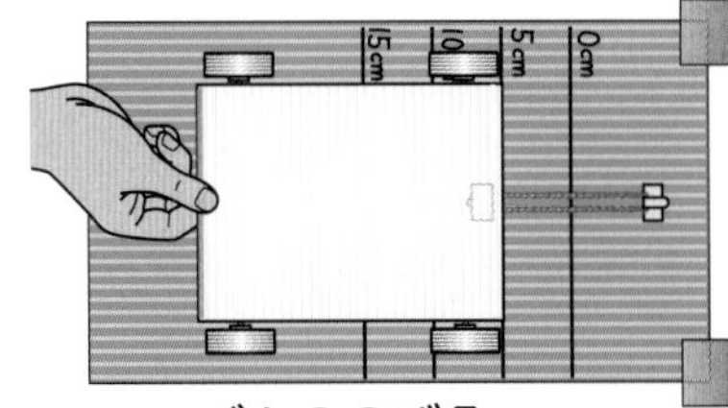

ゴムののび5cm

ゴムののび10cm

- ゴムを長くのばすと元に(①　　　　　)とする力がはたらく。
- この力は、ゴムを(②　　　　)のばすほど、強くなる。
- 1本のわゴムを使ってくらべたとき、ゴムののびを(③　　　　)するほど、車をより遠くまで走らせることができる。

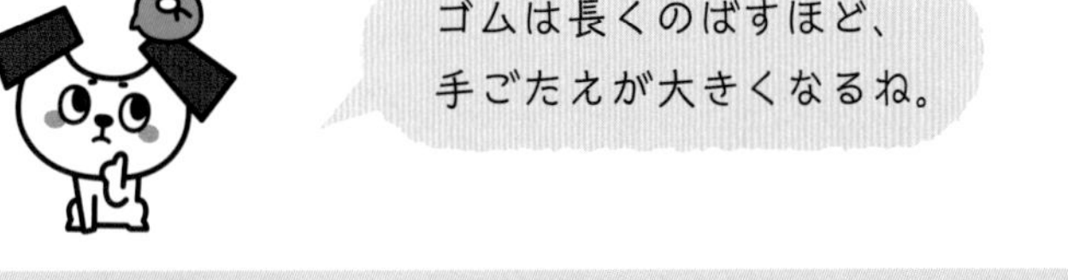

ゴムは長くのばすほど、
手ごたえが大きくなるね。

2 どうすれば、車の走るきょりをコントロールできるだろうか。 教科書 124～125ページ

ゴムののびと車の走ったきょり

ゴムののび		0〜9(m)
5cm	1回目	約3
	2回目	約3
	3回目	約3
15cm	1回目	約8
	2回目	約8
	3回目	約8

- 上の実けんけっかより、車を3m走らせたいとき、ゴムは(①　5cm　・　15cm　)くらいのばすとよいと考えられる。
- 車を走らせたいきょりが5m 30cmのとき、ゴムは(②　10cm　・　20cm　)くらいののびで走らせるとよいと考えられる。

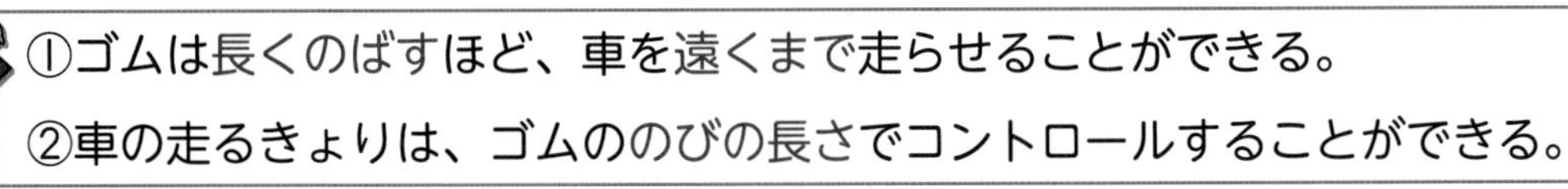

ここが だいじ！

①ゴムは長くのばすほど、車を遠くまで走らせることができる。

②車の走るきょりは、ゴムののびの長さでコントロールすることができる。

ぴたトリビア ばねをのばすと、ゴムと同じように、元にもどろうとする力がはたらきます。

学習日　　月　　日

9. ゴムのはたらき

①ゴムの力と車の走り方

②ゴムの力をコントロールしよう

教科書 118〜127ページ　答え 29ページ

1 ゴムの力で動く車を使って、ゴムののびの長さと車の走り方について調べます。

⑴ この実けんをするとき、㋐と㋑で同じにしなければならないのは、わゴムの何ですか。

(　　　　)

⑵ 車を引いて、わゴムをのばしたときの手ごたえは、㋐と㋑ではどちらが強いですか。　(　　)

⑶ 車を走らせたとき、より遠くまで走るのは、㋐と㋑のどちらですか。　(　　)

⑷ この実けんからどのようなことがわかりますか。(　　)に当てはまる言葉を書きましょう。

ゴムを長くのばすほど、ゴムが元にもどろうとする力が(①　　　　)なり、車の走るきょりは(②　　　　)なる。

㋐

ゴムののび	5cm
わゴムの数	1本

㋑

ゴムののび	10cm
わゴムの数	1本

2 ゴムののびの長さを10cmと15cmにして、3回ずつ車を走らせました。次のグラフは、そのけっかをまとめたものです。

ゴムののびと車の走ったきょり

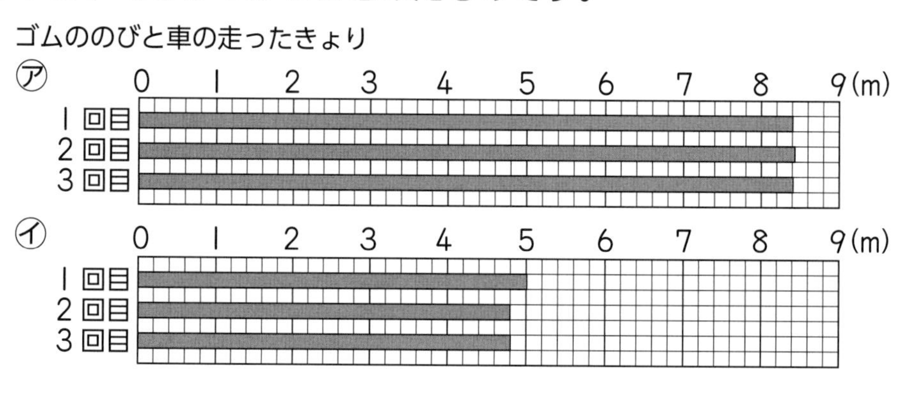

⑴ ぼうの長さで数の多い・少ないを表したグラフを、何といいますか。

(　　　　)

⑵ ゴムののびが15cmのときのけっかをまとめたグラフは、㋐、㋑のどちらですか。

(　　)

⑶ 車を7m走らせたいとき、ゴムは何cmくらいのばせばよいですか。正しいものに○をつけましょう。

ア(　　)7cm　　イ(　　)12cm　　ウ(　　)17cm

9. ゴムのはたらき

教科書 118～127ページ　答え 30ページ

よく出る

1 右の図のような車を使って、ゴムののびの長さと車の走り方について調べます。

1つ5点(20点)

(1) 1本のわゴムを使い、ゴムののびが10cmのときの車の走るきょりを調べます。車の先を㋐～㋒のどこにそろえればよいですか。　技能

(　　)

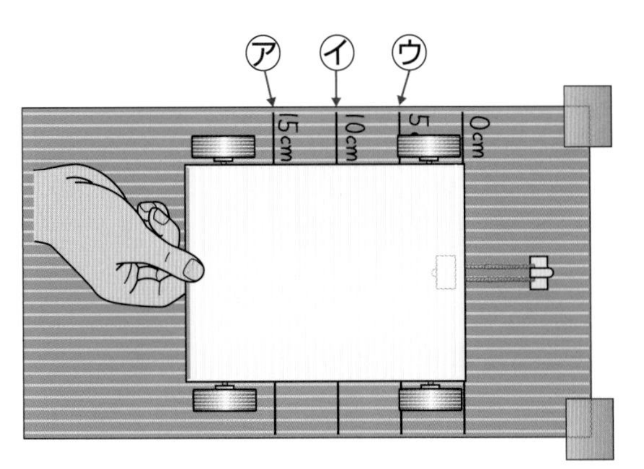

(2) この車は、どんな力で動きますか。正しいものに○をつけましょう。

ア(　　)ゴムがのびる力。

イ(　　)のびたゴムが元にもどろうとする力。

ウ(　　)ゴムが車をおし出そうとする力。

(3) (　　)に当てはまる言葉を書きましょう。

① わゴムをのばす長さが(　　　　)方が、車の走るきょりは短い。

② わゴムを(　　　　)のばすほど、元にもどろうとする力が強くなり、車を遠くまで走らせることができる。

2 ゴムののびの長さをかえて、車の走るきょりを調べました。

1つ10点(30点)

ゴムののび	5cm
わゴムの数	1本

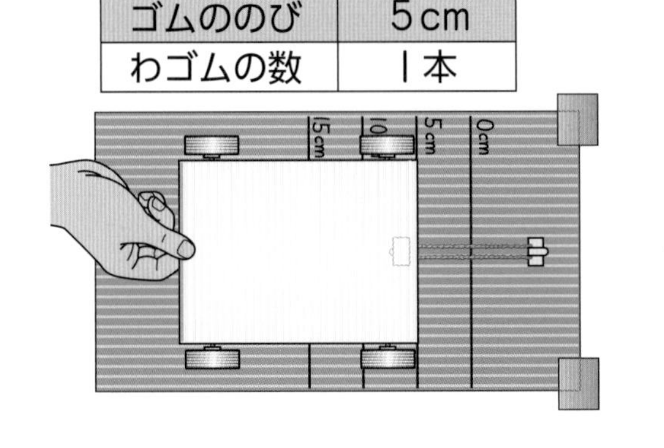

◎ゴムののび(わゴムの数　1本)◎

ゴムののび	走ったきょり
5cm	2m 50cm
10cm	(①　　)
15cm	(②　　)

(1) 表の①、②に当てはまるきょりを、下の［　　］からえらんで記号を書きましょう。

㋐1m 40cm　㋑2m 10cm　㋒6m 70cm　㋓10m 90cm

(2) この実けんから、ゴムののびを長くするほど、車の走るきょりはどうなるといえますか。

(　　　　)

学習日　　月　　日

3 ゴムの数をかえて、車の走るきょりを調べました。

(1)は1つ5点、(2)は10点(20点)

ゴムののび	5cm
わゴムの数	1本

◎わゴムの数(ゴムののび　5cm)◎

わゴムの数	走ったきょり
1本	2m 50cm
(①　　)	3m 60cm
3本	(②　　)

(1) 表の①、②に当てはまるものを、下の□からえらんで記号を書きましょう。

㋐2本　㋑1m 40cm　㋒2m 50cm　㋓6m 80cm

(2) この実けんから、ゴムの数を多くするほど、車の走るきょりはどうなるといえますか。(　　　　)

できたらスゴイ!

4 ゴムで動く車を使って、ゲームをします。車が色のついているところに止まると、書いてある点数がもらえます。

思考・表現　1つ5点(30点)

スタート	1m	2m	3m	4m	5m	6m	7m
0m〜1m	1m〜2m	2m〜3m: 10点	3m〜4m	4m〜5m: 100点	5m〜6m	6m〜7m: 50点	

◎ゴムののび(わゴムの数　1本)◎

ゴムののび	走ったきょり
5cm	2m 80cm
10cm	6m 50cm

◎わゴムの数(ゴムののび　5cm)◎

わゴムの数	走ったきょり
1本	2m 80cm
2本	4m 10cm

(1) ゲームが始(はじ)まる前に実けんしたところ、上の表のようになりました。わゴムの数を1本にして5cmのばしたときは、何点もらえますか。(　　　　)

(2) わゴム1本で、ゴムののびを10cmにすると何点もらえますか。(　　　　)

(3) 100点をもらうためには、わゴムの数とゴムののびをどうしたらよいですか。表を見て答えましょう。　数(　　　　)　のび(　　　　)

(4) わゴムの数を1本にして、100点をもらうには、ゴムののびはどのくらいにしたらよいですか。(　)に数字を入れましょう。

ゴムののびを(①　　)cmより長く、(②　　)cmより短くする。

ふりかえり
1がわからないときは、56ページの1にもどってかくにんしましょう。
4がわからないときは、56ページの2にもどってかくにんしましょう。

ぴったり1 じゅんび

10. 明かりをつけよう

①豆電球(まめでんきゅう)に明かりをつけよう

3分でまとめ

学習日　　月　　日

めあて
かん電池で明かりがつくときのつなぎ方をかくにんしよう。

教科書 128～133ページ　答え 31ページ

下の(　)に当てはまる言葉(ことば)を書くか、当てはまるものを○でかこもう。

1 どう線(せん)の先をかん電池(でんち)のどこにつなぐと明かりがつくだろうか。 教科書 128～133ページ

▶①～⑥に当てはまる言葉を〔　〕からえらんで［　］に書きましょう。

〔 豆電球　かん電池　どう線　ソケット　＋(プラス)きょく　ー(マイナス)きょく 〕

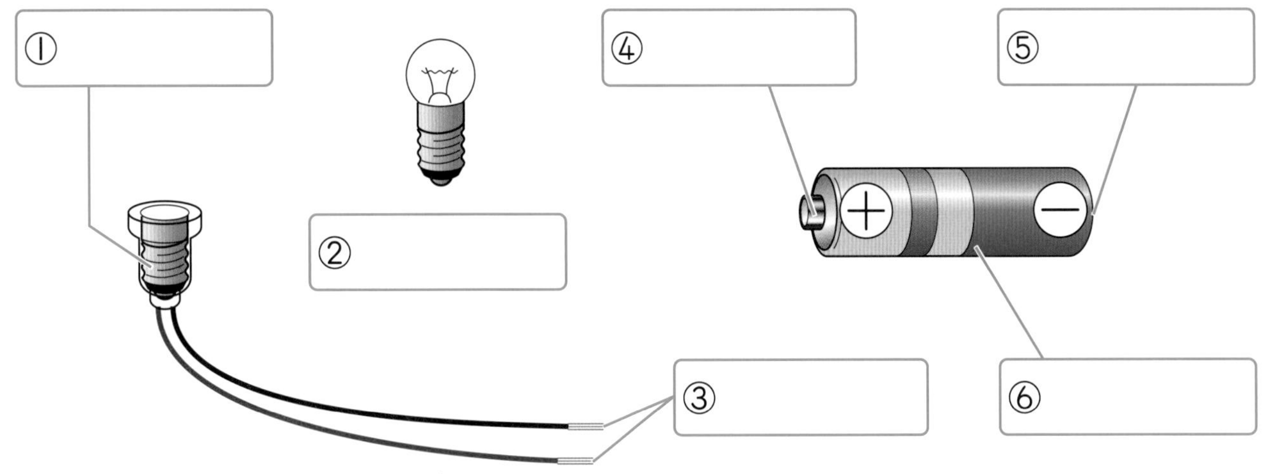

▶豆電球に明かりをつけるには、ソケットつきどう線をかん電池の＋(プラス)きょくと(⑦　　　　)きょくにつなぐ。

▶豆電球に明かりがつくとき、(⑧　　　　)が通る。(　⑧　)の通り道は1つの(⑨　　　　)のようにつながっている。

▶電気の通り道のことを(⑩　　　　)という。とちゅうで回路(かいろ)がとぎれると、豆電球の明かりは(⑪　つく ・ つかない　)。

▶下の㋐～㋓で、豆電球に明かりがつくのは(⑫　　　)である。

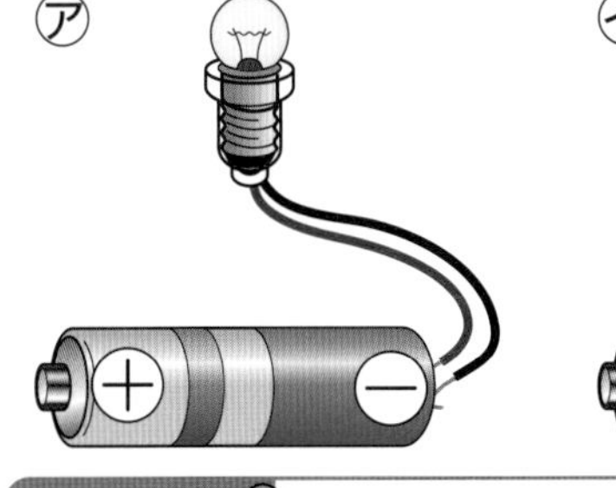

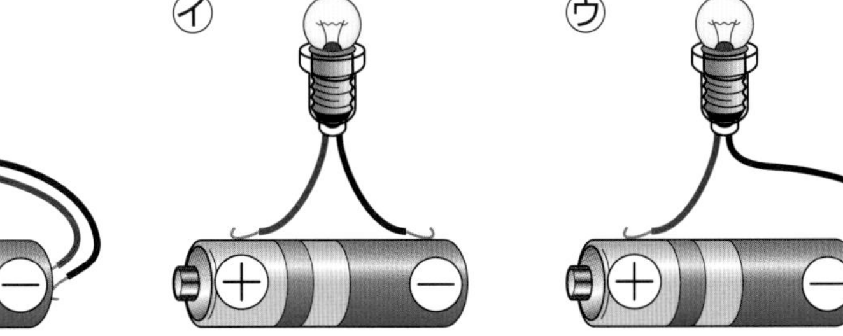

㋐　㋑　㋒　㋓

ここがだいじ！ ①かん電池の＋きょくとーきょくにどう線をつなぐと、豆電球に明かりがつく。

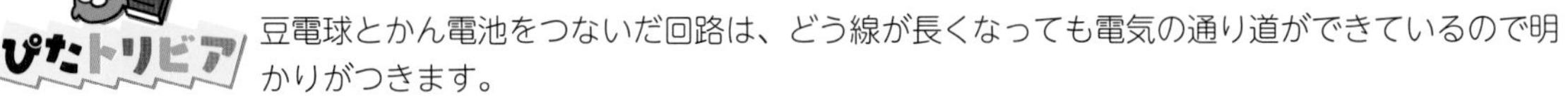

ぴたトリビア 豆電球とかん電池をつないだ回路は、どう線が長くなっても電気の通り道ができているので明かりがつきます。

ぴったり2 練習

学習日　月　日

10. 明かりをつけよう

①豆電球に明かりをつけよう

教科書 128〜133ページ　答え 31ページ

1 豆電球に明かりをつけるじゅんびをしました。

(1) ㋐〜㋒の名前を書きましょう。

㋐(　　　　)

㋑(　　　　)

㋒(　　　　)

(2) 電気の通り道のことを何といいますか。(　　　　)

(3) ㋓と㋔はそれぞれかん電池の何きょくか書きましょう。

㋓(　　　　)　㋔(　　　　)

2 豆電球に明かりがつくつなぎ方を調べます。

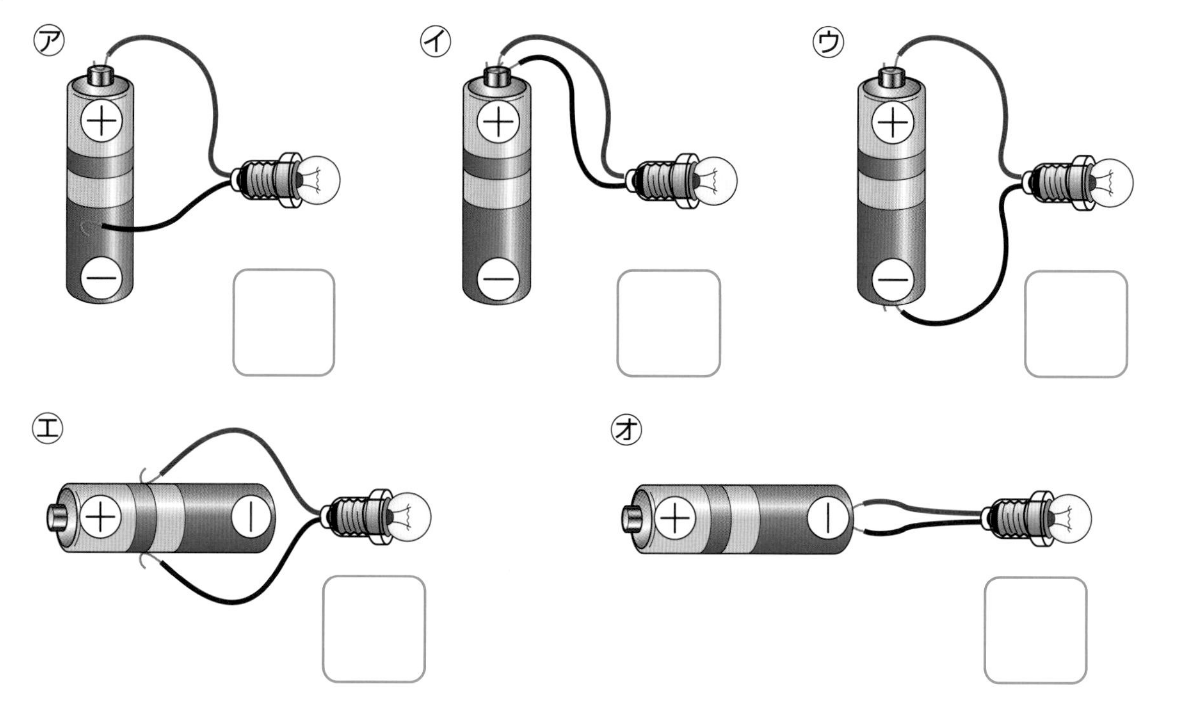

(1) 上の㋐〜㋔で、明かりがつくものには○を、明かりがつかないものには×を□につけましょう。

(2) 明かりがつくつなぎ方はどのようになっていますか。(　　)に当てはまる言葉を書きましょう。

ソケットつきどう線を、かん電池の(①　　　　)と(②　　　　)につなぐ。このとき、回路が１つの(③　　　　)のようにつながっていれば、豆電球に明かりがつく。

ぴったり1 じゅんび

学習日　　月　　日

10. 明かりをつけよう

②電気を通すものと通さないもの①

めあて
電気を通すものと、電気を通さないものをかくにんしよう。

教科書 134～136ページ　答え 32ページ

下の(　　)に当てはまる言葉を書くか、当てはまるものを○でかこもう。

1 回路にほかのものをつないでも、明かりはつくだろうか。 教科書 134ページ

▶回路（電気の通り道）にほかのものをつないで、電気を通すものをさがそう。

- 豆電球の明かりがつく
  ⇒つないだものは電気を(① 通す ・ 通さない)。
- 豆電球の明かりがつかない
  ⇒つないだものは電気を(② 通す ・ 通さない)。

くぎ

2 電気を通すものは、どのようなものだろうか。 教科書 134～136ページ

▶くぎとくぎの間にいろいろなものをつないで、ものが電気を通すかどうか調べる。

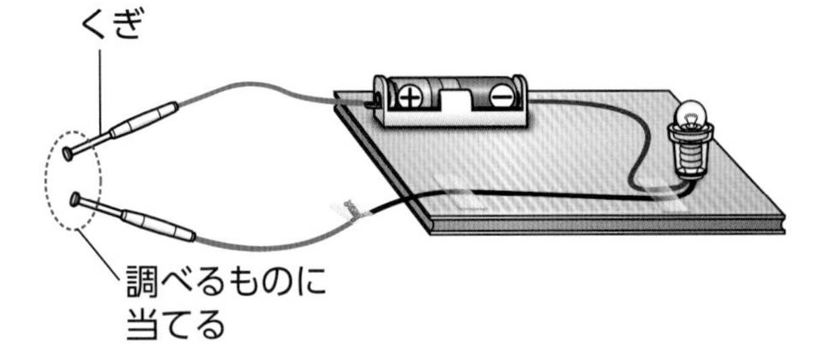
くぎ
調べるものに
当てる

コンセントにどう線やくぎを
さしこむのはきけん！
やってはいけない！

電気を(①　　　　)もの	電気を(②　　　　)もの
一円玉(アルミニウム)	竹のものさし
クリップ(鉄)	三角じょうぎ(プラスチック)
アルミニウムはく	おり紙
目玉クリップ(鉄)	ガラスのコップ
アルミニウムのかん(そこのふちの部分)	アルミニウムのかん(横の部分)
スチール(鉄)のかん(そこのふちの部分)	スチール(鉄)のかん(横の部分)
はさみの切るところ(鉄)	はさみの持つところ(プラスチック)

▶鉄やアルミニウムなどの(③　　　　)は、電気を(④　　　　)。

▶プラスチックや(⑤　　　　)、ガラスなどは、電気を(⑥　　　　)。

ここがだいじ！
①鉄やアルミニウムなどの金ぞくは電気を通す。
②紙やプラスチック、ガラスなどは、電気を通さない。

ぴたトリビア　電気を通しやすい金ぞくのベスト3は銀、どう、金です。

ぴったり2 練習

10. 明かりをつけよう

②電気を通すものと通さないもの①

教科書 134～136ページ　答え 32ページ

学習日　　月　　日

1 下の図のようなそうちを使って、ものが電気を通すかどうか調べます。

(1) 右の図で、2本のくぎをふれ合わせると、豆電球はどうなりますか。

（　　　　　　）

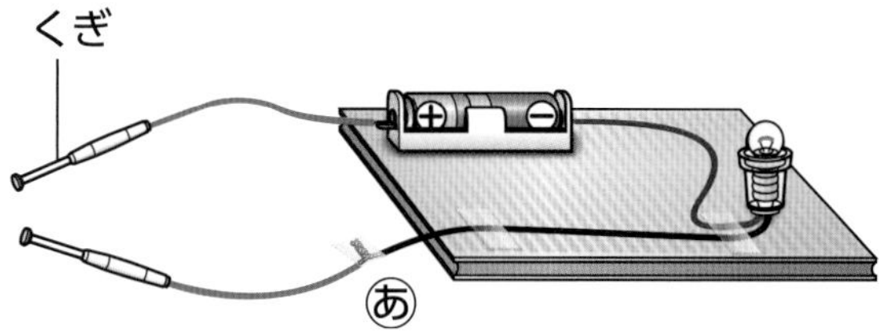

(2) ものが電気を通すかどうか調べるには、どこにものをつなげばよいですか。

（　　　　　　）

くぎ　あ

(3) 図のあはどう線をつないでテープでとめてあります。どう線のつなぎ方として正しいものを下の図からえらび、□に○をつけましょう。

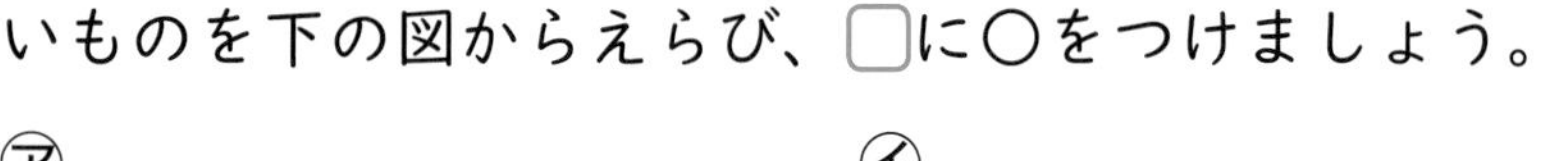

ア　イ　ウ

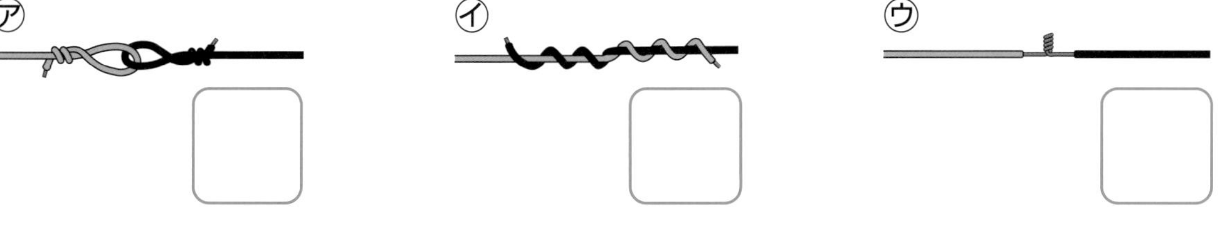

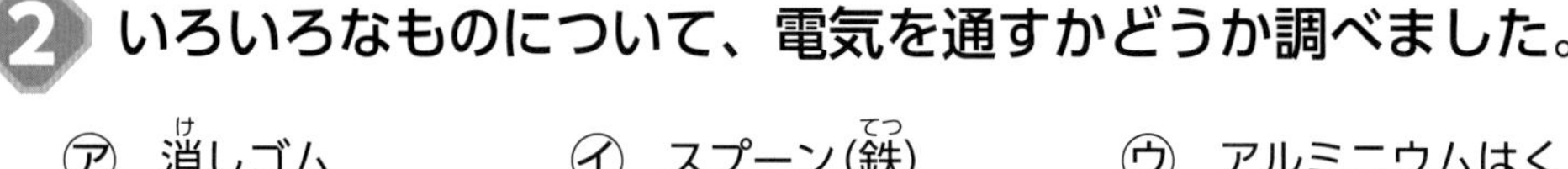

2 いろいろなものについて、電気を通すかどうか調べました。

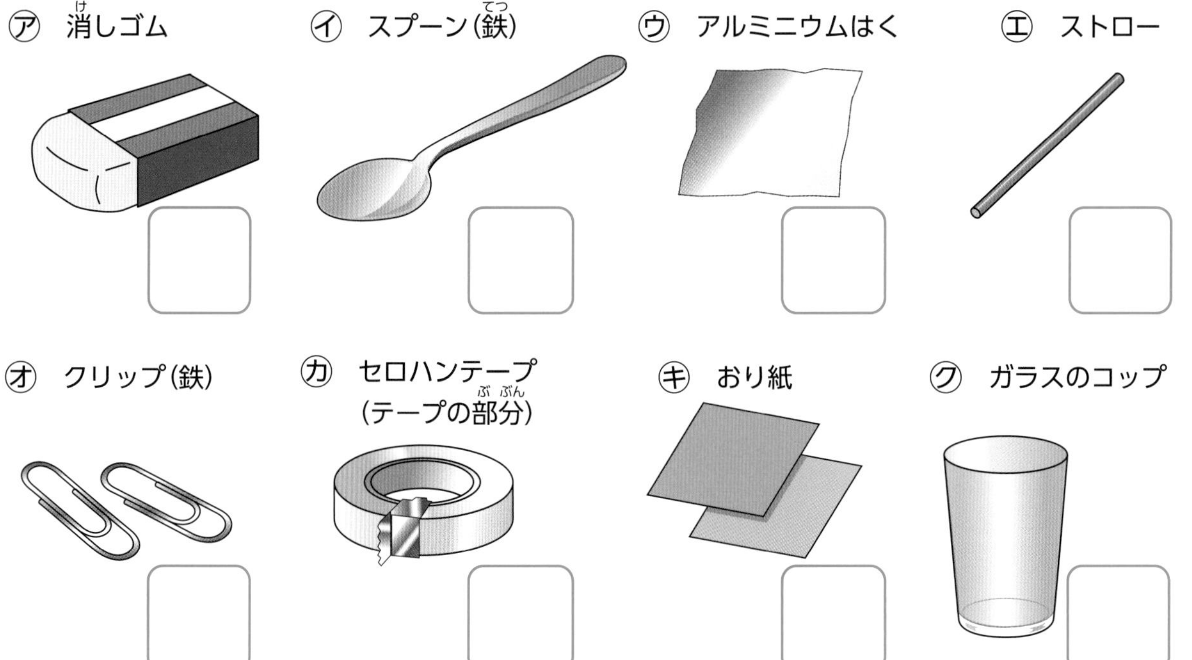

(1) 上の絵の中から電気を通すものを3つえらび、□に○をつけましょう。

(2) (1)で○をつけたものは、どんなものでできていますか。（　　　　　　）

ぴったり1 じゅんび

学習日

10. 明かりをつけよう

②電気を通すものと通さないもの②
③スイッチを作ろう

めあて
スイッチで回路をつないだり切ったりできることをかくにんしよう。

教科書 137〜141ページ　答え 33ページ

下の（　）に当てはまる言葉を書くか、当てはまるものを○でかこもう。

1 かんの横は電気を通すだろうか。

教科書 137ページ

▶アルミニウムやスチール（鉄）のかんは、（①　　　　）でできているが、かんの横は電気を（② 通す・通さない ）。
▶かんの横が電気を通さないのは、表面にぬってあるものが電気を（③　　　　）からである。
▶紙やすりで、かんの表面にぬってあるものをはがすと、（④　　　　）の部分が出てくるので、豆電球の明かりが（⑤　　　　）、電気が通ることがわかる。

2 スイッチをくふうして、おもちゃを作ろう。

教科書 138〜140ページ

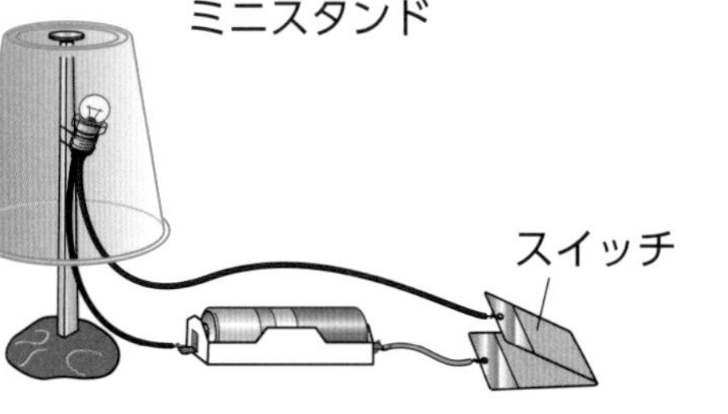

ピカピカホタル
スイッチ
ビニルテープ

▶上のおもちゃで、豆電球の明かりをつけたり消したりするには、（①　　　　）をつないだり切ったりする。
▶スイッチは、（②　　　　）はくを使って作ることができる。
▶上の2つのおもちゃは、スイッチとかん電池と（③　　　　）を、どう線でつないで作ったおもちゃである。

スイッチを入れると、回路はどうつながっているかな？

ここが だいじ！
①鉄やアルミニウムのかんの表面にぬってあるものをはがすと、電気が通るようになる。
②スイッチは回路をつないだり切ったりする。

紙は電気を通しませんが、銀色のおり紙の銀色の面は電気を通します。これは、銀色のおり紙が、紙の表面にうすいアルミニウムはくをはりつけてつくられているためです。

ぴったり2 練習

10. 明かりをつけよう

②電気を通すものと通さないもの②

③スイッチを作ろう

教科書 137～141ページ　答え 33ページ

学習日　月　日

1 色のついたかんの横に、かん電池と豆電球をつなぎました。

㋐

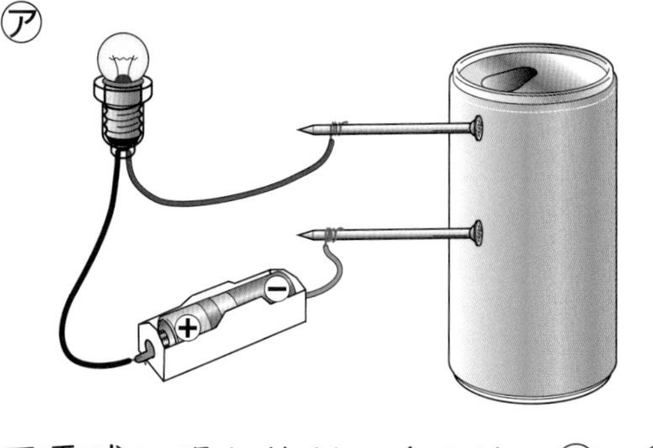

㋑

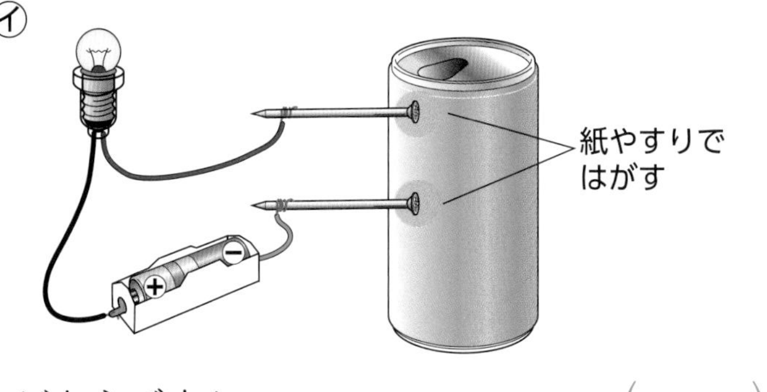

(1) 豆電球に明かりがつくのは、㋐、㋑のどちらですか。（　　）

(2) この実けんからわかることとして、正しいもの全部に○をつけましょう。

ア（　）かんの横の色がぬってあるところは電気を通さない。

イ（　）ぬってある色を紙やすりではがすと、はがしたところは電気を通す。

ウ（　）かんは金ぞくなので、どの部分でも電気を通す。

2 右の㋐のそうちを使って、豆電球のつき方を調べました。

(1) ㋐のそうちに、㋑のスイッチをつなぎました。明かりがつくのは、㋑のクリップをアルミニウムはくとビニルテープのどちらの上においたときですか。

（　　　　）

(2) ㋑のクリップの先をスイッチの上につけたまま、赤いやじるしの向きに動かすと、豆電球の明かりはどうなりますか。

（　　　　）

(3) ㋑のスイッチをはずして、㋒のスイッチにかえました。スイッチをおすと回路はどのようになりますか。（　）に当てはまる言葉を書きましょう。

　スイッチをおすと、（①　　　　）はくどうしがくっつき、回路が１つの（②　　　）のようにつながって、豆電球の明かりがつく。

㋐

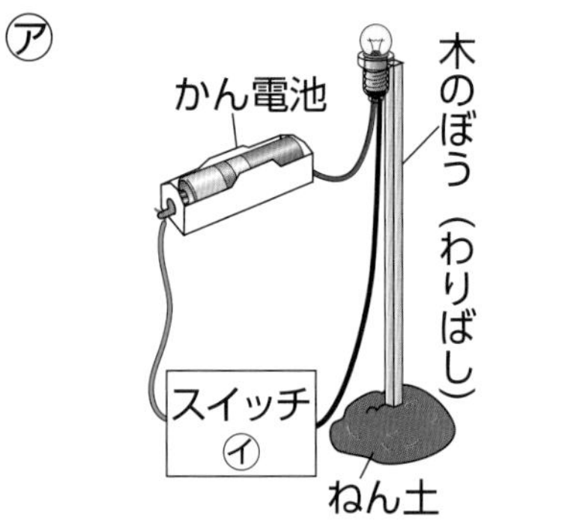

㋒

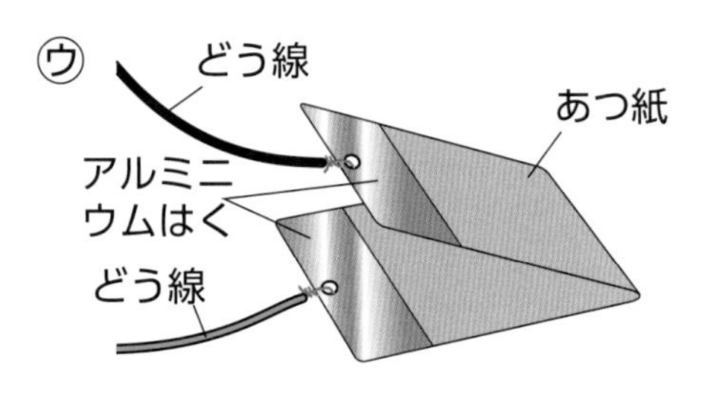

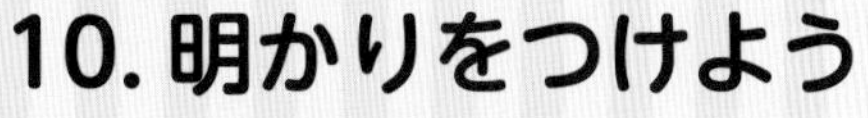

ぴったり3 たしかめのテスト

10. 明かりをつけよう

時間 30分　／100　合格 70点

教科書 128～141ページ　答え 34ページ

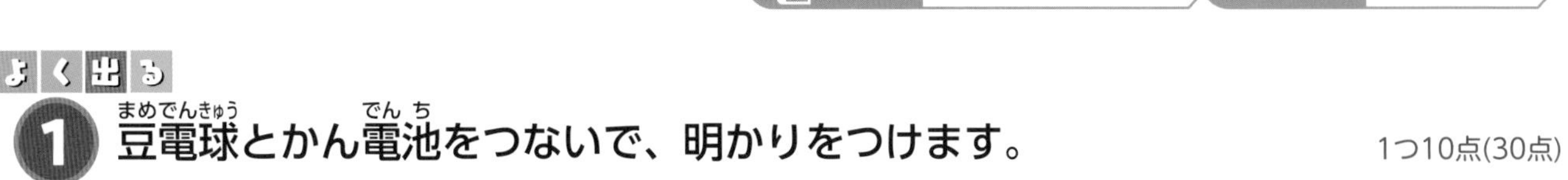

よく出る

1 豆電球(まめでんきゅう)とかん電池(でんち)をつないで、明かりをつけます。

1つ10点(30点)

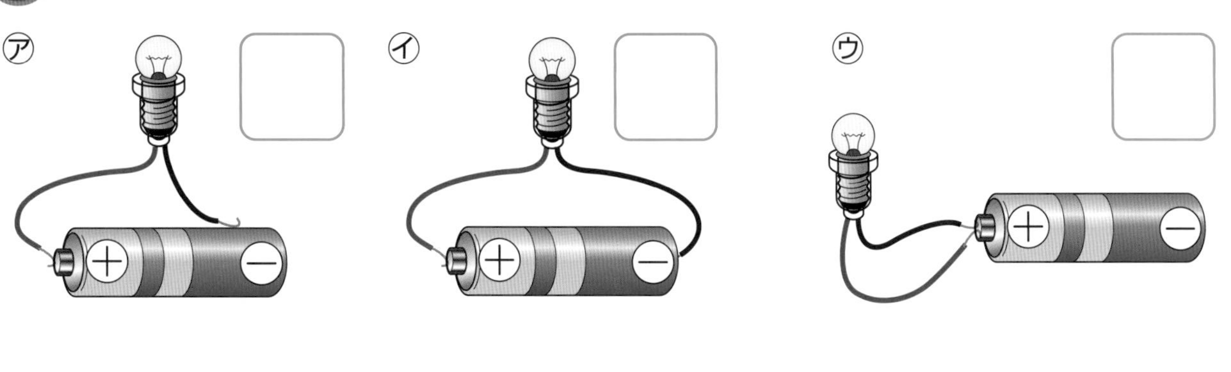

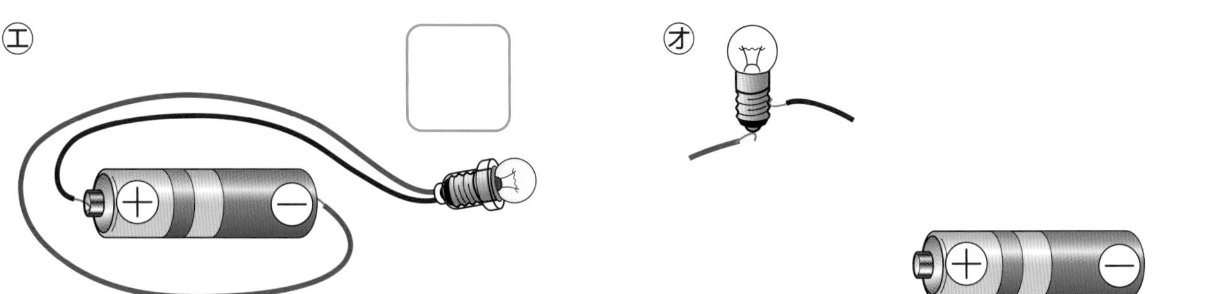

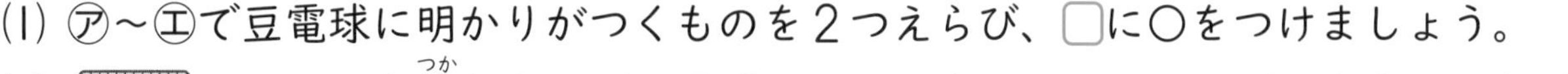

(1) ㋐～㋓で豆電球に明かりがつくものを2つえらび、□に○をつけましょう。

(2) 作図 ソケットを使(つか)わないで豆電球に明かりをつけるには、どのようにつなげばよいでしょうか。㋔の図にどう線(せん)をかき入れましょう。

よく出る

2 電気を通すものを調(しら)べます。

1つ5点(15点)

(1) ㋐～㋓でくぎとくぎの間につないだとき、明かりがつくものを2つえらび、記号(きごう)を書きましょう。

(　　　)、(　　　)

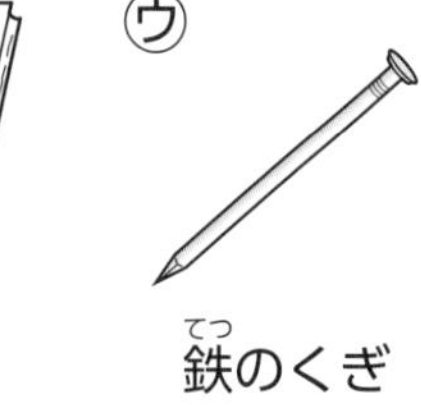

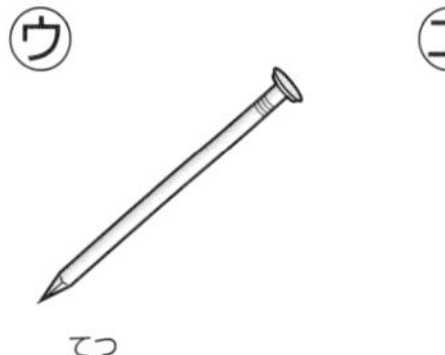

(2) 明かりがついたものは、何でできていますか。

(　　　　　)

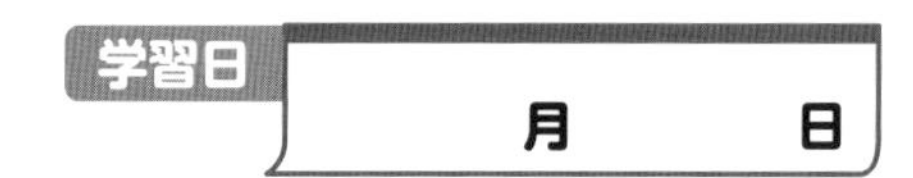

3 右の絵のように、豆電球とかん電池をつなぎました。ⓐはスイッチです。

1つ5点(15点)

(1) スイッチを入れても、豆電球の明かりがつきません。どこを調べればよいですか。正しいものを2つえらび、○をつけましょう。

ア(　　)豆電球がゆるんでいないか調べる。
イ(　　)どう線の長さを短(みじか)くしてみる。
ウ(　　)かん電池の向(む)きをかえてみる。
エ(　　)豆電球が切れていないか調べる。
オ(　　)ねじれているどう線をまっすぐにのばす。

(2) スイッチのつなぎ方として、正しいものの□に○をつけましょう。

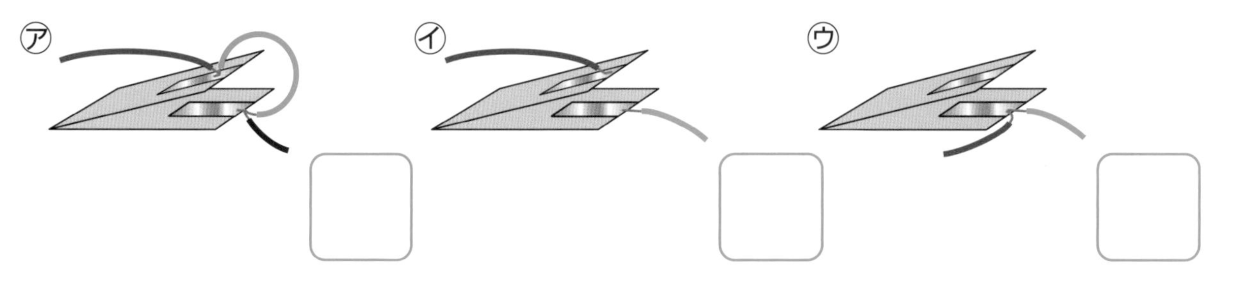

この本の終わりにある「冬のチャレンジテスト」をやってみよう！

4 下の絵のアとイのくぎを、ⓐ～ⓔの①と②につけたとき、豆電球の明かりがつくものには○を、つかないものには×を□につけましょう。

1つ10点(40点)

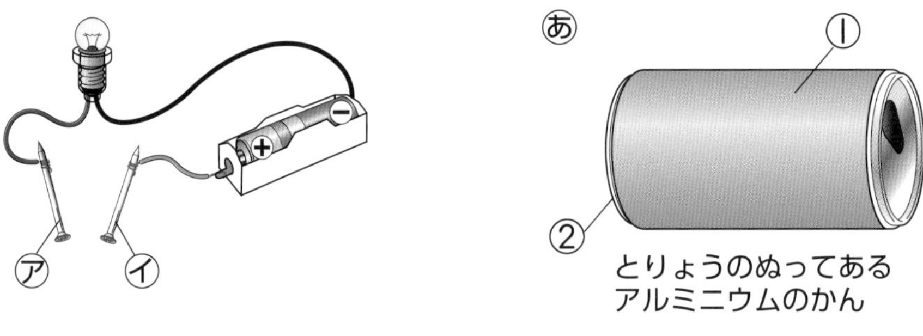
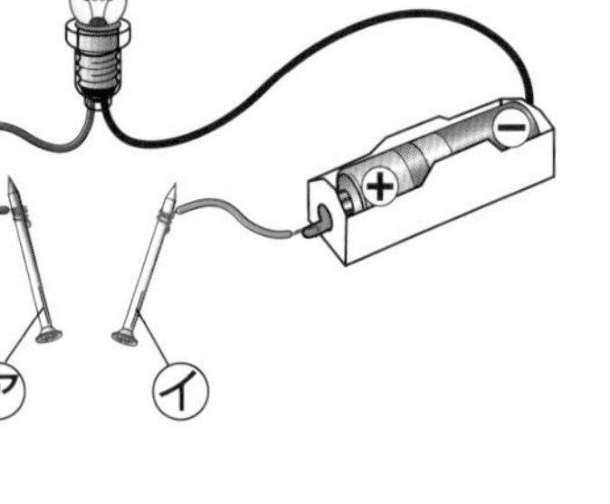

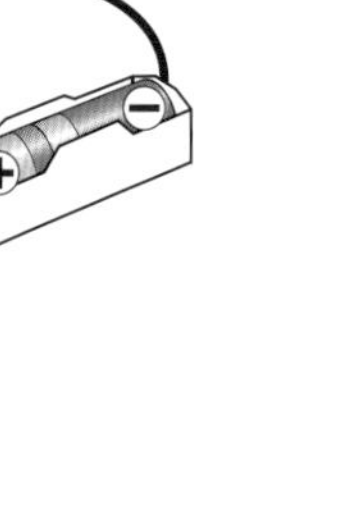

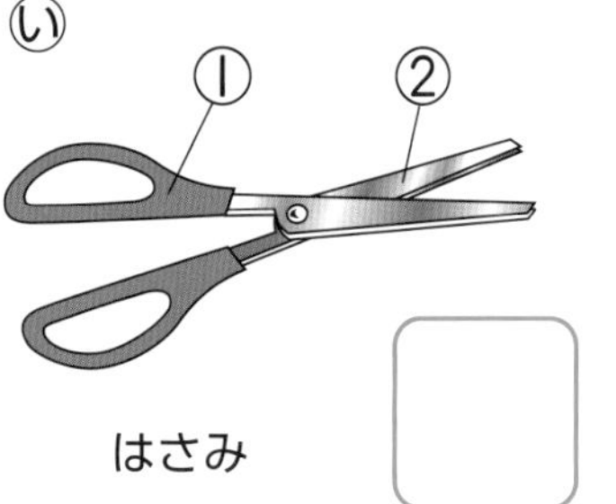

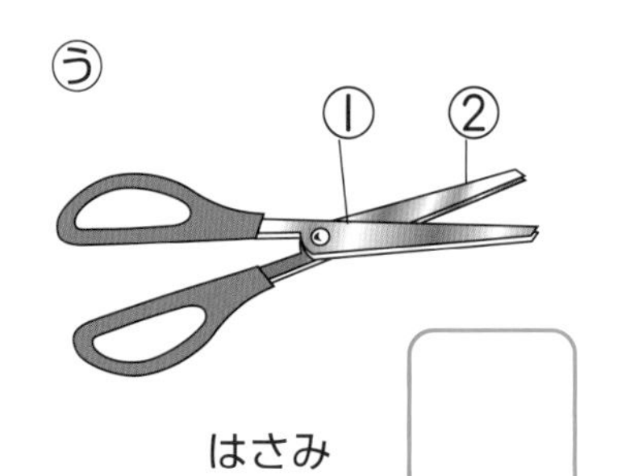

え
目玉クリップ

❶がわからないときは、60ページの❶にもどってかくにんしましょう。
❷がわからないときは、62ページの❷にもどってかくにんしましょう。

ぴったり1 じゅんび

11. じしゃくのひみつ

①じしゃくに引きつけられるもの

3分でまとめ

学習日　　月　　日

めあて　じしゃくに引きつけられるものと、引きつけられないものをかくにんしよう。

教科書 142〜148ページ　答え 35ページ

下の(　　)に当てはまる言葉を書こう。

1 どんなものがじしゃくに引きつけられるだろうか。　教科書 142〜146ページ

▶身の回りにあるものが、じしゃくに引きつけられるか調べる。

じしゃくにつくもの	じしゃくにつかないもの
目玉クリップ(鉄) スチールかん(鉄) はさみの切るところ(鉄) はさみの持つところ(プラスチック) (①　　　　)	竹のものさし、アルミニウムはく アルミニウムかん、三角じょうぎ(プラスチック) コップ(ガラス) (②　　　　) (③　　　　)
(④　　　)でできている	(⑤　　　)いがいのものでできている

・下の〔　〕中のものを、じしゃくにつくものと、じしゃくにつかないものに分けて、上の表の①〜③に書こう。

〔一円玉　　鉄のクリップ　　おり紙〕

▶じしゃくにつくもの、つかないものは、それぞれ何でできているか、表の④、⑤に書こう。

2 じしゃくの力は、はなれていてもはたらくだろうか。　教科書 146〜147ページ

▶はさみの持つところのように、(①　　　)がじしゃくに引きつけられないものにおおわれていても、(②　　　　)の力ははたらく。

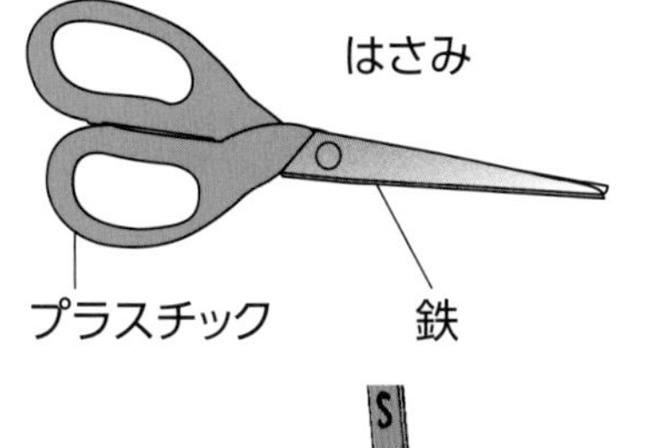

▶じしゃくと鉄の間に、じしゃくにつかないものをはさんだり、じしゃくと鉄の間を(③　　　　)ても、じしゃくは(④　　　)を引きつける。

じしゃくと鉄は、
直せつついていないよ。

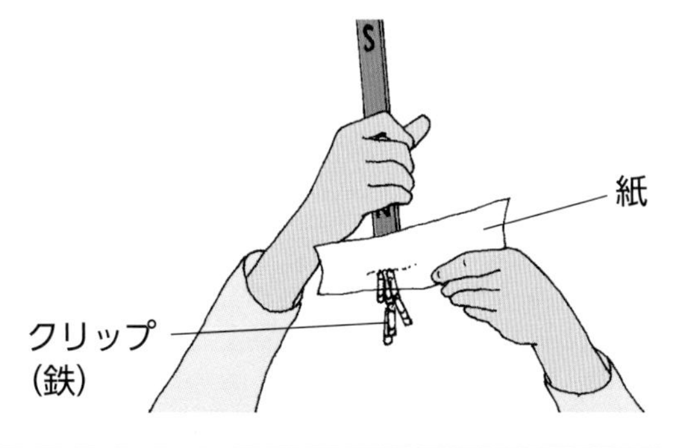

ここが だいじ!

①じしゃくは鉄でできているものを引きつける。
②鉄と同じ金ぞくでも、アルミニウムやどうは、じしゃくに引きつけられない。
③じしゃくと鉄の間がはなれていても、じしゃくの力ははたらく。

ぴたトリビア　ステンレスのはさみはじしゃくにつきますが、これはステンレスに鉄がふくまれているからです。

ぴったり2 練習

11. じしゃくのひみつ

①じしゃくに引きつけられるもの

学習日　　月　　日

教科書 142～148ページ　答え 35ページ

1 身の回りでじしゃくに引きつけられるものを調べます。

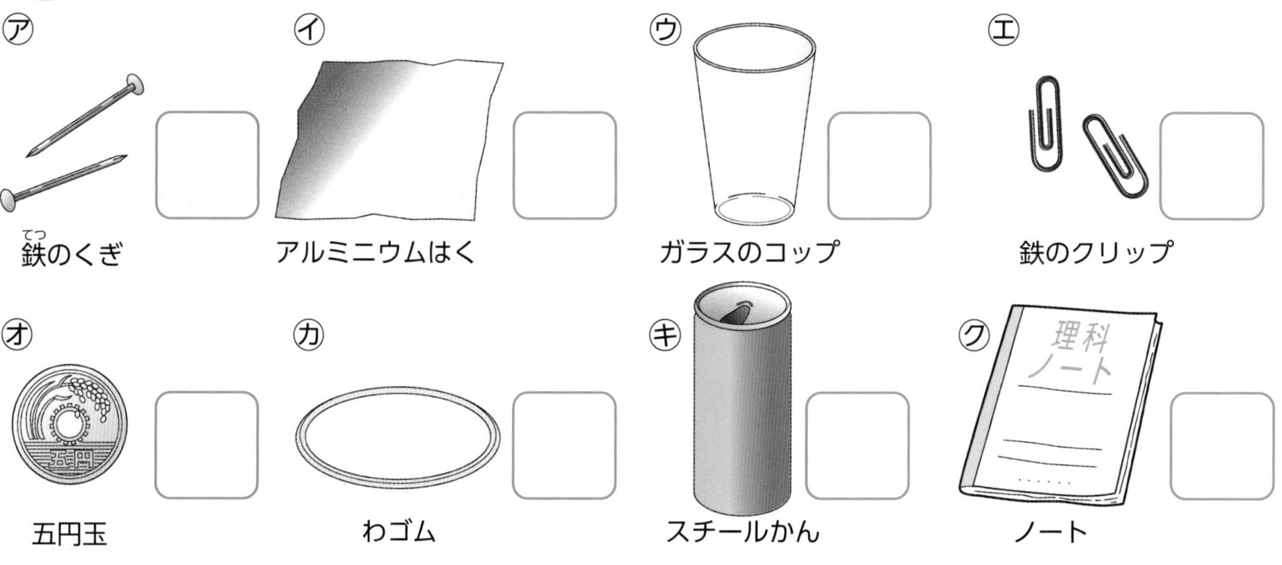

(1) 上の絵で、じしゃくにつくものには○を、つかないものには×を□につけましょう。

(2) じしゃくにつくものは、何でできていますか。（　　　　）

2 じしゃくですな場をかきまぜました。

(1) じしゃくには何がつきますか。正しいものの記号を書きましょう。（　　　）

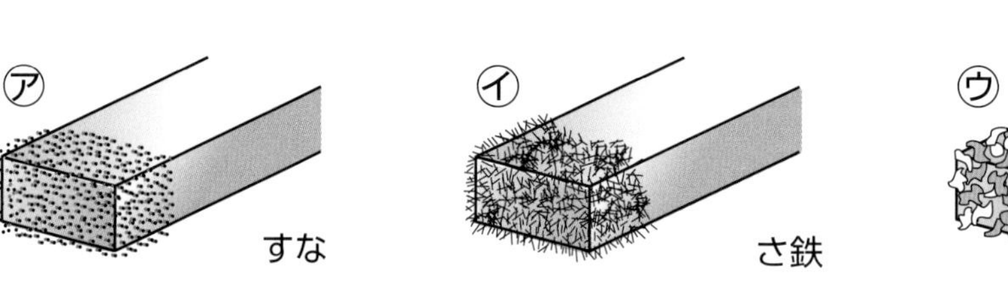

(2) (1)でじしゃくについたものを集めるには、どのようなくふうをすればよいですか。正しい方に○をつけましょう。

ア（　　）じしゃくにふくろをかぶせてから、すな場をかきまぜる。

イ（　　）すな場をかきまぜた後、水につける。

(3) (2)のようなくふうができるのは、じしゃくのどんなせいしつのためですか。（　　）に当てはまる言葉を書きましょう。

じしゃくと鉄の間に、（①　　　　）につかないものがあっても、じしゃくは（②　　　）を引きつける。

ぴったり1 じゅんび

11. じしゃくのひみつ

②じしゃくのせいしつ
③じしゃくのはたらき

学習日　　月　　日

めあて
じしゃくのきょくのせいしつについてかくにんしよう。

教科書 149〜157ページ　答え 36ページ

下の(　)に当てはまる言葉を書くか、当てはまるものを○でかこもう。

1 じしゃくはどの部分で鉄を引きつけるだろうか。　教科書 149〜150ページ

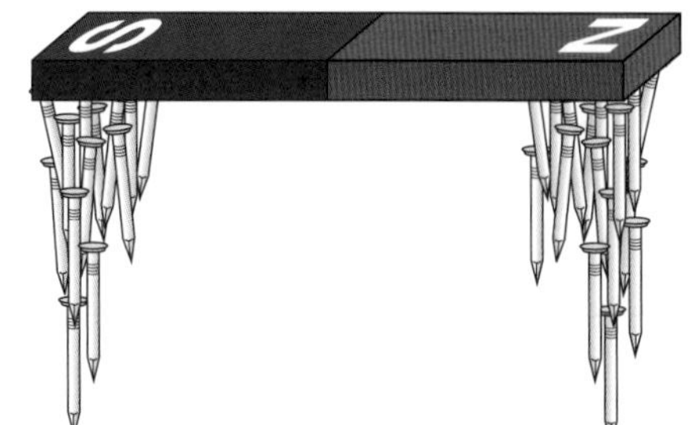
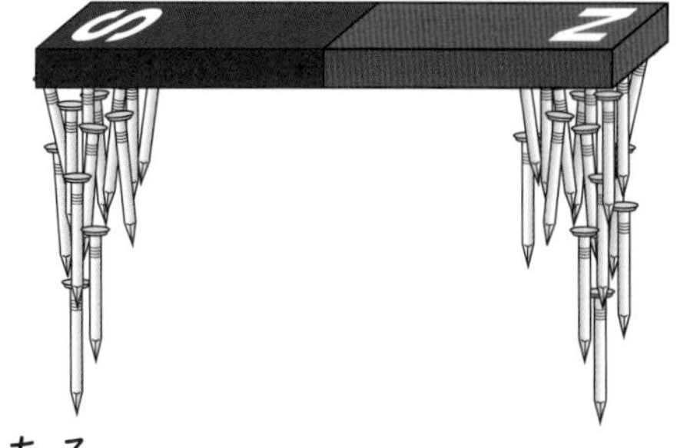

▶じしゃくには、鉄を引きつける力が(①　　　　)部分と弱い部分がある。

▶鉄をよく引きつけるのは、じしゃくの(②　　　　)の方で、この部分を(③　　　　)という。

▶きょくには、(④　　　)きょくと(⑤　　　)きょくがある。

2 じしゃくのきょくどうしを近づけると、どうなるだろうか。　教科書 150〜151ページ

▶じしゃくのきょくどうしを近づける。

ちがうきょくどうし(NとS)を近づける。
⇒(① 引きつけ ・ しりぞけ)合う。

同じきょくどうし(NとN、SとS)を近づける。
⇒(② 引きつけ ・ しりぞけ)合う。

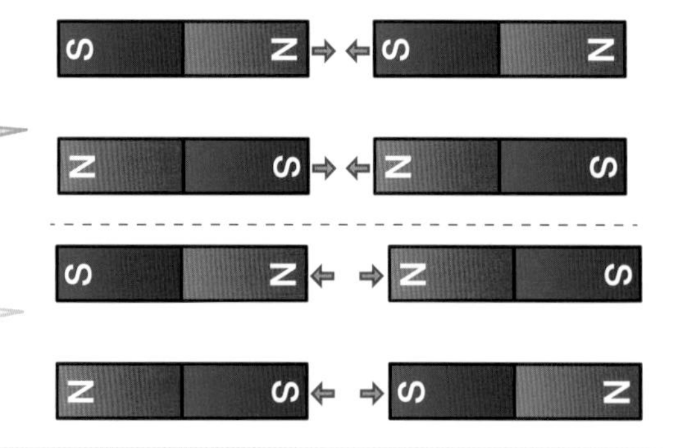

3 じしゃくに引きつけられた鉄は、じしゃくになるだろうか。　教科書 152〜154ページ

▶じしゃくに引きつけられた鉄のくぎをじしゃくからはなしても、(①　　　　)ままで落ちないことがある。

▶じしゃくについた鉄のくぎをさ鉄に近づけると、さ鉄はくぎに(② つく ・ つかない)。

▶じしゃくについた鉄のくぎを、方位じしんに近づけると、はりが(③ 動く ・ 動かない)。

▶じしゃくについた鉄のくぎは、(④　　　　)になっている。

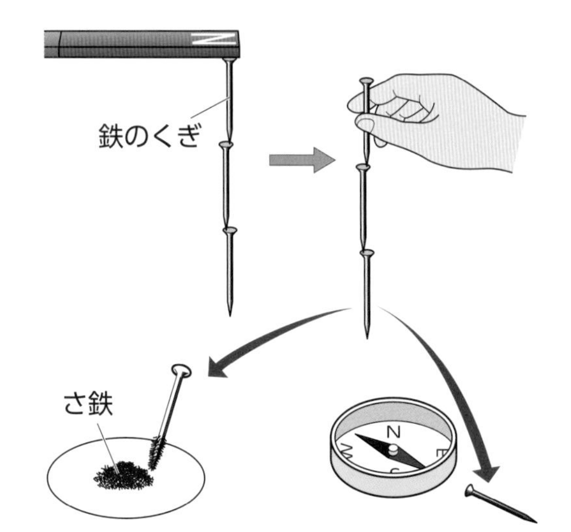

ここが だいじ!
①鉄をよく引きつける部分をきょくといい、NきょくとSきょくがある。
②ちがうきょくどうしは引きつけ合い、同じきょくどうしはしりぞけ合う。
③じしゃくに引きつけられた鉄は、じしゃくになる。

1つのじしゃくを切ると、一方のはしがNきょくに、もう一方のはしがSきょくになります。

ぴったり2 練習

学習日　月　日

11. じしゃくのひみつ

②じしゃくのせいしつ
③じしゃくのはたらき

教科書 149～157ページ　答え 36ページ

1 小さなくぎをテーブルの上に広げ、そこにじしゃくを近づけました。

㋐ N S　㋑ N S　㋒ N S　㋓ N S

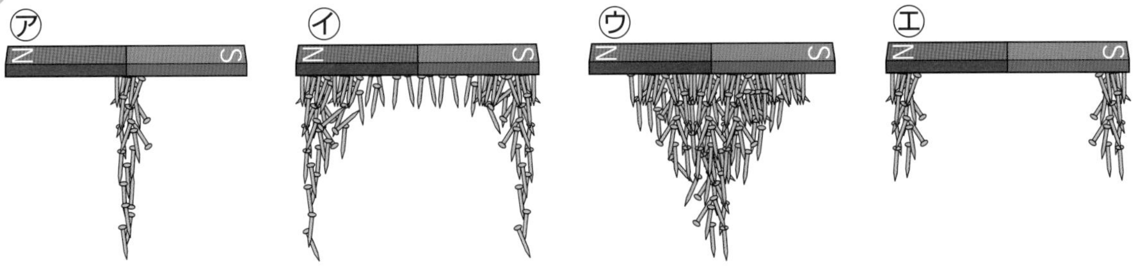

(1) ㋐～㋓で、くぎのつき方が正しいものの記号を書きましょう。（　　）
(2) じしゃくで、くぎがついている部分を何といいますか。
（　　　　）
(3) じしゃくのN、Sと書いてある部分をそれぞれ何といいますか。
N（　　　　）、S（　　　　）

2 図のように、じしゃくとじしゃくを近づけました。

(1) たがいに引きつけ合う力がはたらくものを全部えらび、記号を書きましょう。
（　　　　）
(2) たがいにしりぞけ合う力がはたらくものを全部えらび、記号を書きましょう。
（　　　　）

3 図のように、じしゃくに鉄のくぎを2本つけました。

(1) 上のくぎをしずかにじしゃくからはなすと、下のくぎはどうなりますか。正しい方に○をつけましょう。
ア（　）上のくぎについたままはなれない。
イ（　）上のくぎからはなれて落ちる。
(2) (1)のようになるのは、じしゃくについたくぎが何になったからですか。（　　　　）

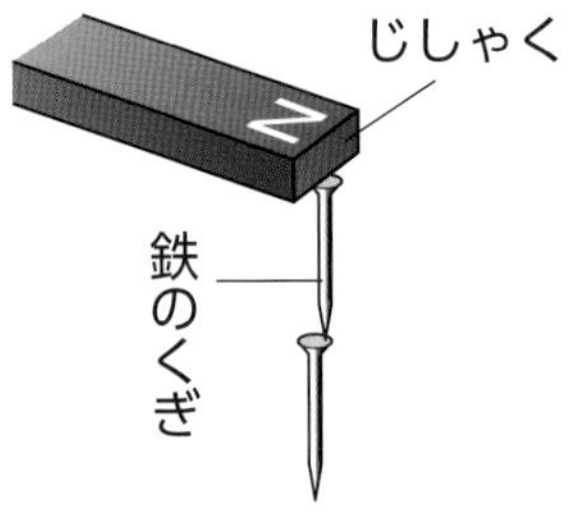

じしゃく
N
鉄のくぎ

11. じしゃくのひみつ

時間 30分　／100　合格 70点

教科書 142～157ページ　答え 37ページ

よく出る

1 じしゃくに引きつけられるものを調(しら)べます。　1つ5点(20点)

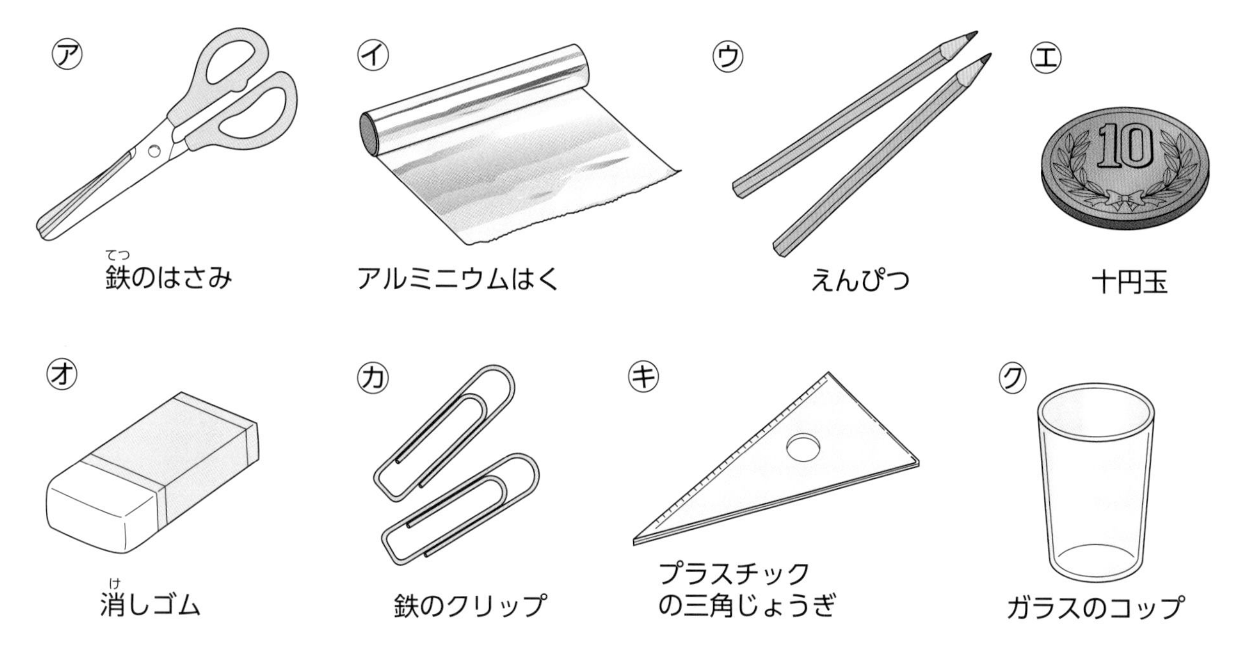

(1) じしゃくに引きつけられるものを2つえらび、記号(きごう)を書きましょう。

(　　)、(　　)

(2) じしゃくには引きつけられないが、電気を通すものを2つえらび、記号を書きましょう。

(　　)、(　　)

2 じしゃくに鉄のくぎをつけて持(も)ち上げました。くぎのつき方が正しいものを2つえらび、□に○をつけましょう。　1つ5点(10点)

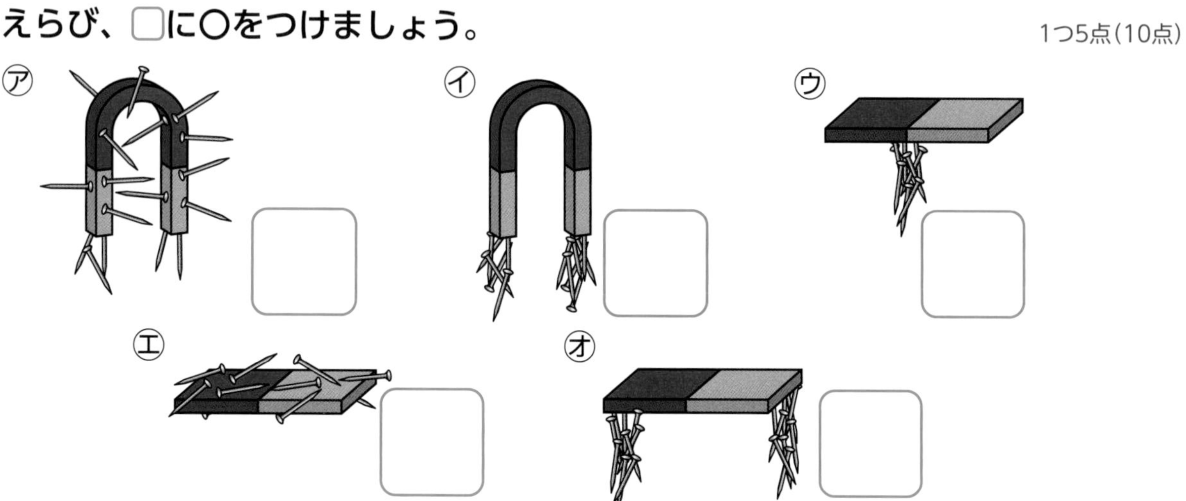

3 きょくのわからないじしゃくに、ぼうじしゃくを近づけたところ、図のようになりました。㋐～㋓はそれぞれ何きょくですか。　1つ5点(20点)

㋐（　　　）
㋑（　　　）
㋒（　　　）
㋓（　　　）

しりぞけ合う。
ストロー
引き合う。

4 記述　じしゃくについていた鉄のくぎをじしゃくからはなしても、つながったままでした。これは、鉄のくぎがじしゃくになったと考えられます。このことを調べる方ほうを、１つ書きましょう。　思考・表現　(10点)

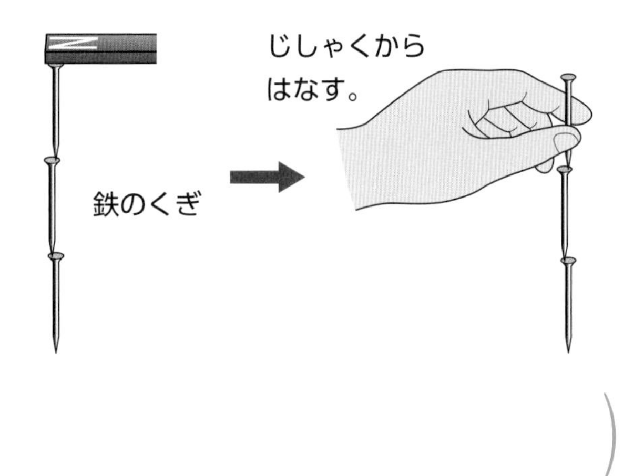

（　　　　　　　　　　）

できたらスゴイ!

5 じしゃくを使(つか)って、口を開(ひら)いたへびのおもちゃを作りました。　思考・表現　1つ10点(40点)

(1) へびの口にじしゃくのN(エヌ)きょくを近づけたら、口がさらに大きく開きました。口にはりつけてあるじしゃくの㋐、㋑の面(めん)はそれぞれ何きょくですか。

じしゃく
㋐
じしゃくを
近づける
じしゃく
㋑

㋐（　　　）　㋑（　　　）

(2) 次(つぎ)に、へびの口にじしゃくのSきょくを近づけるとどうなりますか。正しい方に○をつけましょう。

ア（　）口がさらに大きく開く。　**イ**（　）口がとじる。

(3) へびの口にはりつけてある２このじしゃくを、それぞれうら返(がえ)しにしてもう一度(いちど)はりつけます。このとき、へびの口がとじるのは、じしゃくの何きょくを近づけたときですか。

（　　　）

ふりかえり
1 がわからないときは、68ページの 1 にもどってかくにんしましょう。
5 がわからないときは、70ページの 2 にもどってかくにんしましょう。

ぴったり1 じゅんび

12. ものの重さを調べよう

①ものの重さをくらべよう

3分でまとめ

学習日　月　日

めあて
もののおき方や形をかえると重さはどうなるのかをかくにんしよう。

教科書 158～162ページ　答え 38ページ

下の(　)に当てはまる言葉を書くか、当てはまるものを○でかこもう。

1 ものの重さをはかりではかって調べよう。 教科書 158～160ページ

▶台ばかりの使い方

- 台ばかりを(①　　　　)なところにおく。
- 皿の上には、はかりたいものをのせる前に、(②　　　　)をのせる。
- 調せつねじを回して、はりが(③　　　　)を指すようにする。
- はかりたいものを皿の(④　　　　)に、しずかにのせる。
- 目もりを読むときは、(⑤　　　　)から読む。

▶それぞれのものにはきまった(⑥　　　　)があり、その重さは、ものによってそれぞれちがっている。

2 同じものを、おき方や形をかえると、重さはかわるだろうか。 教科書 161～162ページ

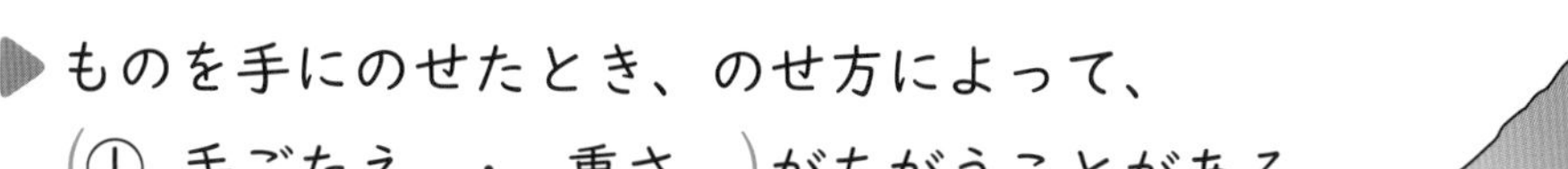

▶ものを手にのせたとき、のせ方によって、(① 手ごたえ ・ 重さ)がちがうことがある。

▶もののおき方や形をかえて重さをはかると、重さはかわるだろうか。

- ㋐のようにおき方をかえて重さをはかる
  ⇒重さは(② かわる ・ かわらない)。
- ㋑のように形をかえて重さをはかる
  ⇒重さは(③ かわる ・ かわらない)。
- ㋒のように細かく分けて全部を集めた重さをはかる
  ⇒重さは(④ かわる ・ かわらない)。

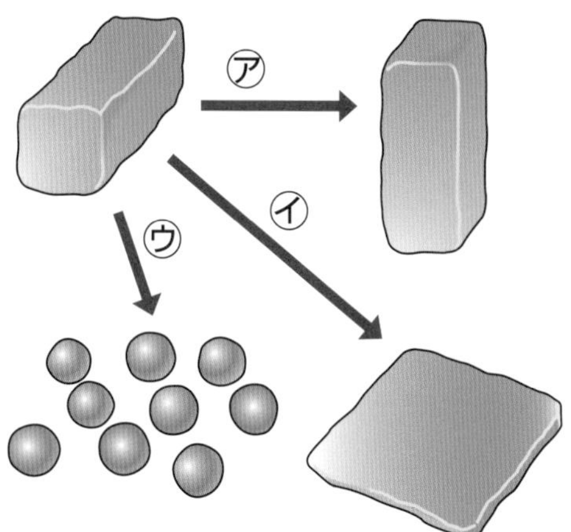

▶ものは、おき方や形をかえたり、細かく分けたりしても、その重さは(⑤ かわる ・ かわらない)。

ここがだいじ!
①ものにはそれぞれきまった重さがあり、その重さはものによってちがう。
②同じものは、おき方や形をかえても重さはかわらない。

ぴたトリビア 一円玉１まいの重さは１gです。

学習日　　月　　日

12. ものの重さを調べよう

①ものの重さをくらべよう

教科書 158～162ページ　答え 38ページ

1 台ばかりを使って、ものの重さをはかります。次の文が使い方のじゅんになるように、正しくならべかえましょう。

① 台ばかりを水平なところにおく。
② 皿の中央に、はかりたいものをしずかにのせる。
③ 調せつねじを回し、はりが0を指すようにする。
④ 皿の上に紙をのせる。
⑤ 目もりを正面から読む。

（①→　　→　　→　　→　　）

2 ねん土を㋐～㋒のように、おき方をかえて台ばかりの上にのせ、重さを調べました。重さはどうなるでしょうか。正しいものに○をつけましょう。

ア（　　）㋐が一番重い。
イ（　　）㋑が一番重い。
ウ（　　）㋒が一番重い。
エ（　　）どれもみな同じ重さである。

㋐　㋑　㋒

3 重さ 200 g のねん土を3つじゅんびして、形をかえて重さを調べました。表の①～③に当てはまる重さを下の［　］からえらび、記号を書きましょう。

㋐　㋑　㋒

ねん土	形	重さ
㋐	丸くする	（①　　）
㋑	細かく分ける	（②　　）
㋒	平らにする	（③　　）

㋐ 200 g
㋑ 200 g より軽い
㋒ 200 g より重い

ヒント ③ ㋑は、分けたねん土１つ分ではなく、分けたねん土全部の重さを考えましょう。

ぴったり1 じゅんび

12. ものの重さを調べよう

②もののしゅるいと重さ

学習日　　月　　日

めあて
同じ体せきで、しゅるいがちがうと重さはどうなるのかをかくにんしよう。

教科書 163～166ページ　答え 39ページ

下の(　)に当てはまる言葉を書くか、当てはまるものを○でかこもう。

1 体せきを同じにしたとき、さとうとしおの重さはちがうだろうか。 教科書 163～164ページ

▶もののかさ(大きさ)のことを(①　　　　)という。

▶さとうとしおを、計りょうスプーンではかり、体せきを同じにする。

・計りょうスプーンに山もりに入れ、もり上がった部分をわりばしで(②　　　　)。

・表面を(③　　　　)にして、体せきを同じにする。

▶同じ体せきのさとうとしおの重さをそれぞれはかると、重さは(④ 同じ・ちがう)。

わりばし

すり切る。

平らにする。

すり切りするときは、
まわりにこぼさないように、
それぞれのようきの上でやろうね。

2 同じ体せきのものの重さは同じだろうか。 教科書 165ページ

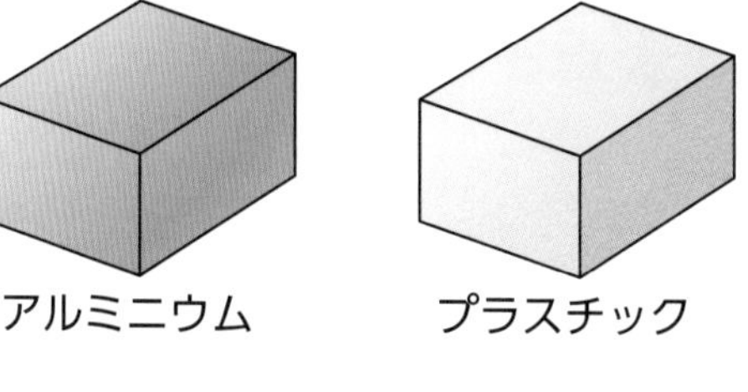

木　ゴム　鉄　アルミニウム　プラスチック

▶同じ体せきのものどうしで重さをくらべる。

・同じ体せきで木と鉄をくらべると、(①　　　　)の方が重い。

・同じ体せきで、金ぞくの鉄とアルミニウムをくらべると、(②　　　　)の方が重い。

▶同じ体せきでも、しゅるいのちがうものでは、(③　　　　)がちがう。

同じ体せきなら、どんな形でも
重さをくらべられるよ。

でも、体せきがちがうと
重さをくらべられないね。

ここが だいじ!

①もののかさ(大きさ)のことを体せきという。

②同じ体せきでも、しゅるいがちがうものの重さはことなる。

ぴたトリビア　同じ体せきでも、ものによって重さがちがうことをりようして、ものを見分けることができます。

ぴったり2 練習

12. ものの重(おも)さを調(しら)べよう

②もののしゅるいと重さ

教科書 163〜166ページ　答え 39ページ

学習日　　月　　日

1 しおとさとうの重さを、デジタルはかりで調べました。

(1) デジタルはかりの使(つか)い方として、正しいものには○を、まちがっているものには×をつけましょう。

ア(　　)はかりはどこにおいてもよい。
イ(　　)スイッチを入れたら、すぐにはかりたいものをのせる。
ウ(　　)紙をのせてから、スイッチを入れる。
エ(　　)はかりたいものを紙の上にしずかにのせ、数字を読む。

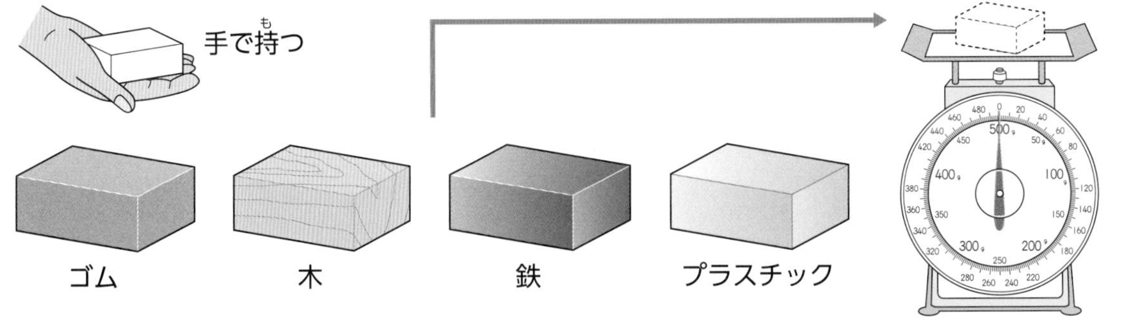

(2) 記述 しおとさとうの重さをくらべるとき、気をつけることはどんなことですか。「体(たい)せき」という言葉(ことば)を使って書きましょう。　思考・表現

(　　　　　　　　　　)

2 同じ体せきのゴム・木・鉄(てつ)・プラスチックをじゅんびして、重さをくらべます。

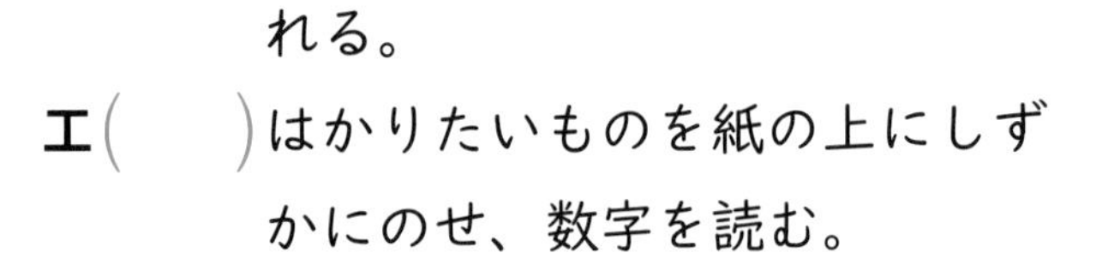

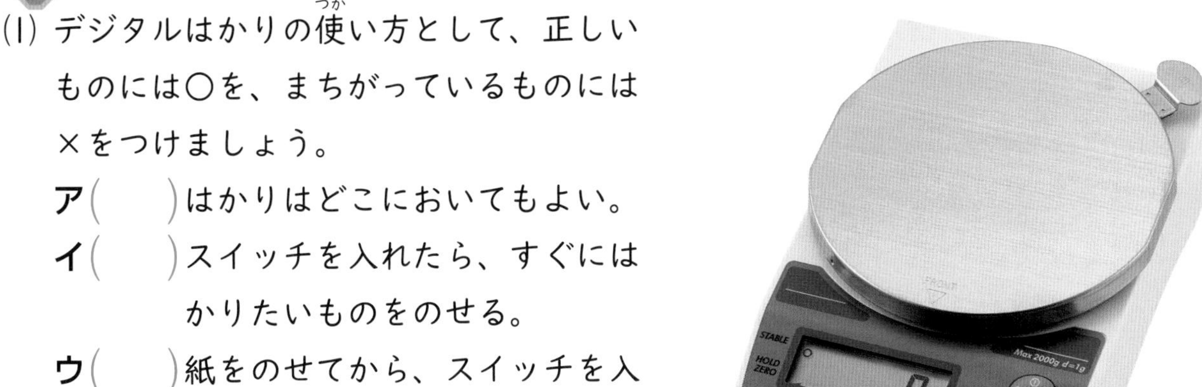

(1) 手で持(も)った感(かん)じでは、どれが一番重いですか。　(　　　　)

(2) 台ばかりを使って、それぞれの重さをはかりました。重さについて、正しいものには○を、まちがっているものには×をつけましょう。

ア(　　)どれもみな同じ重さである。
イ(　　)ゴムが一番重い。
ウ(　　)木とゴムではゴムの方が軽(かる)い。
エ(　　)鉄が一番重い。

ぴったり3 たしかめのテスト

12. ものの重さを調べよう

時間 30分　　／100　　合格 70点

教科書 158〜166ページ　　答え 40〜41ページ

よく出る

1 ものを細かく分けたり、形をかえたりして、ものの重さがどうなるかを調べます。

1つ5点(30点)

(1) 50 g のねん土の玉を細かく分けて、分けたねん土の合計の重さを調べました。正しいものを１つえらび、○をつけましょう。

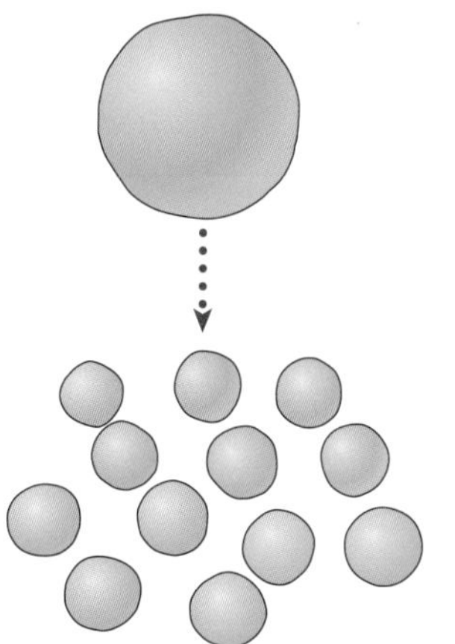

ア(　　)小さい玉に分けたので、重さの合計は、分ける前の 50 g より軽くなる。

イ(　　)たくさんの玉に分けたので、重さの合計は、分ける前の 50 g より重くなる。

ウ(　　)ものは細かく分けても全体の重さはかわらないので、50 g のままかわらない。

(2) 80 g のアルミニウムの皿を丸めて、重さを調べました。正しいものを１つえらび、○をつけましょう。

ア(　　)丸める前より小さくなったので、重さは 80 g より軽くなる。

イ(　　)ものは形をかえても重さはかわらないので、80 g のままかわらない。

ウ(　　)かたく丸めてボールのようにしたので、重さは 80 g より重くなる。

(3) ものの重さについてまとめました。正しいものを４つえらび、○をつけましょう。

ア(　　)ものを細かく分けると重さはかわるが、形をかえても重さはかわらない。

イ(　　)ものを細かく分けても重さはかわらないが、形をかえると重さはかわる。

ウ(　　)ものは細かく分けたり、形をかえたりしても、重さはかわらない。

エ(　　)ものの重さをはかるとき、おき方をかえると、重さはかわる。

オ(　　)ものの重さをはかるとき、おき方をかえても、重さはかわらない。

カ(　　)同じ体せきのものでも、もののしゅるいがちがうと重さはちがう。

キ(　　)同じ体せきのものは、どんなものでも同じ重さである。

ク(　　)ものにはそれぞれきまった重さがあり、その重さはものによってちがう。

2 台ばかりの使い方について、(　　)に当てはまる言葉を、下の［　　］からえらんで記号を書きましょう。　技能　1つ5点(20点)

① 台ばかりを(　　　)なところにおく。
② 皿の上に(　　　)をのせる。
③ はりが0を指していることをかくにんする。目もりがずれているときは、(　　　)を回して0に合わせる。
④ はかりたいものを皿の中央にしずかにのせ、(　　　)から目もりを読む。

㋐はり　㋑皿　㋒調せつねじ　㋓紙　㋔台
㋕中央　㋖横　㋗上　㋘正面　㋙水平

3 同じ体せきのプラスチック・アルミニウム・木の玉があります。この3しゅるいの玉の重さを調べました。　1つ5点(10点)

(1) 3しゅるいの玉の重さを台ばかりではかり、重さを表にまとめました。この表から、一番重いのは3しゅるいの玉のうちどれだといえますか。名前を書きましょう。

(　　　　　　　　)

	重　さ
プラスチック	45g
アルミニウム	120g
木	18g

プラスチック　アルミニウム　木

(2) ものの重さとものののしゅるいについて、まとめました。正しいものをえらび、○をつけましょう。

ア(　　)もののしゅるいによって重さがちがうかどうかを調べるときは、体せきは気にしなくてよい。
イ(　　)体せきを同じにして重さをくらべると、どんなしゅるいのものでも重さは同じになる。
ウ(　　)体せきを同じにして重さをくらべると、もののしゅるいによって重さはちがう。

ふりかえり　1がわからないときは、74ページの2にもどってかくにんしましょう。
5がわからないときは、76ページの2にもどってかくにんしましょう。

4 下の絵のように、いろいろなしせいで体重計(たいじゅうけい)にのり、体重をはかりました。

1つ10点(20点)

(1) けっかについて、①、②のように予想(よそう)しました。2人の考えは正しいですか。**ア**～**ウ**で正しいものに○をつけましょう。

①
すわるしせいが、
一番重くなると思うよ。
②
力をこめてのると、
力の分だけ重くなるから、
一番重くなるはずだよ。
PITA

ア（　　）①の考えが正しい。　**イ**（　　）②の考えが正しい。

ウ（　　）どちらも正しくない。

(2) 記述 (1)の答えをえらんだ理由(りゆう)を、これまで学んだことをもとにせつめいしましょう。

（　　　　　　　　　　　　）

できたらスゴイ!

5 すな、ねん土、おがくずを20gずつはかり取(と)って、同じ大きさのカップに入れると、右の絵のようになりました。

思考・表現　1つ10点(20点)

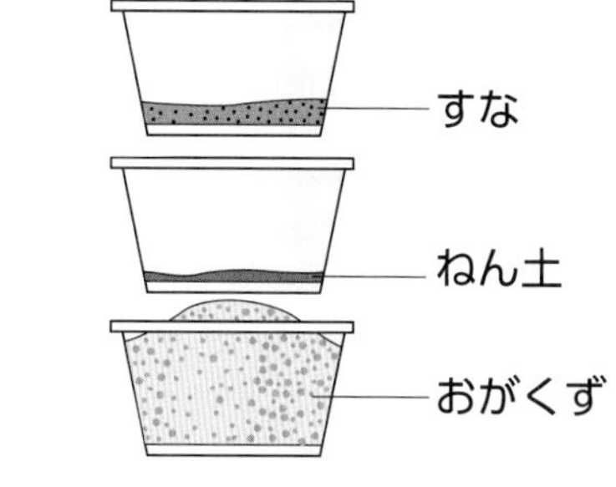

(1) 体せきが一番大きいのはどれですか。名前を答えましょう。

（　　　　　）

(2) 同じ体せきにして、重さをくらべたとき、一番重いのはどれですか。名前を答えましょう。

（　　　　　）

この本の終わりにある「学力しんだんテスト」をやってみよう!
この本の終わりにある「春のチャレンジテスト」をやってみよう!

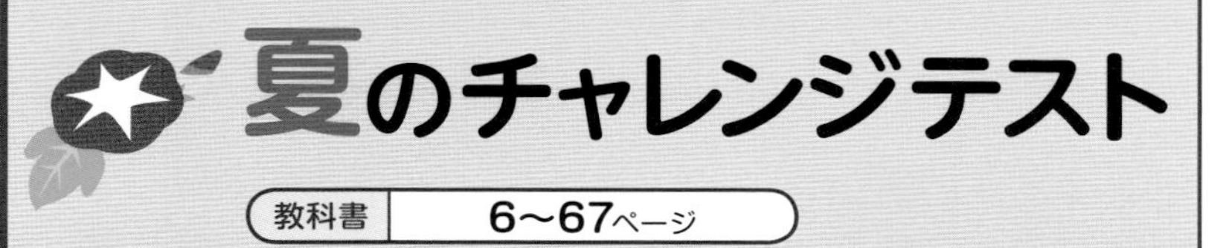

夏のチャレンジテスト

教科書　6〜67ページ

名前　　　　　月　　日

時間 40分

知識・技能	思考・判断・表現	ごうかく80点
／60	／40	／100

答え 42〜43ページ

知識・技能

1 生き物をかんさつしました。

（1）は1つ2点、（2）は3点（11点）

（1）生き物のようすをカードに記ろくしました。①〜④に当てはまる言葉を書きましょう。

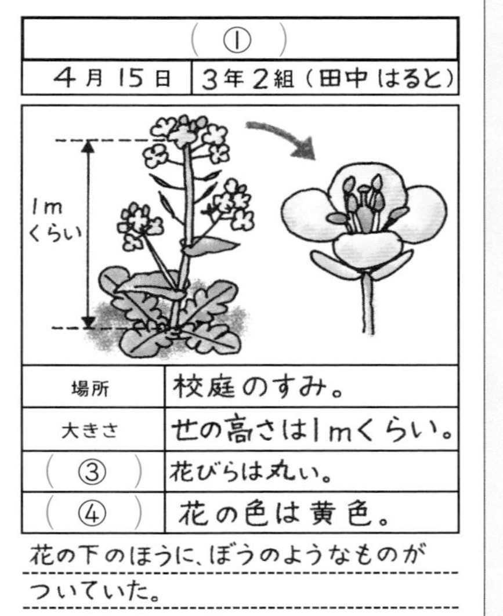

（　①　）	
4月15日	3年2組（田中 はると）
場所	校庭のすみ。
大きさ	せの高さは1mくらい。
（　③　）	花びらは丸い。
（　④　）	花の色は黄色。

花の下のほうに、ぼうのようなものがついていた。

（　②　）	
4月15日	3年1組（中村 ももか）
場所	落ち葉の下。
大きさ	1cmくらい。
（　③　）	丸くて、細長い。
（　④　）	黒色。

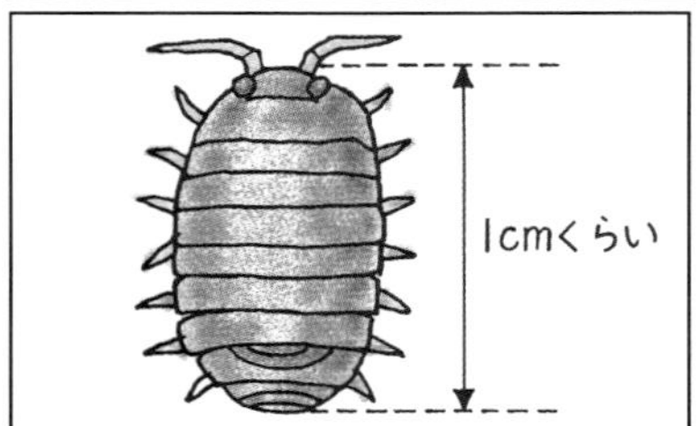

さわると丸くなった。

①（　　　　）　②（　　　　）
③（　　　　）　④（　　　　）

（2）生き物の色、形、大きさなどはどれも同じですか、ちがいますか。（　　　　）

2 虫めがねを使いました。

1つ3点（6点）

（1）動かせないものを見るときの使い方は、㋐、㋑のどちらがよいですか。（　　）

㋐

㋑

（2）虫めがねで、ぜったいに見てはいけないものはどれですか。当てはまるものに〇をつけましょう。

①（　　）動物
②（　　）植物
③（　　）太陽

3 植物のたねをまきました。

1つ3点（24点）

（1）㋐〜㋒のたねは、ホウセンカ、アサガオ、ヒマワリのどれですか。当てはまる名前を書きましょう。

㋐
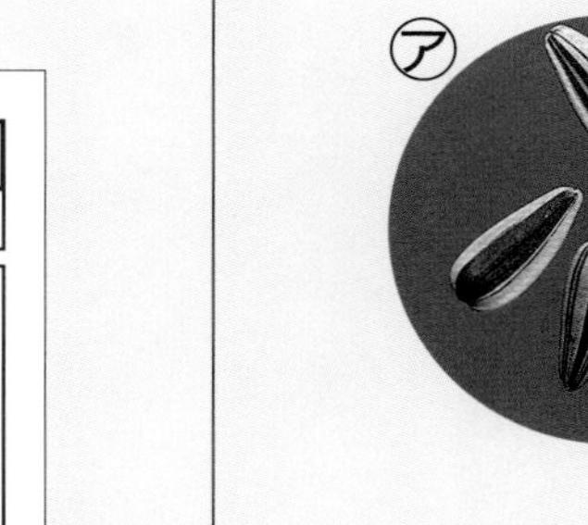
㋑
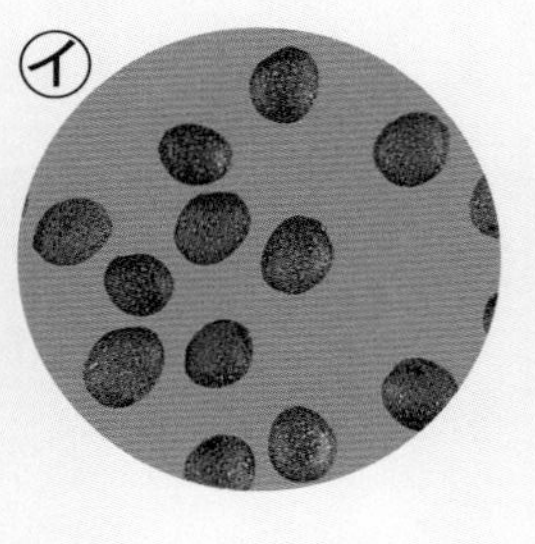
㋒

㋐（　　　　）
㋑（　　　　）
㋒（　　　　）

（2）たねをまいたあと、土がかわかないようにするために、どうすればよいですか。（　　　　）

（3）㋕、㋖は、ホウセンカ、ヒマワリのどちらかのめが出たあとのようすです。ホウセンカはどちらですか。

㋕
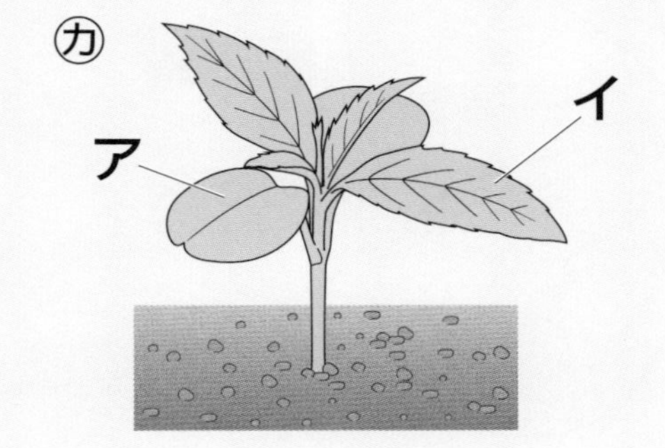

㋖
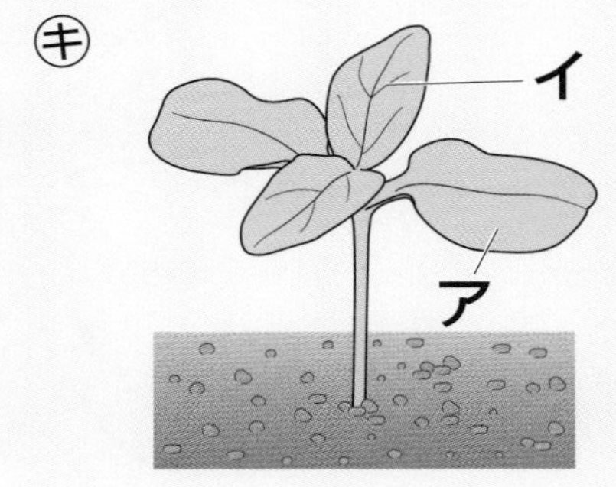

（　　）

（4）はじめに出てきた**ア**を何といいますか。（　　　　）

（5）**ア**のあとに出てきた**イ**を何といいますか。（　　　　）

（6）これから数がふえるのは、**ア**、**イ**のどちらですか。（　　）

うらにも問題があります。

4 モンシロチョウの育ち方やからだのつくりを調べました。

(1)は全部できて4点、(2)、(3)は1つ3点(13点)

(1) チョウの育つじゅんに、2・3・4を、㋑～㋓の□に書きましょう。

㋐ 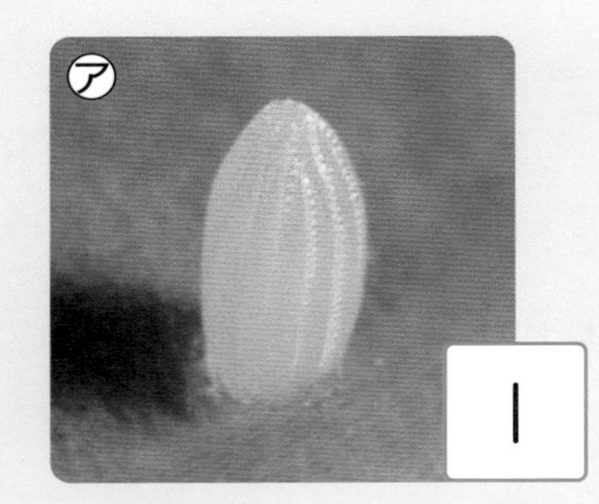

㋑ 

㋒ 

㋓ 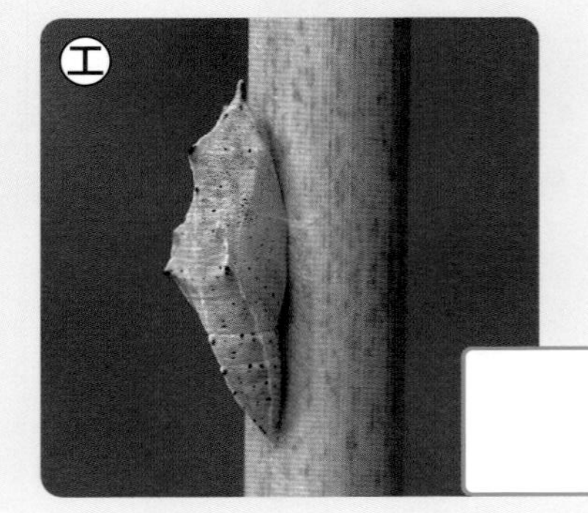

(2) ㋒、㋓のころのすがたを何といいますか。

㋒(　　　　) ㋓(　　　　)

(3) チョウの成虫のからだをかんさつしました。このようなからだのつくりをしているなかまを何といいますか。(　　　　)

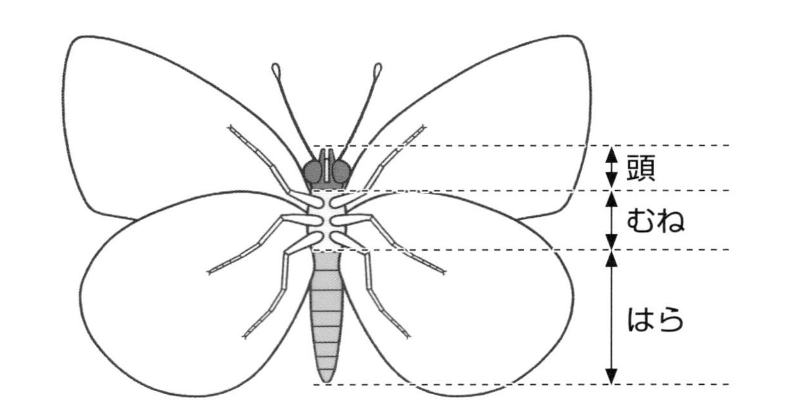

5 方位じしんの使い方を調べました。

1つ3点(6点)

(1) 方位じしんのはりの色のぬってある方は、東・西・南・北のどの方位を指して止まりますか。(　　　)

(2) はりの動きが止まったあとの文字ばんの合わせ方で、正しいものは㋐～㋒のどれですか。

㋐ 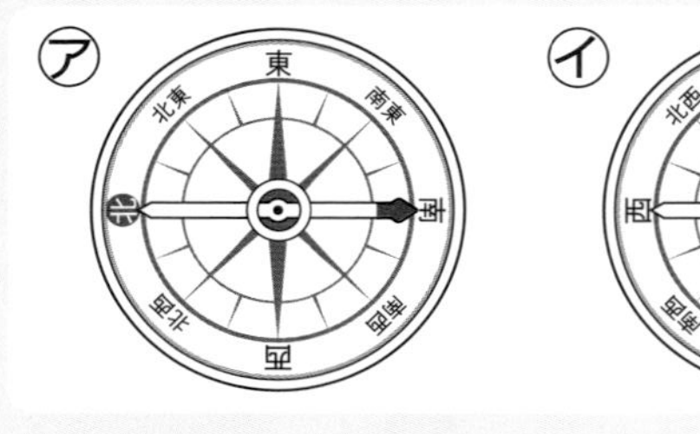

㋑ 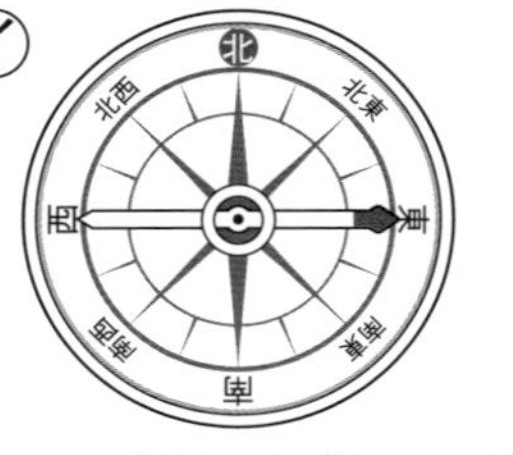

㋒ 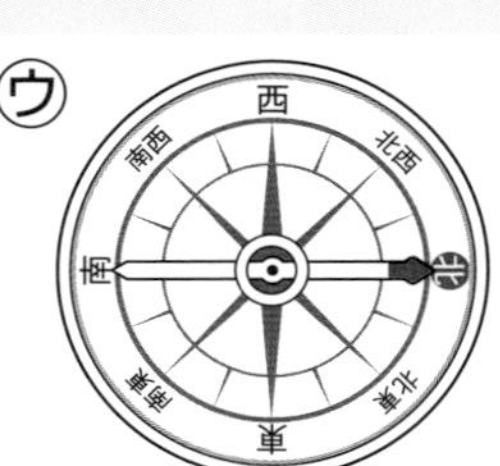

(　　　)

思考・判断・表現

6 午前、正午、午後の3回、かげの向きと太陽のいちを調べました。

(1)～(4)は1つ4点、(5)は6点(22点)

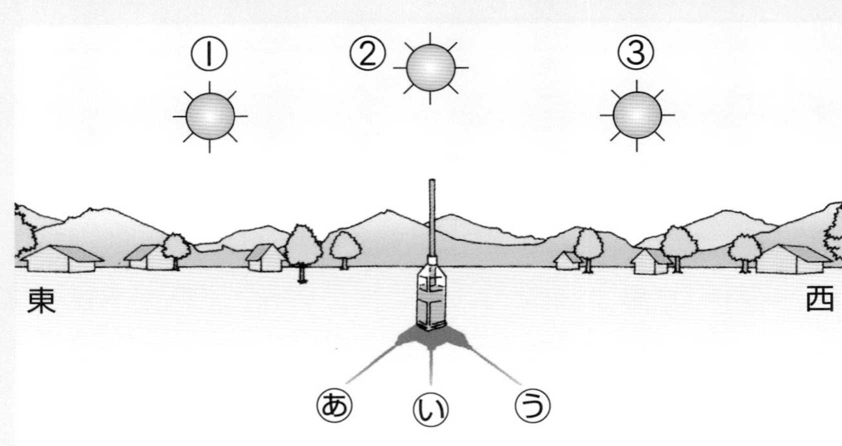

(1) 午後の太陽のいちは、①～③のどれですか。(　　　)

(2) 午後のぼうのかげは、あ～うのどれですか。(　　　)

(3) 太陽のいちのかわり方で、正しい方に○をつけましょう。

ア(　　)①→②→③　イ(　　)③→②→①

(4) かげの動く向きで、正しい方に○をつけましょう。

ア(　　)あ→い→う　イ(　　)う→い→あ

(5) 記述 時間がたつと、かげのいちがかわるのはなぜですか。

(　　　　　　　　　　　　)

7 ホウセンカとヒマワリのからだのつくりをくらべました。

(1)、(2)とも全部できて1つ9点(18点)

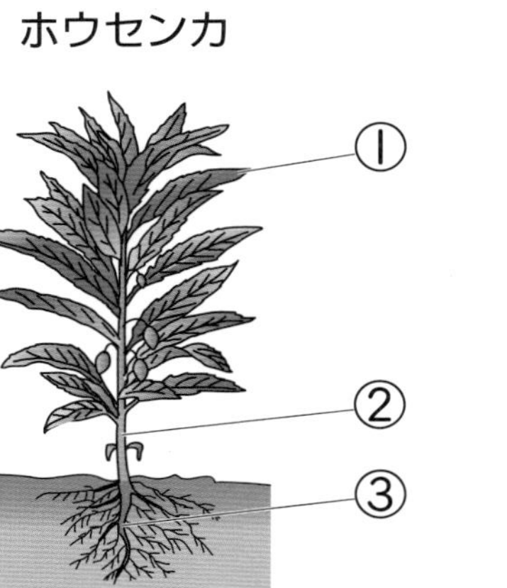

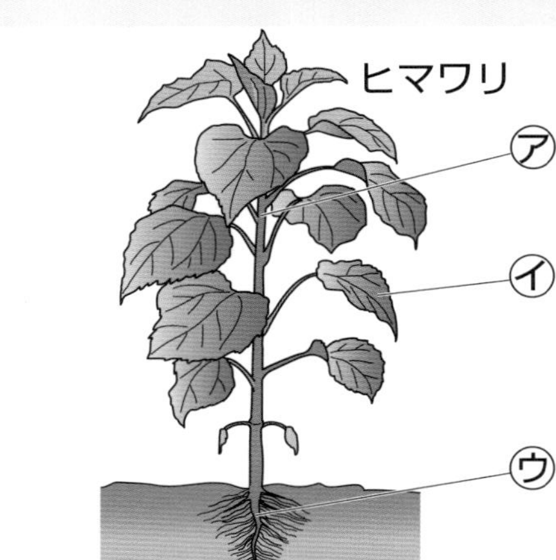

(1) ホウセンカの①～③のつくりは、ヒマワリの㋐～㋒のどこと同じですか。記号を書きましょう。

①(　　)　②(　　)　③(　　)

(2) 植物のからだのつくりについて、当てはまる言葉を④～⑥に書きましょう。

植物のからだは、どれも(④　　　　)、(⑤　　　　)、(⑥　　　　)からできている。

冬のチャレンジテスト

教科書 70〜141ページ

名前		月	日

時間 40分

知識・技能	思考・判断・表現	ごうかく80点
/60	/40	/100

答え 44〜45ページ

知識・技能

1 トンボの成虫のからだを調べました。

1つ3点(18点)

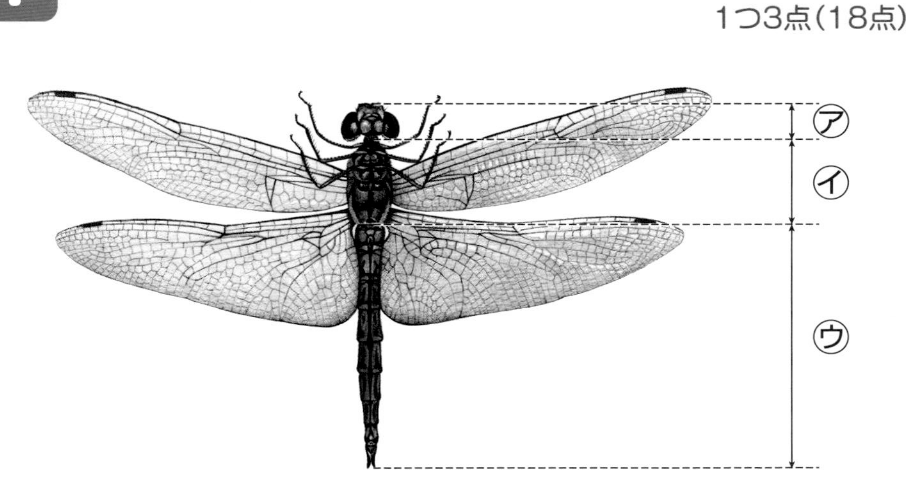

㋐
㋑
㋒

(1) ㋐〜㋒の部分を何といいますか。

㋐(　　　) ㋑(　　　) ㋒(　　　)

(2) あしは、どこに何本ついていますか。

(　　　)に(　　　)本ついている。

(3) トンボの成虫のようなからだのつくりの虫を何といいますか。

(　　　)

2 ホウセンカの育ち方をまとめました。

1つ3点(12点)

(1) (　)に入る言葉を書きましょう。

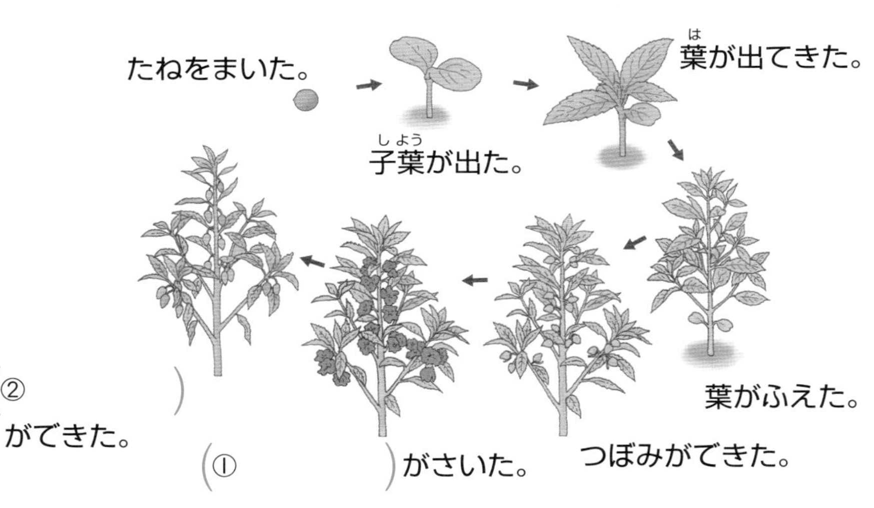

たねをまいた。
子葉が出た。
葉が出てきた。
葉がふえた。
つぼみができた。
(①　　　)がさいた。
(②　　　)ができた。

(2) (1)の②ができた後、ホウセンカはどうなりますか。

(　　　)

(3) ヒマワリの育ち方のじゅんばんは、ホウセンカと同じですか、ちがいますか。

(　　　)

3 トライアングルをたたいて音を出して、音が出ているもののようすを調べました。

1つ3点(9点)

(1) 音の大きさと、トライアングルのふるえについて調べました。①、②に当てはまる言葉を書きましょう。

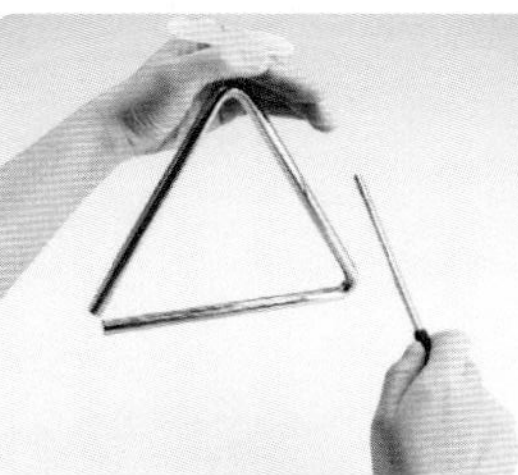

音の大きさ	トライアングルのふるえ
大きい音	ふるえが(①)。
小さい音	ふるえが(②)。

①(　　　) ②(　　　)

(2) 音が出ているトライアングルのふるえを止めると、音はどうなりますか。(　　　)

4 送風きの風の強さをかえて、風車がおもりをいくつ持ち上げられるか調べ、表にまとめました。

(1)、(2)は3点、(3)は5点(11点)

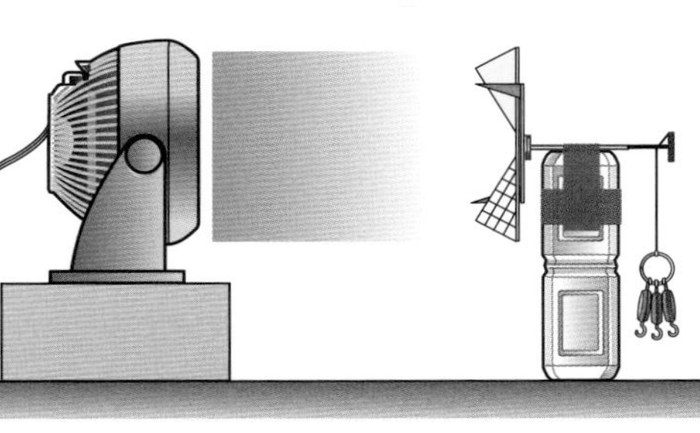

風の強さ	1回目	2回目
㋐	3こ	3こ
㋑	5こ	5こ

(1) 表の㋐と㋑には風の強さが入ります。風の強さが強いのはどちらですか。

(　　　)

(2) 風車が回る速さをくらべたとき、速く回っているのは㋐、㋑のどちらですか。

(　　　)

(3) この実けんから、風の強さと風車がものを持ち上げる力について、次の文の(　)に当てはまる言葉を書きましょう。

風車がものを持ち上げる力は、風の強さが強くなるほど(　　　)なる。

うらにも問題があります。

5 図のように、明かりをつけました。

(1)は1つ1点、(2)は3点、(3)は4点（10点）

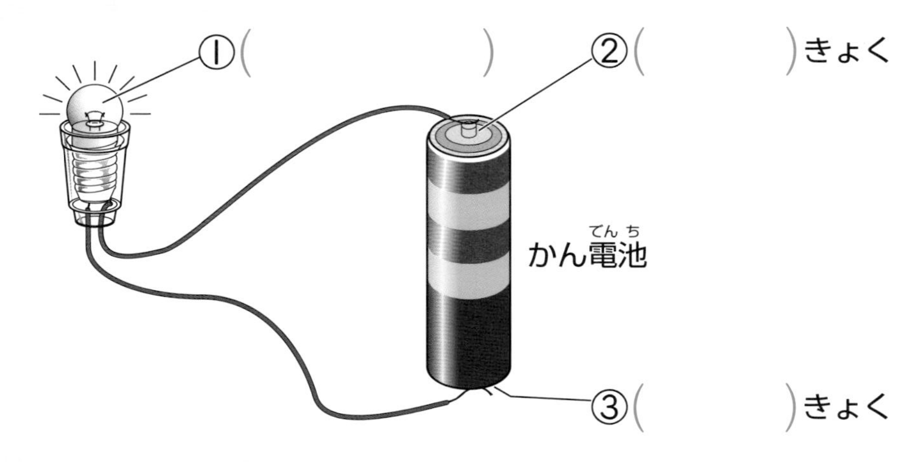

(1)（　）にそれぞれの名前を書きましょう。

(2) 電気の通り道のことを何といいますか。

（　　　）

(3) 記述 豆電球に明かりがつくとき、電気の通り道はどのようにつながっていますか。

（　　　）

思考・判断・表現

6 ゴムをのばして、車を走らせました。

1つ4点（16点）

(1) 車の走るきょりが、①～③のようになるのは、㋐～㋒のどれですか。記号を書きましょう。

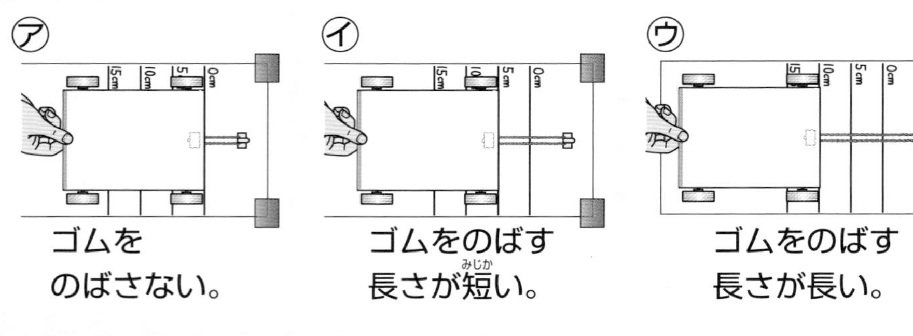

① 車の走るきょりが長い。（　　）

② 車の走るきょりが短い。（　　）

③ 車は動かない。（　　）

(2) ㋓、㋔で、車が走るきょりが長い方の□に○をつけましょう。ゴムをのばす長さは同じにします。

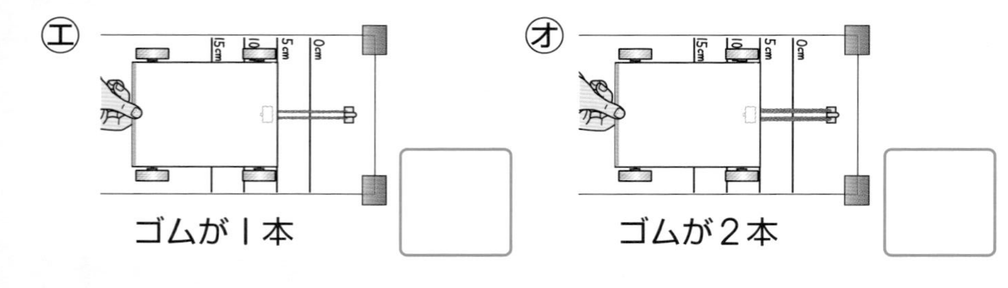

7 かがみを使って、はね返した日光を3分間かべに当てました。

(1)、(3)は3点、(2)は4点（10点）

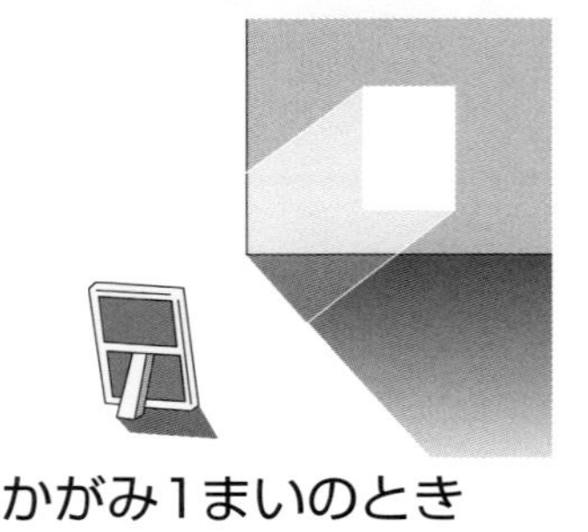

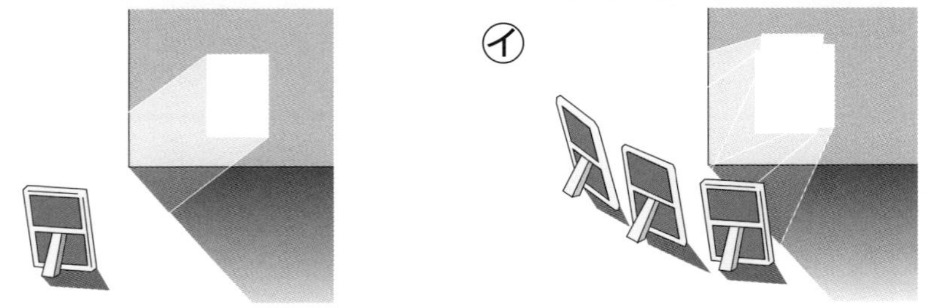

かがみ1まいのとき

かがみ3まいのとき

(1) はね返した日光が当たったかべの温度が高いのは、㋐、㋑のどちらですか。

（　　）

(2) 記述 (1)の温度が高いのは、なぜですか。

（　　　）

(3) はね返した日光が当たったところがより明るくなるのは、㋐、㋑のどちらですか。

（　　）

8 電気を通すものと通さないものを調べました。

(1)は1つ2点、(2)は4点（14点）

(1) 図の？のところにつないで、明かりがつくものに○、つかないものに×をつけましょう。

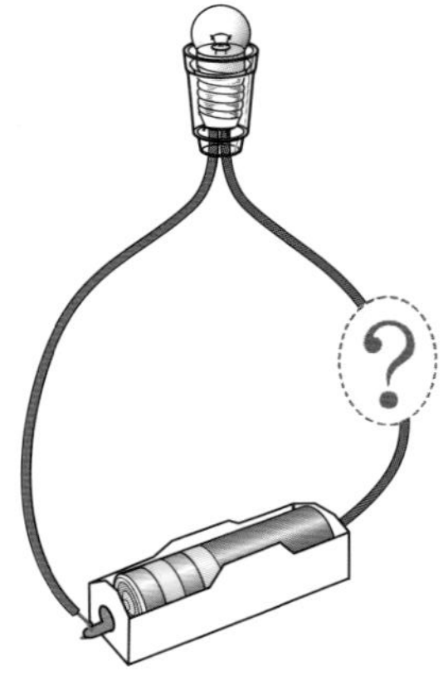

①（　）クリップ（鉄）

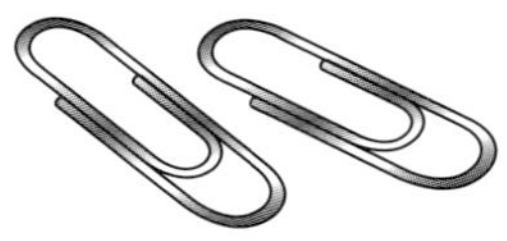

②（　）一円玉（アルミニウム）

③（　）コップ（ガラス）

④（　）おり紙（紙）

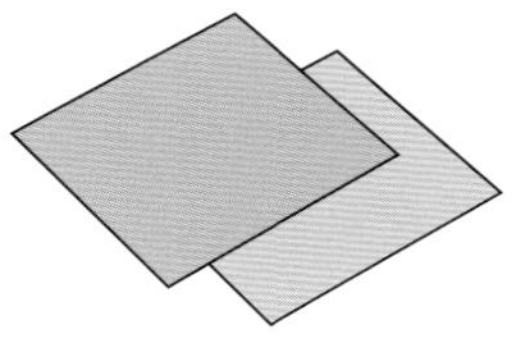

⑤（　）アルミニウムはく（アルミニウム）

(2) (1)で明かりがついたものは、電気を通すせいしつがあります。これらは何でできているといえますか。

（　　　）

春のチャレンジテスト

教科書 142〜166ページ

名前　　　月　　日

時間	知識・技能	思考・判断・表現	ごうかく80点
40分	/60	/40	/100

答え 46〜47ページ

知識・技能

1 じしゃくのせいしつを調べました。

1つ4点(20点)

(1) クリップ(鉄)のつき方で、正しいものはどれですか。□に○をつけましょう。

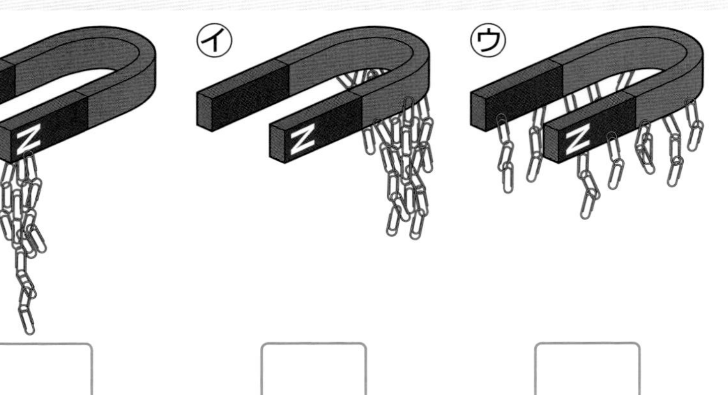

(2) クリップ(鉄)がよくつく部分を何といいますか。

(　　　　)

(3) ア〜カで、じしゃくにつくものはどれですか。2つえらんで、記号を書きましょう。

アコップ(ガラス)

イ目玉クリップ(鉄)

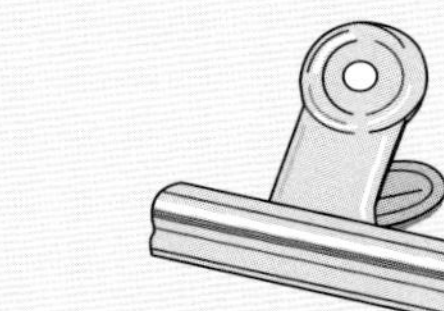

ウ十円玉(青どう)

エ三角じょうぎ(プラスチック)

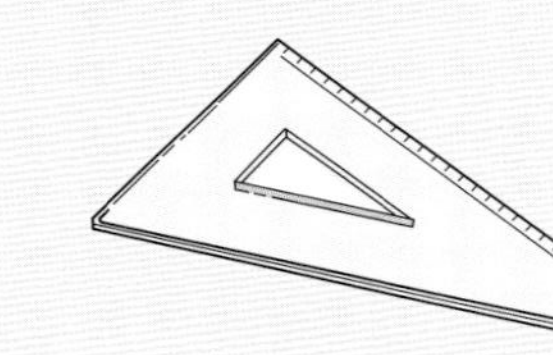

オくぎ(鉄)

カノート(紙)

(　　　)と(　　　)

(4) じしゃくにつくものは、何でできていますか。

(　　　　)

2 ようきに入れたじしゃくが鉄を引きつける力を調べました。

1つ4点(8点)

(1) カップ1つを使ったとき、①のようになりました。ア〜ウで、カップ5つを使ったときのようすはどれですか。□に○をつけましょう。

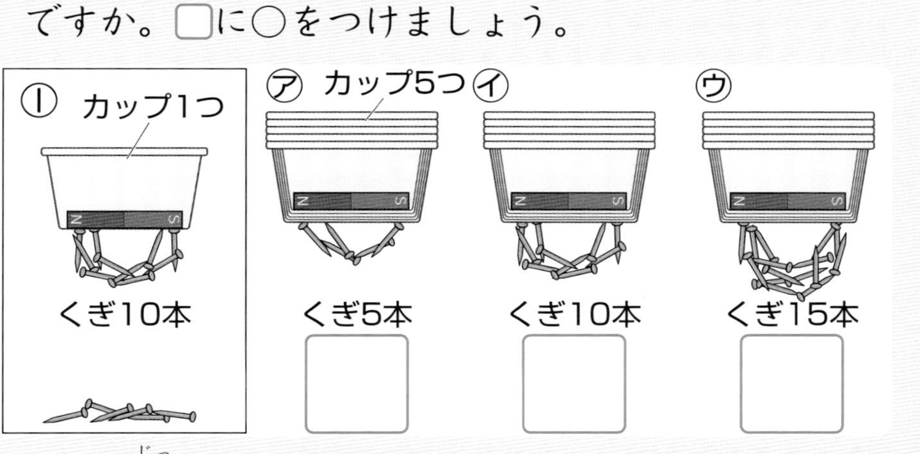

(2) (1)の実けんのけっかからわかることで、正しい方に○をつけましょう。

ア(　　)じしゃくと鉄のきょりをかえると、鉄を引きつける力はかわる。

イ(　　)じしゃくと鉄のきょりは、鉄を引きつける力とはかんけいない。

3 ねん土の形をかえて、重さをくらべました。

1つ5点(20点)

(1) はじめは丸いねん土を、ア〜ウのように形をかえました。このとき重さがかわるものには○、重さがかわらないものには×を□につけましょう。

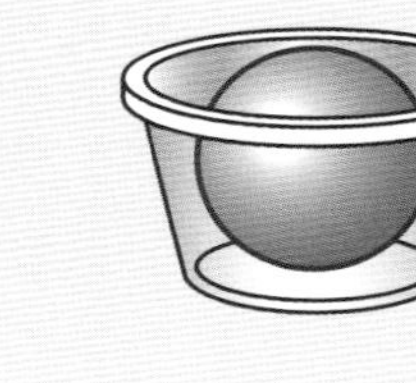

ア細長くした。　イ小さく分けた。　ウ平たくした。

(2) (1)の実けんけっかからわかることで、正しい方に○をつけましょう。

ア(　　)ものは形をかえると、重さもかわる。

イ(　　)ものは形をかえても、重さはかわらない。

うらにも問題があります。

4 同じ体せきのものの重さを、台ばかりを使ってくらべました。

1つ4点(12点)

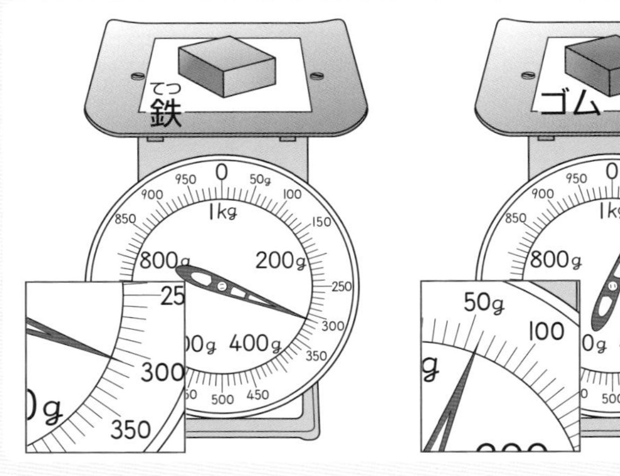

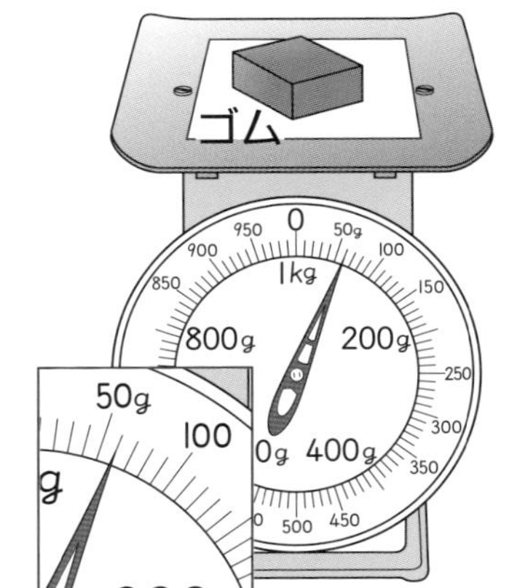

(1) 鉄とゴムの重さを、それぞれ書きましょう。

鉄(　　　　)

ゴム(　　　　)

(2) 同じ体せきの鉄とゴムの重さは、同じですか、ちがいますか。

(　　　　)

思考・判断・表現

5 2つのじしゃくのきょくを近づけました。

(1)は全部できて4点、(2)は8点、(3)は4点(16点)

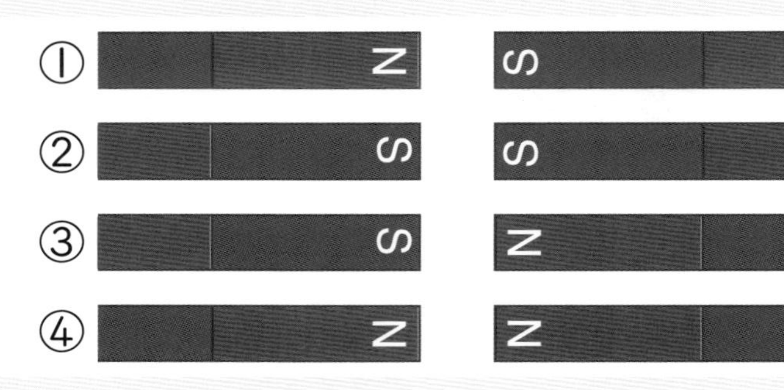

(1) じしゃくが引きつけ合うものを2つえらび、番号を書きましょう。

(　　　)と(　　　)

(2) じしゃくがしりぞけ合うのは、どんなときですか。

(　　　　　　　　　　)

(3) Nきょくと Sきょくがわからないじしゃくに、べつのじしゃくのNきょくを近づけたところ、㋐は引きつけられました。㋐は何きょくですか。

S　N　㋐

(　　　　)

6 じしゃくにくぎ(鉄)をつけ、つながっているくぎをじしゃくからゆっくりはなしました。

(1)、(3)は1つ4点、(2)は全部できて4点(12点)

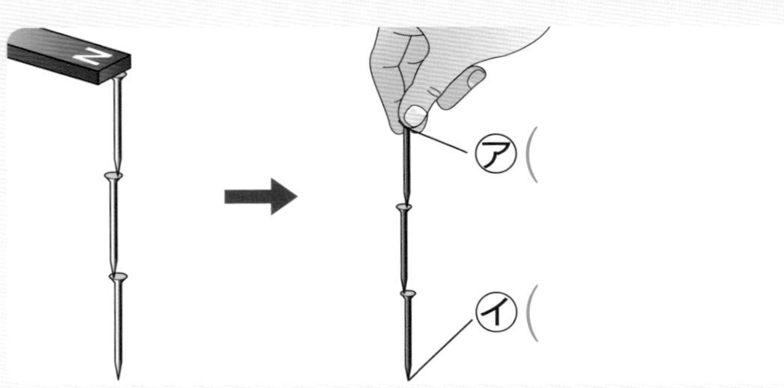

(1) 記述 くぎをじしゃくからはなしても、くぎがつながったまま落ちないのは、どうしてですか。

(　　　　　　　　　　)

(2) 図の㋐、㋑はそれぞれ何きょくになっていますか。上の図の(　)に書きましょう。

(3) このくぎをさ鉄に近づけるとどうなりますか。

(　　　　　　　　　　)

7 台ばかりを使って、同じ体せきの鉄・木・ゴムの重さをくらべました。

(1)は4点、(2)は8点(12点)

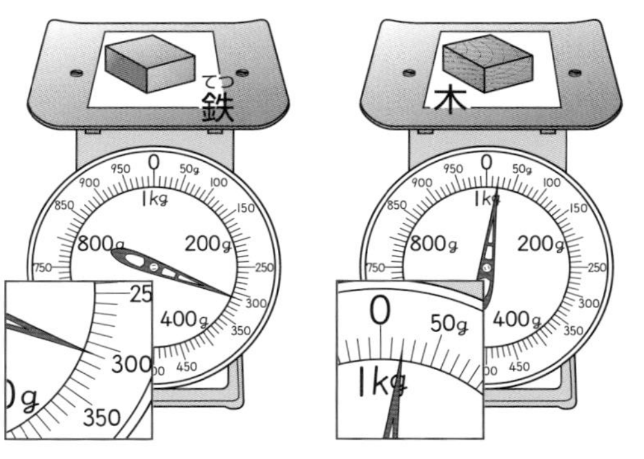

(1) 鉄・木・ゴムの重さで、正しいことを言っている方の□に○をつけましょう。

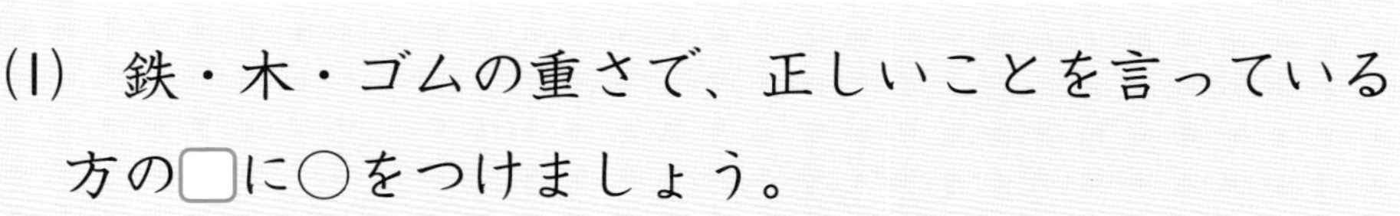

重いじゅんに、鉄→ゴム→木となります。
鉄も木もゴムも、すべて同じ重さです。

㋐ □　㋑ □

(2) 記述 実けんからわかることを、□の言葉を全部使ってまとめましょう。

同じ体せき　しゅるい　重さ　ちがう

(　　　　　　　　　　)

3年 理科のまとめ　学力しんだんテスト

月　　日
名前

時間 40分　ごうかく80点　／100

答え 48～49ページ

1 アゲハの育つようすを調べました。

(1)、(4)は1つ4点、(2)、(3)はそれぞれ全部できて4点(16点)

㋐
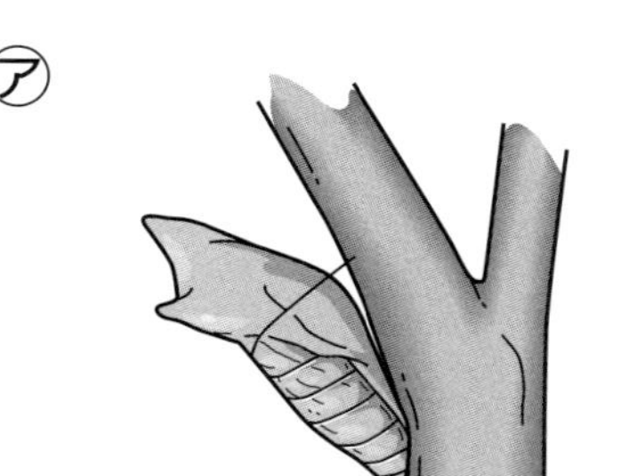
㋑

㋒
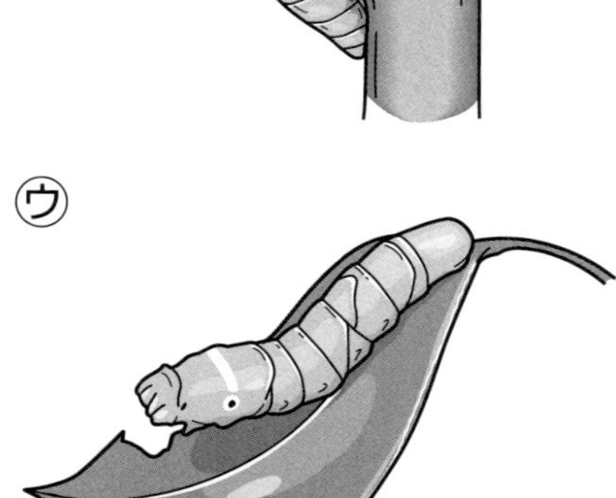
㋓

(1)　㋐のころのすがたを、何といいますか。
（　　　　　　）

(2)　㋐～㋓を、育つじゅんにならべましょう。
（　　）→（　　）→（　　）→（　　）

(3)　アゲハの成虫のあしは、どこに何本ついていますか。
（　　　　）に（　　）本ついている。

(4)　アゲハの成虫のようなからだのつくりをした動物を、何といいますか。
（　　　　　　）

2 ゴムのはたらきで、車を動かしました。

1つ4点(8点)

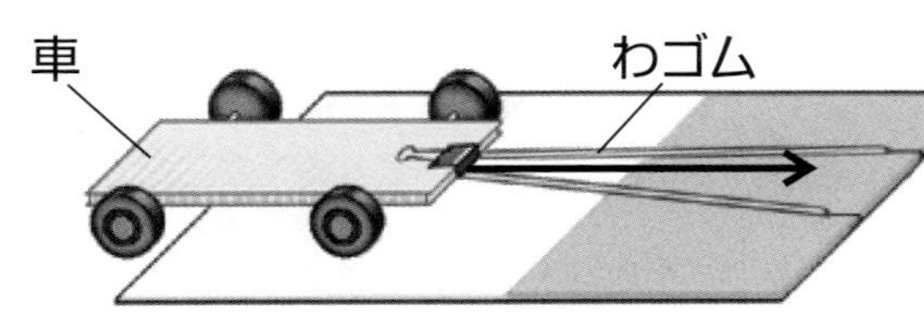

(1)　わゴムをのばす長さを長くしました。車の進むきょりはどうなりますか。正しい方に○をつけましょう。
①（　　）長くなる。　②（　　）短くなる。

(2)　車が進むのは、ゴムのどのようなはたらきによるものですか。
（　　　　　　　　　　）

3 ホウセンカの育ち方をまとめました。

1つ4点(12点)

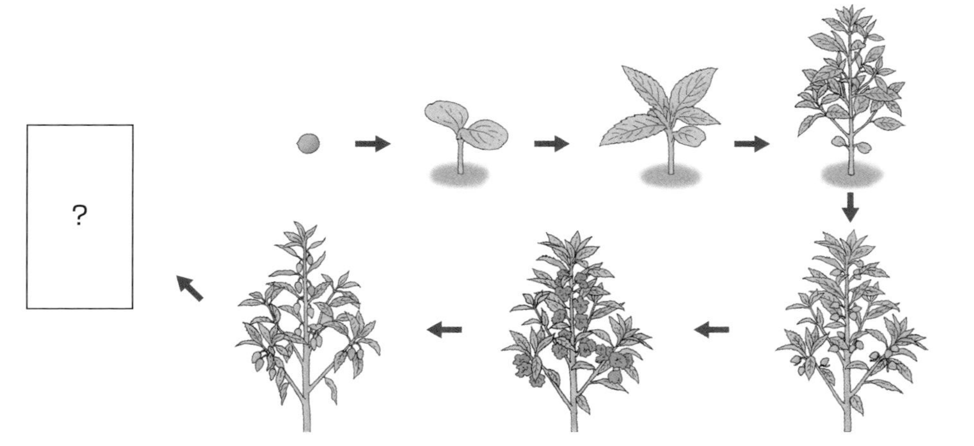

(1)　図の？に入るホウセンカのようすについて、正しいことを言っている方に○をつけましょう。

せの高さが高くなって、花がさきます。

実をのこして、かれてしまいます。

①（　　）　②（　　）

(2)　ホウセンカの実の中には、何が入っていますか。
（　　　　）

(3)　ホウセンカの実は、何があったところにできますか。正しいものに○をつけましょう。
①（　　）子葉　②（　　）葉　③（　　）花

4 午前9時と午後3時に、太陽によってできるぼうのかげの向きを調べました。

1つ4点(12点)

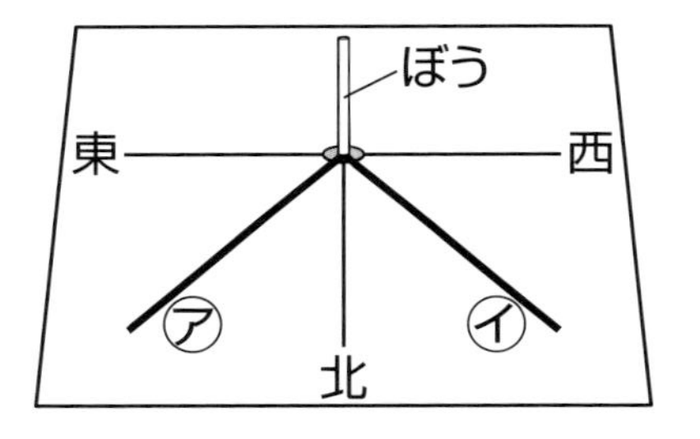

(1)　午後3時のかげのいちは、㋐と㋑のどちらですか。
（　　）

(2)　時間がたつと、かげのいちはどのようにかわりますか。正しい方に○をつけましょう。
①（　　）㋐→㋑　②（　　）㋑→㋐

(3)　時間がたつと、かげのいちがかわるのはなぜですか。
（　　　　　　　　　　）

うらにも問題があります。

5 虫めがねを使って、日光を集めました。

1つ4点（8点）

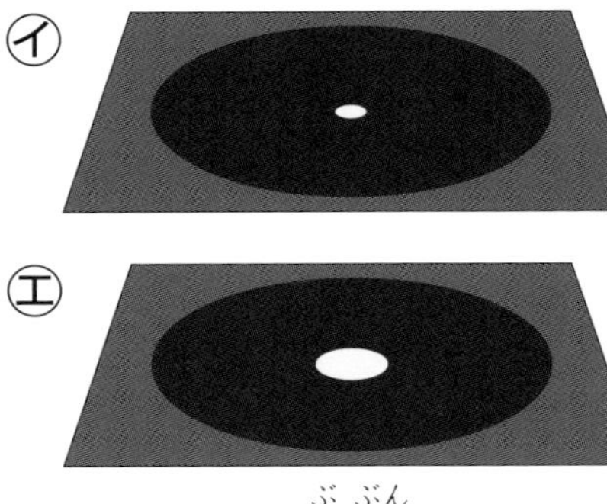
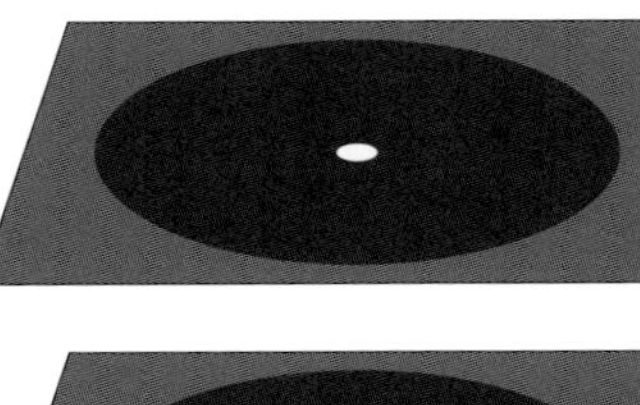
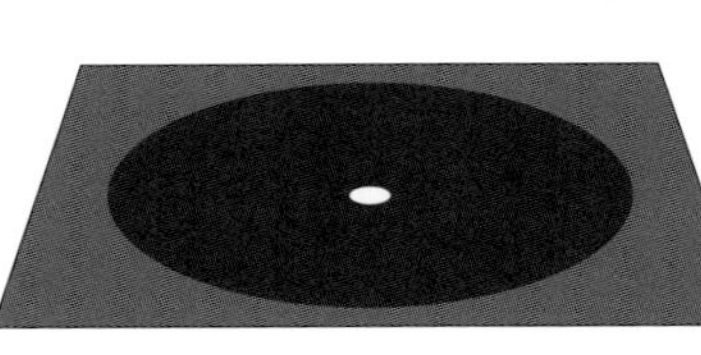

(1) ㋐～㋓のうち、日光が集まっている部分が、いちばん明るいのはどれですか。

（　　）

(2) ㋐～㋓のうち、日光が集まっている部分が、いちばんあついのはどれですか。

（　　）

6 電気を通すもの・通さないものを調べました。

1つ4点（12点）

(1) 電気を通すものはどれですか。2つえらんで、○をつけましょう。

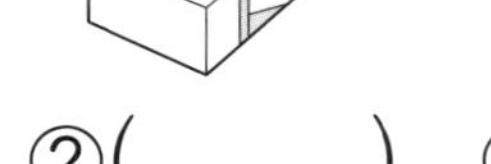

①（　　）②（　　）③（　　）④（　　）

(2) (1)のことから、電気を通すものは何でできていることがわかりますか。

（　　　　）

7 トライアングルをたたいて音を出して、音が出ているもののようすを調べました。

1つ4点（12点）

(1) 音の大きさと、トライアングルのふるえについて調べました。①、②に当てはまる言葉を書きましょう。

音の大きさ	トライアングルのふるえ
大きい音	ふるえが（ ① ）。
小さい音	ふるえが（ ② ）。

①（　　　　）　②（　　　　）

(2) 音が出ているトライアングルのふるえを止めると、音はどうなりますか。

（　　　　）

活用力をみる

8 おもちゃをつくって遊びました。

1つ4点（20点）

(1) じしゃくのつりざおを使って、魚をつります。

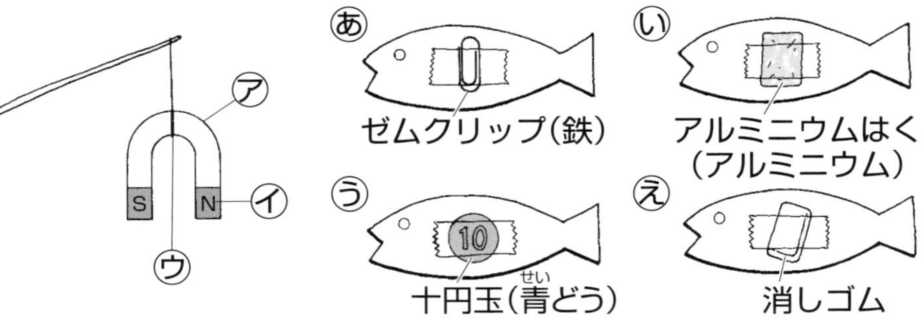

① つれるのは、あ～えのどれですか。

（　　）

② じしゃくの㋐～㋒のうち、魚をいちばん強く引きつける部分はどれですか。

（　　）

(2) シーソーのおもちゃで遊びました。シーソーは、重いものをのせた方が下がります。

① 同じりょうのねん土から、リンゴ、バナナ、ブドウをつくり、シーソーにのせました。**ア～ウ**のうち、正しいものに○をつけましょう。

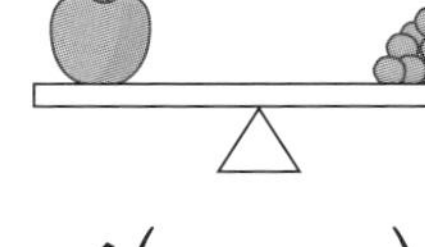

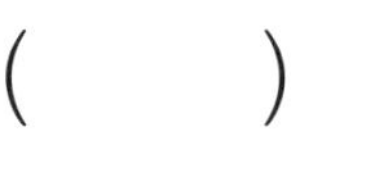

ア（　　）　**イ**（　　）　**ウ**（　　）

② 同じ体せきのまま、もののしゅるいをかえて、シーソーにのせました。リンゴ、バナナ、ブドウの中で、いちばん重いものはどれですか。

（　　　　）

③ 同じ体せきでも、ものによって重さはかわりますか、かわりませんか。

（　　　　）

教科書ぴったりトレーニング

この「丸つけラクラクかいとう」は
とりはずしてお使いください。

丸つけラクラクかいとう

学校図書版
理科３年

「丸つけラクラクかいとう」では問題と同じ紙面に、赤字で答えを書いています。

①問題がとけたら、まずは答え合わせをしましょう。

②まちがえた問題やわからなかった問題は、てびきを読んだり、教科書を読み返したりしてもう一度見直しましょう。

おうちのかたへ では、次のようなものを示しています。

- 学習のねらいやポイント
- 他の学年や他の単元の学習内容とのつながり
- まちがいやすいことやつまずきやすいところ

お子様への説明や、学習内容の把握などにご活用ください。

見やすい答え

おうちのかたへ

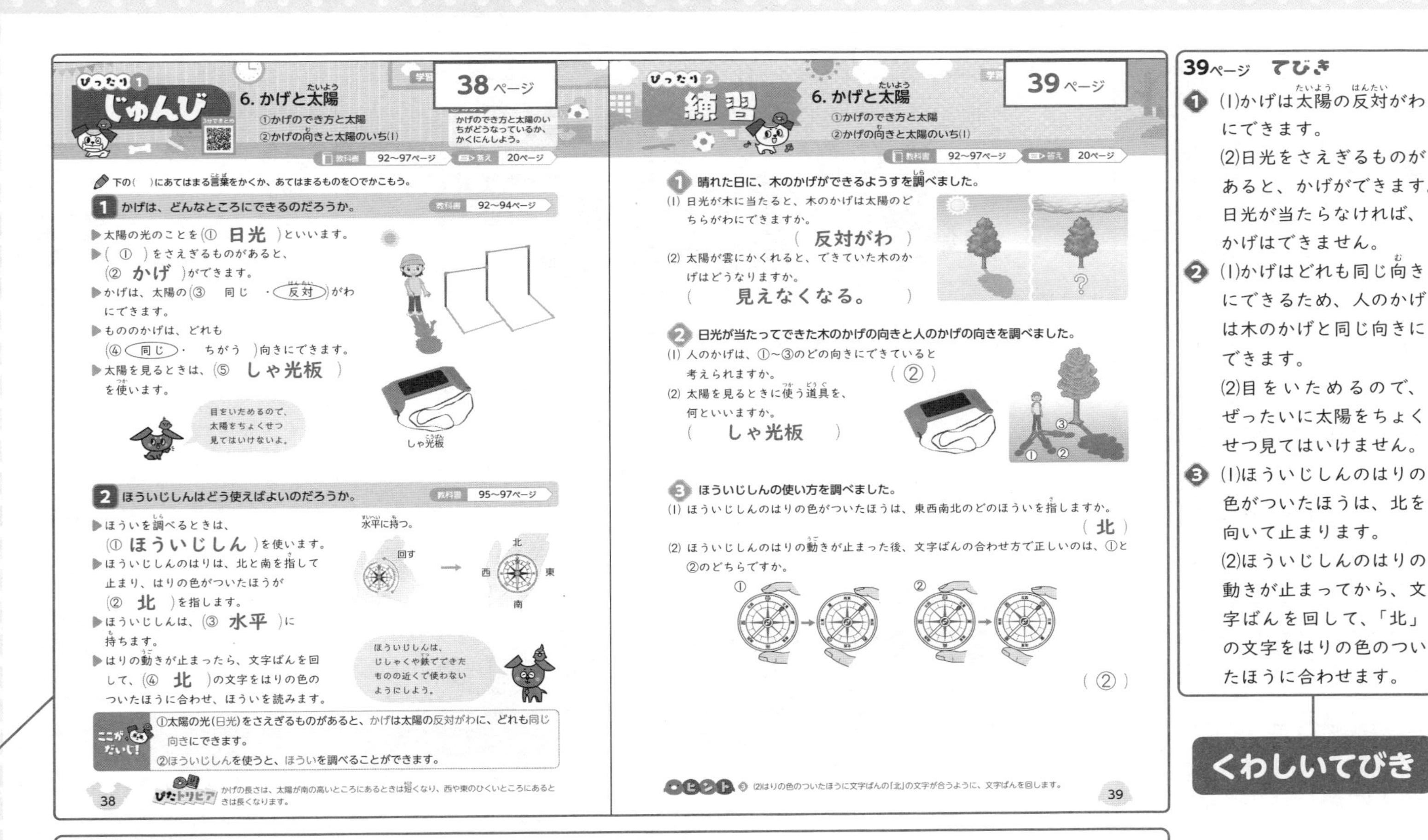

ぴったり1 じゅんび　6. かげと太陽　①かげのでき方と太陽　②かげの向きと太陽のいち(1)　38ページ

かげのでき方と太陽のいちがどうなっているか、かくにんしよう。

教科書 92〜97ページ　答え 20ページ

下の(　)にあてはまる言葉をかくか、あてはまるものを○でかこもう。

1 かげは、どんなところにできるのだろうか。　教科書 92〜94ページ

▶太陽の光のことを(① 日光)といいます。

▶(　①　)をさえぎるものがあると、(② かげ)ができます。

▶かげは、太陽の(③ 同じ ・ 反対)がわにできます。

▶もののかげは、どれも(④ 同じ ・ ちがう)向きにできます。

▶太陽を見るときは、(⑤ しゃ光板)を使います。

2 ほういじしんはどう使えばよいのだろうか。　教科書 95〜97ページ

▶ほういを調べるときは、(① ほういじしん)を使います。

▶ほういじしんのはりは、北と南を指して止まり、はりの色がついたほうが(② 北)を指します。

▶ほういじしんは、(③ 水平)に持ちます。

▶はりの動きが止まったら、文字ばんを回して、(④ 北)の文字をはりの色のついたほうに合わせ、ほういを読みます。

ここがだいじ！　①太陽の光(日光)をさえぎるものがあると、かげは太陽の反対がわに、どれも同じ向きにできます。　②ほういじしんを使うと、ほういを調べることができます。

ぴたトリビア　かげの長さは、太陽が南の高いところにあるときは短くなり、西や東のひくいところにあるときは長くなります。

38

ぴったり2 練習　6. かげと太陽　①かげのでき方と太陽　②かげの向きと太陽のいち(1)　39ページ

教科書 92〜97ページ　答え 20ページ

1 晴れた日に、木のかげができるようすを調べました。

(1) 日光が木に当たると、木のかげは太陽のどちらがわにできますか。
(反対がわ)

(2) 太陽が雲にかくれると、できていた木のかげはどうなりますか。
(見えなくなる。)

2 日光が当たってできた木のかげの向きと人のかげの向きを調べました。

(1) 人のかげは、①〜③のどの向きにできていると考えられますか。　(②)

(2) 太陽を見るときに使う道具を、何といいますか。
(しゃ光板)

3 ほういじしんの使い方を調べました。

(1) ほういじしんのはりの色がついたほうは、東西南北のどのほういを指しますか。　(北)

(2) ほういじしんのはりの動きが止まった後、文字ばんの合わせ方で正しいのは、①と②のどちらですか。　(②)

ヒント　3 (2)はりの色のついたほうに文字ばんの「北」の文字が合うように、文字ばんを回します。

39

おうちのかたへ　6. かげと太陽

日光により影ができること、太陽が動くと影も動くこと、日なたと日かげではようすが違うことを学習します。太陽と影(日かげ)との関係が考えられるか、日なたと日かげの違いについて考えることができるか、などがポイントです。

39ページ　てびき

1 (1)かげは太陽の反対がわにできます。

(2)日光をさえぎるものがあると、かげができます。日光が当たらなければ、かげはできません。

2 (1)かげはどれも同じ向きにできるため、人のかげは木のかげと同じ向きにできます。

(2)目をいためるので、ぜったいに太陽をちょくせつ見てはいけません。

3 (1)ほういじしんのはりの色がついたほうは、北を向いて止まります。

(2)ほういじしんのはりの動きが止まってから、文字ばんを回して、「北」の文字をはりの色のついたほうに合わせます。

くわしいてびき

※紙面はイメージです。

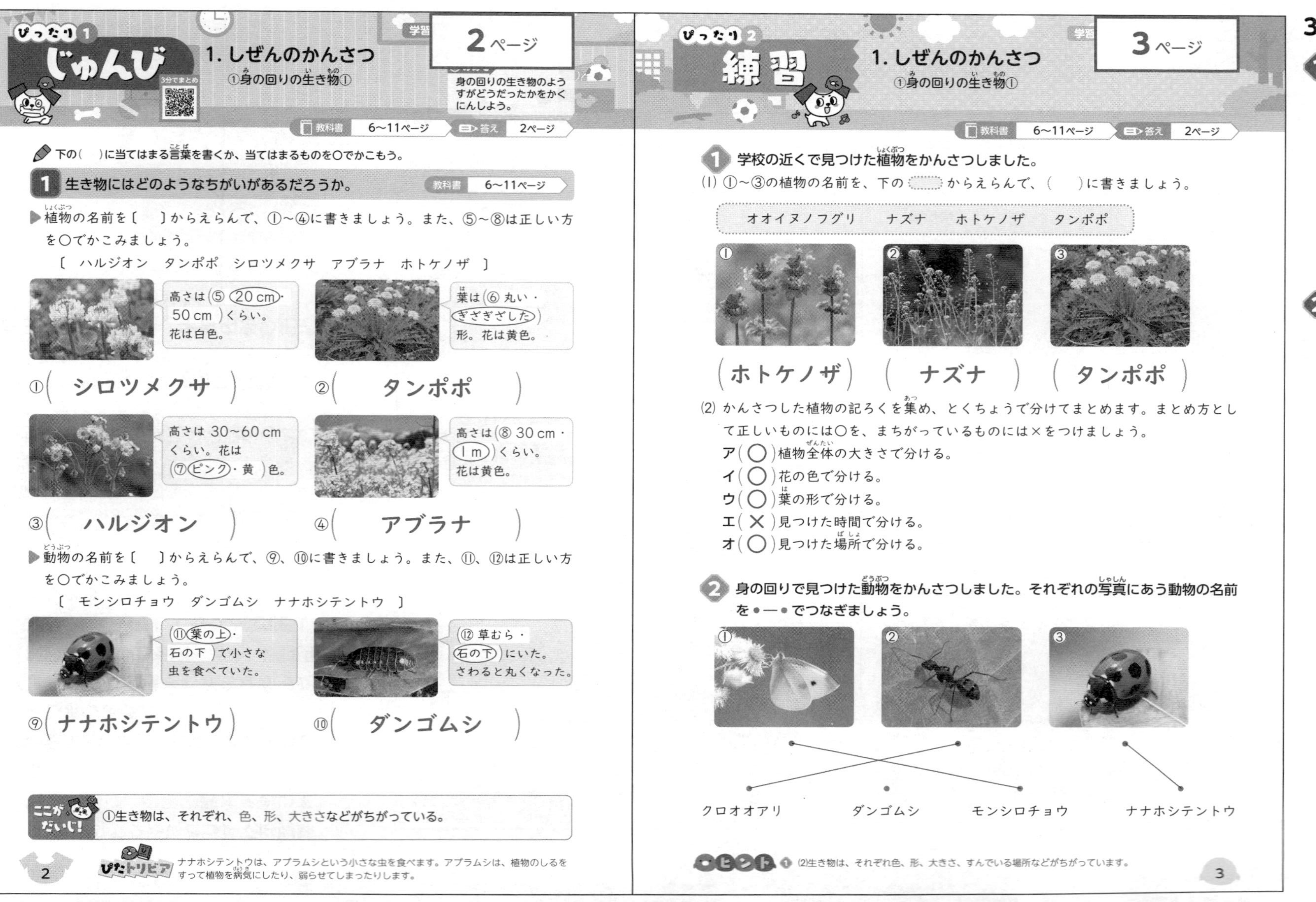

ぴったり1 じゅんび

1. しぜんのかんさつ

①身の回りの生き物①

2ページ

身の回りの生き物のようすがどうだったかをかくにんしよう。

教科書 6~11ページ　答え 2ページ

下の（　）に当てはまる言葉を書くか、当てはまるものを○でかこもう。

1 生き物にはどのようなちがいがあるだろうか。 教科書 6~11ページ

▶植物の名前を〔　〕からえらんで、①~④に書きましょう。また、⑤~⑧は正しい方を○でかこみましょう。

〔 ハルジオン　タンポポ　シロツメクサ　アブラナ　ホトケノザ 〕

高さは（⑤ (20 cm)・50 cm ）くらい。花は白色。

①（ シロツメクサ ）

葉は（⑥ 丸い・(ぎざぎざした) ）形。花は黄色。

②（ タンポポ ）

高さは 30~60 cm くらい。花は（⑦ (ピンク)・黄 ）色。

③（ ハルジオン ）

高さは（⑧ 30 cm・(1 m) ）くらい。花は黄色。

④（ アブラナ ）

▶動物の名前を〔　〕からえらんで、⑨、⑩に書きましょう。また、⑪、⑫は正しい方を○でかこみましょう。

〔 モンシロチョウ　ダンゴムシ　ナナホシテントウ 〕

（⑪ (葉の上)・石の下 ）で小さな虫を食べていた。

⑨（ ナナホシテントウ ）

（⑫ 草むら・(石の下) ）にいた。さわると丸くなった。

⑩（ ダンゴムシ ）

ここがだいじ！ ①生き物は、それぞれ、色、形、大きさなどがちがっている。

ぴたトリビア ナナホシテントウは、アブラムシという小さな虫を食べます。アブラムシは、植物のしるをすって植物を病気にしたり、弱らせてしまったりします。

2

ぴったり2 練習

1. しぜんのかんさつ

①身の回りの生き物①

3ページ

教科書 6~11ページ　答え 2ページ

1 学校の近くで見つけた植物をかんさつしました。

(1) ①~③の植物の名前を、下の［　］からえらんで、（　）に書きましょう。

オオイヌノフグリ　ナズナ　ホトケノザ　タンポポ

①（ホトケノザ）　②（ ナズナ ）　③（ タンポポ ）

(2) かんさつした植物の記ろくを集め、とくちょうで分けてまとめます。まとめ方として正しいものには○を、まちがっているものには×をつけましょう。

ア（ ○ ）植物全体の大きさで分ける。

イ（ ○ ）花の色で分ける。

ウ（ ○ ）葉の形で分ける。

エ（ × ）見つけた時間で分ける。

オ（ ○ ）見つけた場所で分ける。

2 身の回りで見つけた動物をかんさつしました。それぞれの写真にあう動物の名前を・—・でつなぎましょう。

① ② ③

クロオオアリ　ダンゴムシ　モンシロチョウ　ナナホシテントウ

ヒント ❶ (2)生き物は、それぞれ色、形、大きさ、すんでいる場所などがちがっています。

3

3ページ　てびき

❶ (1)かんさつした花や葉の色、形、大きさなどのとくちょうをよくおぼえておきましょう。

(2)見つけた時間で分けても、植物のとくちょうはわかりません。

❷ ①のモンシロチョウは、白いはねに黒いもようがあります。②のクロオオアリは、黒い色で、あしが6本あります。③のナナホシテントウは、赤と黒の色で、小さな虫を食べます。

おうちのかたへ　1. しぜんのかんさつ

身の回りの生き物を観察して、色、形、大きさなどの姿に違いがあることを学習します。虫眼鏡の使い方や記録のしかたを理解しているか、生き物どうしを比較して共通点や差異点を見つけることができるか、などがポイントです。

ぴったり1 じゅんび

1. しぜんのかんさつ
①身の回りの生き物②

4ページ

虫めがねで生き物をかんさつし、記ろくのしかたをかくにんしよう。

教科書 12〜15ページ　答え 3ページ

下の(　)に当てはまる言葉を書くか、当てはまるものを○でかこもう。

1 生き物をかんさつし、どのように記ろくしたらよいだろうか。 教科書 12〜14ページ

▶虫めがねの使い方

虫めがねを目に近づけておく。

手に持ったものを見るときは、(① 見るもの ・ 虫めがね)を前後に動かして、はっきり見えるところで止める。（「見るもの」に○）

動かせないものを見るときは、(② 見るもの ・ 虫めがね)を前後に動かして、はっきり見えるところで止める。（「虫めがね」に○）

▶目をいためるので、ぜったいに虫めがねで(③ **太陽**)を見てはいけない。

▶学校のまわりで見つけた動物や植物をかんさつして、カードに記ろくする。

- 生き物の全体の大きさ、(④ **色**)、形などを、絵や(⑤ **言葉(文)**)で記ろくする。
- 生き物をもっとよく見たいときは、(⑥ **虫めがね**)を使ってかんさつする。

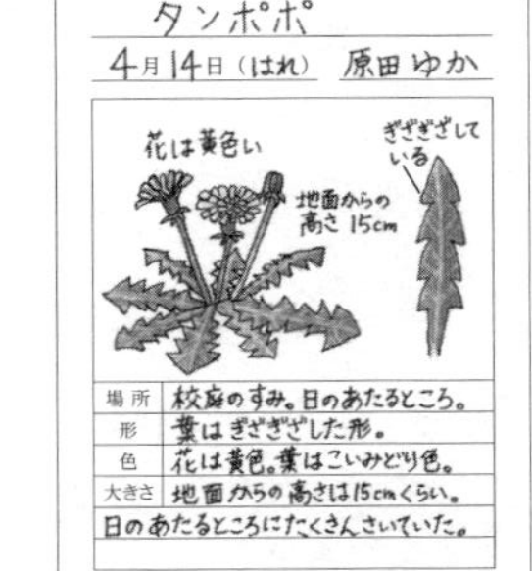

タンポポ
4月14日(はれ)　原田ゆか
花は黄色い
ぎざぎざしている
地面からの高さ 15cm
場所　校庭のすみ。日のあたるところ。
形　葉はぎざぎざした形。
色　花は黄色。葉はこいみどり色。
大きさ　地面からの高さは15cmくらい。
日のあたるところにたくさんさいていた。

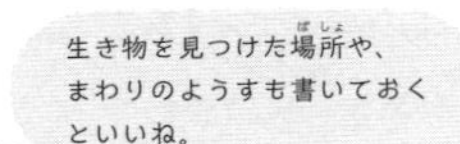

ここがだいじ!
①虫めがねを使うと、ものを大きくして見ることができる。
②見つけた生き物をかんさつして、色、形、大きさなどを記ろくする。

ぴたトリビア　ナズナは、春の七草とよばれる植物の1つです。1月7日に、おかゆに入れて食べ、病気をしないで元気でいることをいのる風習があります。

ぴったり2 練習

1. しぜんのかんさつ
①身の回りの生き物②

5ページ

教科書 12〜15ページ　答え 3ページ

1 虫めがねの使い方について、正しいものには○を、まちがっているものには×をつけましょう。

ア(○)手に持ったものを見るときは、虫めがねを目に近づけておき、見るものを前後に動かして、はっきりと見えるところで止める。
イ(×)動かせないものを見るときは、虫めがねを見るものに近づけておき、頭を前後に動かして、はっきり見えるところで止める。
ウ(×)虫めがねはできるだけ目からはなして、遠くで見る。
エ(○)虫めがねで太陽を見てはいけない。
オ(○)動かせないものを見るときは、虫めがねを目に近づけておき、虫めがねを前後に動かして、はっきり見えるところで止める。

2 ナズナをかんさつして、カードに記ろくしました。

(1) 生き物をかんさつするときに、注目することを(　)に書きましょう。
① 「ぎざぎざしている」「丸い」など、(**形**)に注目する。
② 「白色」「黄色」など、(**色**)に注目する。
③ 「25cmくらい」「1mくらい」など、(**大きさ(高さ)**)に注目する。

(2) ㋐には、何を書くとよいですか。(　)に当てはまる言葉を書きましょう。
調べた(**日にち**)と、天気を書く。

(3) ㋑にはどんな言葉が入りますか。正しい方に○をつけましょう。
ア(○)日当たりのよいところにたくさんはえていた。
イ(　)ぼうしをかぶってかんさつした。

ナズナ
㋐　村上こうた
25 cm
場所　校門のそば。
形　葉はぎざぎざしていて、先は丸い。
色　花は白色。葉はみどり色。
大きさ　高さ25cmくらい。
㋑

5ページ　てびき

1 イ、オ　見るものが動かせないときは、虫めがねを目に近づけておき、虫めがねを前後に動かします。
ウ　虫めがねは目に近づけておきます。

2 (1)生き物をかんさつするときは、色や形、全体の大きさ(高さ)などを調べます。
(2)記ろくには、かならず調べた日にちと天気を書きます。
(3)見つけた場所のようすなども、記ろくしましょう。

おうちのかたへ
太陽など強い光を出すものを虫眼鏡で見ると、目をいためるおそれがありますので注意させてください。なお、虫眼鏡で日光を集めることができることは、「7.光を調べよう」で学習します。

1. しぜんのかんさつ

6ページ

/100 合格70点

教科書 6～15ページ　答え 4ページ

1 春の野原で見られる植物をかんさつしました。　1つ5点(30点)

(1) ①～④の植物の名前を、下の［　］からえらんで、(　)に書きましょう。

オオイヌノフグリ　カタバミ　シロツメクサ　ハコベ　ハルジオン

① 
②  
③ 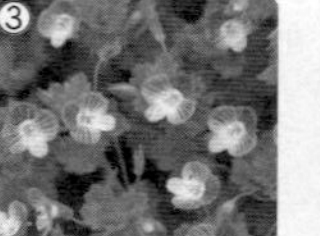
④    

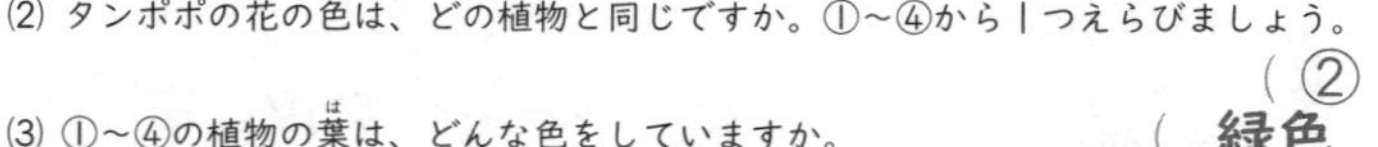

(ハコベ)　(カタバミ)　(オオイヌノフグリ)　(ハルジオン)

(2) タンポポの花の色は、どの植物と同じですか。①～④から1つえらびましょう。　(②)

(3) ①～④の植物の葉は、どんな色をしていますか。　(緑色)

よく出る

2 虫めがねを使って、しぜんのかんさつをしました。　技能 1つ5点(10点)

(1) 虫めがねでぜったいに見てはいけないものをせつめいしたものとして、正しい方に○をつけましょう。

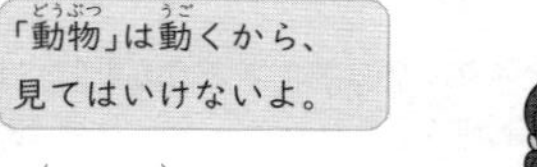

ア(　)

 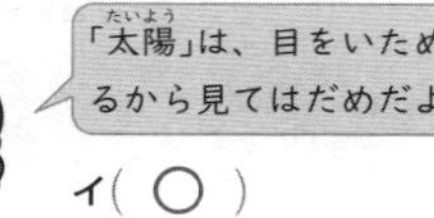

イ(○)

(2) 見たいものが動かせるときの虫めがねの使い方は、アとイのどちらですか。　(イ)

ア 

イ 

7ページ

学習

3 植物をかんさつして、記ろくしました。記ろくのかき方として正しいものを4つえらんで、(　)に○をつけましょう。　技能 1つ10点(40点)

ア(○)花の色や形を記ろくする。
イ(○)葉の大きさや形のとくちょうを記ろくする。
ウ(○)気がついたことや感じたことを記ろくする。
エ(　)絵だけで記ろくし、言葉では記ろくしない。
オ(○)植物が見られた場所を記ろくする。
カ(　)かんさつしたときの服そうを記ろくする。

できたらスゴイ!

4 動物のようすをかんさつしました。　1つ5点、(2)は全部できて5点(20点)

(1) 下の写真の生き物にはどんなとくちょうがありますか。あうものを●—●でつなぎましょう。

① 
②  
③ 

ア からだは赤色で、黒い点がある。
イ 1cmくらいの大きさ。さわると丸くなる。
ウ 花のみつをすう。

(2) ①～③の生き物のうち、実さいの大きさが一番大きいものは、どの生き物ですか。記号と生き物の名前を答えましょう。

記号(①)
名前(モンシロチョウ)

ふりかえり
2がわからないときは、4ページの**1**にもどってかくにんしましょう。
4がわからないときは、2ページの**1**にもどってかくにんしましょう。

6～7ページ　てびき

1 (1)①のハコベは、5mmくらいの白い花がさきます。花びらは5まいですが、1まいの花びらが2つにわれていて、10まいに見えます。②のカタバミは、3まいのハートの形の葉がひとつに集まっていて、シロツメクサの葉とにています。③のオオイヌノフグリは、青い花が、④のハルジオンはうすいピンク色の花がさきます。

2 (1)虫めがねで太陽を見ると、目をいためるので、ぜったいに見てはいけません。

3 エ　絵だけでなく、言葉でも記ろくします。
カ　服そうは生き物のとくちょうではありません。

4 (1)①はモンシロチョウ、②はダンゴムシ、③はナナホシテントウです。
(2)大きいじゅんに、モンシロチョウ、ダンゴムシ、ナナホシテントウです。

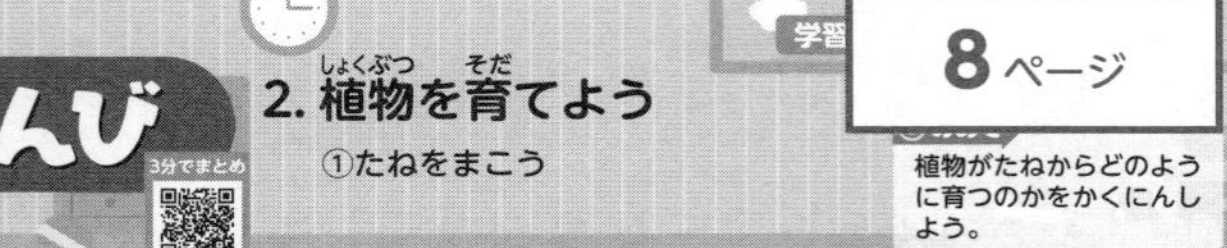

2. 植物を育てよう

①たねをまこう

8ページ

植物がたねからどのように育つのかをかくにんしよう。

教科書 16〜23ページ　答え 5ページ

下の(　)に当てはまる言葉を書くか、当てはまるものを○でかこもう。

1 ホウセンカとヒマワリはどのように育っていくだろうか。 教科書 16〜23ページ

▶たねのまき方

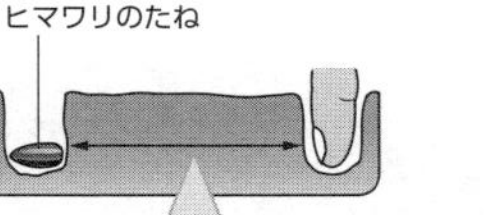

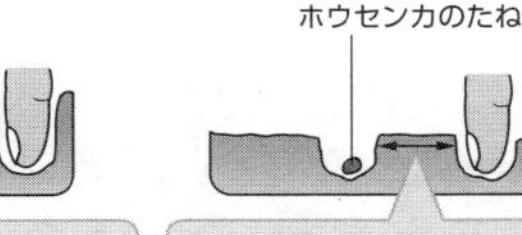

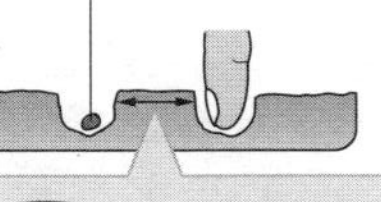

(①10cm・(50cm)) はなす　(②(10cm)・50cm) はなす

▶花だんにまくときには、たねをまく前に、(③ 土)をほり起こして、(④ ひりょう)を入れる。

▶土に(⑤ 指)であなをあけ、たねを入れる。

▶ホウセンカのような小さなたねをポットにまくときは、土の上にたねをまいて、上にうすく(⑥ 土)をかける。

▶たねをまいた後は、(⑦ 水やり)をして土がかわかないようにする。

▶ホウセンカのめが出たときのようすを調べる。

たねをまく前に、たねのようすを記ろくしておこう！

ホウセンカのめばえ

▶たねをまくと、はじめに(⑩ 2)まいの(⑪ 子葉)が出る。

▶子葉が出た後に、(⑫ 葉)が出る。

▶植物の育ちは、せの(⑬ 高さ)、葉の数や大きさ、くきの太さを調べる。

▶植物のせの高さは、土の表面から新しい葉の(⑭ 根元)までの高さをはかる。

ここがだいじ！
①たねからめが出ると、はじめに2まいの子葉が出る。
②子葉が出た後に、葉が出る。

ぴたトリビア　売られているヒマワリのたねには、育てるためのものだけでなく、食べるためのものもあり、油のざいりょうにもなります。

ぴったり2

練習

2. 植物を育てよう

①たねをまこう

9ページ

教科書 16〜23ページ　答え 5ページ

1 ヒマワリとホウセンカのたねをまくじゅんびをしました。

(1) 下の写真は、それぞれどちらのたねでしょう。(　)に名前を書きましょう。

① (ヒマワリ)　② (ホウセンカ)

(2) たねをまく前に、土の中には何を入れておきますか。

(ひりょう)

(3) たねのまき方として、正しいものには○を、まちがっているものには×をつけましょう。

ア(○)ホウセンカのたねをポットにまくときは、土の上にたねをまいて、上からうすく土をかける。

イ(×)ヒマワリのたねは、シャベルであなをほって、おくの方にうめる。

ウ(×)たねをまいた後は、上からひりょうをまく。

エ(○)たねをまいた後は、土がかわかないように水やりをする。

2 ヒマワリのめが出て育つようすを調べました。

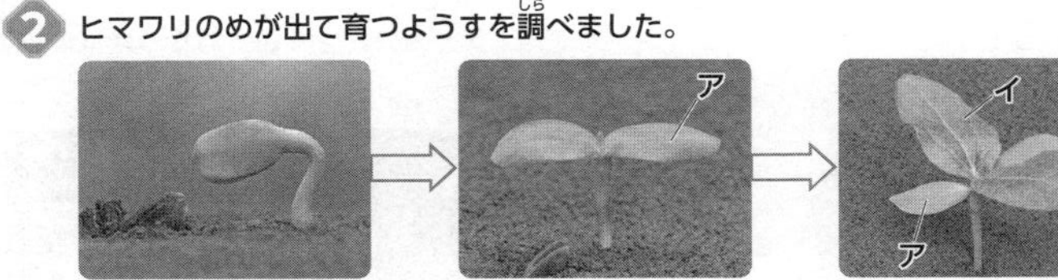

(1) アを何といいますか。名前を書きましょう。

(子葉)

(2) イを何といいますか。名前を書きましょう。

(葉)

(3) これから数がふえて、大きくなっていくのは、アとイのどちらですか。

(イ)

ヒント 2 子葉は2まいだけですが、葉の数はどんどんふえていきます。

おうちのかたへ　2. 植物を育てよう

植物の育つ順序と、植物の体について学習します。ここでは、たねまきから葉が出るまでを扱います。植物の育ちを、たね、子葉、葉などの用語(名称)を使って理解しているか、などがポイントです。

9ページ　てびき

1 (1)ヒマワリのたねは細長く、2cmくらいの大きさで、白と黒のしまもようです。②ホウセンカのたねは小さくて丸い形で、茶色っぽい色をしています。

(2)たねをまく前に、土にひりょうを入れておくと、じょうぶに育ちます。

(3)イ　たねの上の土があつすぎると、めが地上までのびることができません。ウ　ひりょうはたねをまく前に土にまぜます。

2 (1)、(2)まず2まいの子葉が出て、その後に葉が出ます。

これが葉に育つ。

おうちのかたへ

ふだん「双葉」「本葉」とよんでいるものは、理科では「子葉」「葉」になります。また、3年では「種子」「発芽」ではなく、「たね」「めが出ること」と書いています。なお、「種子」「発芽」は5年で学習します。

2. 植物を育てよう

10ページ

/100 合格70点

教科書 16〜23ページ　答え 6ページ

1 ヒマワリのたねのようすを調べました。 1つ5点(15点)

(1) ヒマワリのたねはア〜ウのうちのどれですか。□に○をつけましょう。

ア 

イ 

ウ   ○

(2) ヒマワリのたねのようすについて、(　)の中の正しい方を○でかこみましょう。

- ヒマワリのたねは白と黒のすじがあり、(① 丸い・(細長い))形である。
- 大きさは2cmくらいで、ホウセンカのたねより(② 小さい・(大きい))。

2 めを出したホウセンカを調べました。 1つ10点(30点)

(1) はじめに出るものは、ア、イのどちらですか。　(イ)

(2) (1)を何といいますか。　(子葉)

(3) この後の育ち方について、正しいものに○をつけましょう。

あ(○)アと同じ形の葉がふえていく。
い(　)イと同じ形の葉がふえていく。
う(　)アともイともちがう形の葉がふえていく。

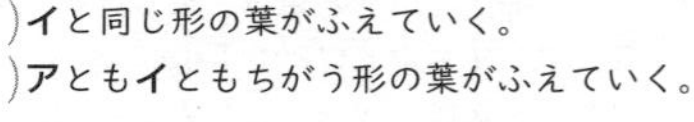

3 ホウセンカのたねをポットにまきます。(　)に当てはまる言葉を［　］の中からえらんで、書きましょう。 技能 1つ5点(15点)

- たねをまく前に、土に(① ひりょう)をまぜておく。
- たねを土の上にまいて、うすく(② 土)をかける。
- まいた後は、土がかわかないように(③ 水やり)をする。

たね　土　ひりょう　水やり　ポット　じょうろ

11ページ

4 植物の育ちをかんさつします。調べて記ろくするとよいものを3つえらんで、○をつけましょう。 技能 1つ5点(15点)

ア(　)調べた場所の住所
イ(○)葉の数や大きさ
ウ(　)いっしょに調べた人の名前
エ(　)まわりのけしき
オ(○)植物のせの高さやくきの太さ
カ(○)植物の色や形

できたらスゴイ!

5 ホウセンカとヒマワリの育ち方について調べました。 1つ5点、(3)は全部できて10点(25点)

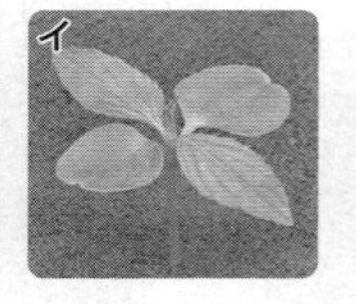

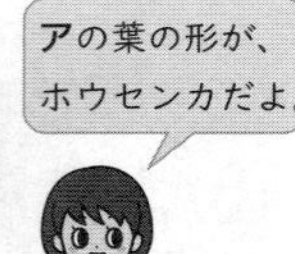

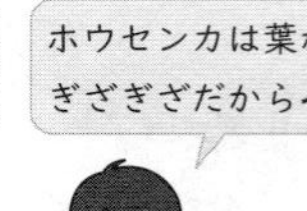
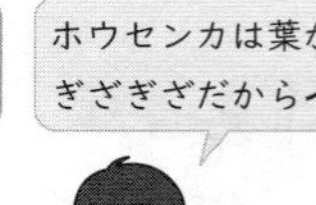

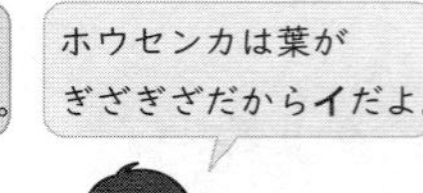

(1) ホウセンカは、アとイのどちらですか。 思考・表現　(イ)

(2) ホウセンカとヒマワリについて、ア〜カから正しいものを2つえらんで、○をつけましょう。

ア(　)ホウセンカとヒマワリは、たねの色や形、大きさが同じ。
イ(○)ホウセンカとヒマワリは、たねの色や形、大きさがちがう。
ウ(　)ホウセンカとヒマワリは、たねの色や形は同じだが、大きさがちがう。
エ(○)ホウセンカもヒマワリも、1つのたねから1つのめが出てくる。
オ(　)ホウセンカもヒマワリも、1つのめが広がると、1まいの子葉になる。
カ(　)ホウセンカもヒマワリも、子葉が大きくなると、葉になる。

(3) たねからめが出てからのようすについて、(　)に当てはまる言葉を書きましょう。

ホウセンカもヒマワリもはじめに(① 2)まいの(② 子葉)が出て、その後に(③ 葉)が出てきた。

ふりかえり 2がわからないときは、8ページの1にもどってかくにんしましょう。
5がわからないときは、8ページの1にもどってかくにんしましょう。

10〜11ページ　てびき

1 (1)アはホウセンカのたねです。小さくて丸く、茶色っぽいです。イはマリーゴールドのたねです。植物のしゅるいにより、たねの色や形、大きさがちがいます。

2 まず、イの子葉が2まい出ます。次にアの葉が出ます。その後は、アと同じ葉がふえていき、ふえた葉は大きくなっていきます。

3 たねをまく前に、土にひりょうをまぜておきます。たねをまいたら、土がかわかないように水やりをします。

4 植物の育ち方を記ろくしたら、前回の記ろくとくらべます。①葉の数や、大きさはどうなっているでしょうか。②せの高さ、くきの太さはどうなっているでしょうか。③色や形はどうなっているでしょうか。

5 (1)ホウセンカの葉は、子葉とくらべ、葉のまわりがぎざぎざしています。
(2)、(3)たねはそれぞれ色も形も大きさもちがいます。1つのたねから1つのめが出て、2まいの子葉が出てきます。

ぴったり1 じゅんび　3. かげと太陽

①かげのでき方
②かげのいちと太陽①

12ページ

かげのでき方と太陽のいちがどうなっているかをかくにんしよう。

教科書 24～33ページ　答え 7ページ

下の(　)に当てはまる言葉を書くか、当てはまるものを○でかこもう。

1 かげができるとき、太陽はどの方向に見えるだろうか。 教科書 24～28ページ

- 太陽の光を(① **日光**)という。
- 太陽の方向を調べるときは、目をいためないように、かならず(② **しゃ光板**)を使う。
- 日光をさえぎるものがあると、かげは、太陽の(③ **反対**)がわにできる。
- いろいろなもののかげは、全部(④ (同じ)・ちがう)向きにできる。
- 人やものが動くと、かげは(⑤ (動く)・動かない)。

2 時間がたつとかげのいちがかわるのは、なぜだろうか。 教科書 29～33ページ

- たてものや木など、動かないものでも、時間がたつと、かげのいちは(① (かわる)・かわらない)。
- かげと太陽のいちを調べる。
  - 方位を調べるには、(② **方位じしん**)を使う。
  - 午前、正午、(③ **午後**)の3回、かげの向きと太陽の方向を調べる。
- 時間がたつと太陽のいちがかわるので、(④ **かげ**)のいちも動く。
- 時こくによって、かげのいちは(⑤ (かわる)・かわらない)。

ここがだいじ！
①日光をさえぎるものがあると、太陽の反対がわにかげができる。
②時間がたつとかげのいちがかわるのは、太陽のいちがかわるから。

ぴたトリビア 公園の池などで、カメが日なたに集まっているようすが見られることがあります。これは、日光をあびて、からだをかわかしたり、あたためたりするためです。

ぴったり2 練習　3. かげと太陽

①かげのでき方
②かげのいちと太陽①

13ページ

教科書 24～33ページ　答え 7ページ

1 かげのでき方を調べました。

(1) 木のかげの向きから、太陽はどこにあるとわかりますか。◯の中を赤えんぴつでぬりましょう。

(2) 女の子のかげは、㋐～㋒のどの向きにできますか。記号を書きましょう。 (㋐)

(3) 女の子が動くと、かげはどうなりますか。正しいものに○をつけましょう。
ア(　)女の子といっしょに動き、向きが反対になる。
イ(○)女の子といっしょに動き、向きはかわらない。
ウ(　)動かない。

(4) 太陽を見るときに使う道具を何といいますか。
(**しゃ光板**)

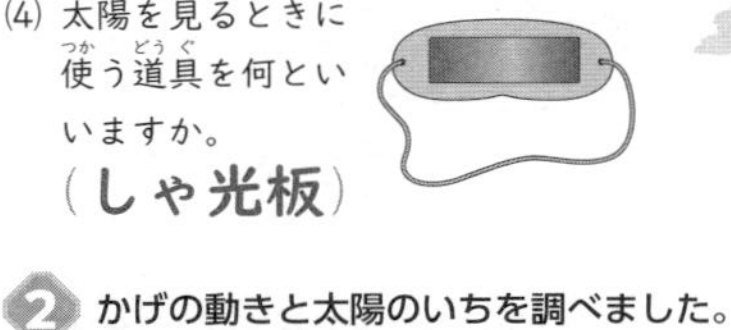

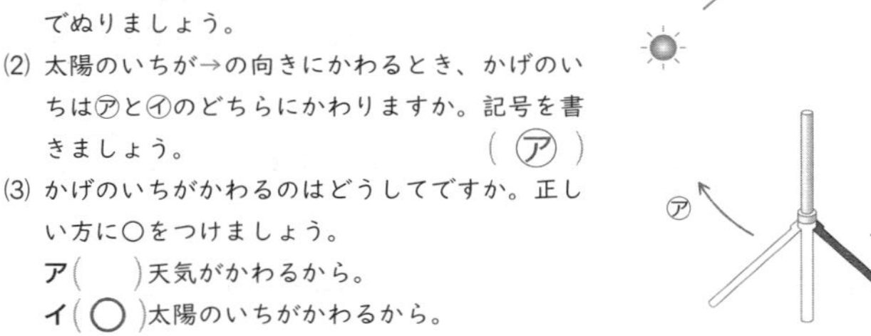

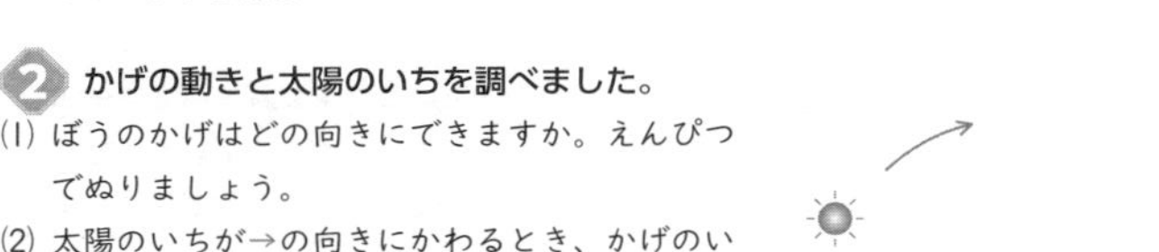

2 かげの動きと太陽のいちを調べました。

(1) ぼうのかげはどの向きにできますか。えんぴつでぬりましょう。

(2) 太陽のいちが→の向きにかわるとき、かげのいちは㋐と㋑のどちらにかわりますか。記号を書きましょう。 (㋐)

(3) かげのいちがかわるのはどうしてですか。正しい方に○をつけましょう。
ア(　)天気がかわるから。
イ(○)太陽のいちがかわるから。

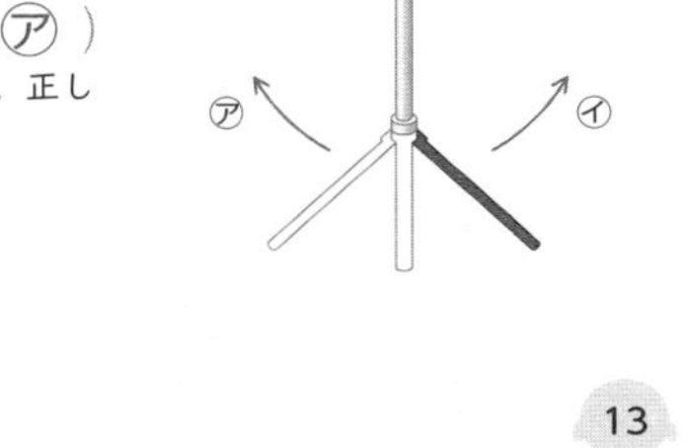

ヒント 1 2 かげは太陽と反対がわにできますね。

おうちのかたへ　3. かげと太陽
日光により影ができること、太陽の位置が変わると影の位置も変わること、日なたと日かげでは様子が違うことを学習します。太陽と影(日かげ)との関係が考えられるか、日なたと日かげの違いについて考えることができるか、などがポイントです。

13ページ　てびき

1 (1)かげは太陽の反対がわにできます。そのため太陽は、木のかげと反対がわにあります。
(2)どんなもののかげも、同じ向きにできます。そのため、女の子のかげは、木のかげと同じ向きにできます。
(3)人やものが動くと、かげもいっしょに動きますが、向きはかわりません。
(4)太陽を直せつ見ると目をいためるので、太陽を見るときは、しゃ光板を使います。

2 (1)ぼうのかげは、太陽の反対がわにできます。
(2)太陽のいちがかわると、かげは太陽とは反対の方向にいちをかえていきます。
(3)時間がたつと、太陽のいちがかわるため、かげのいちもかわります。

ぴったり1 じゅんび

3. かげと太陽

②かげのいちと太陽②

学習 14ページ

かげのいちがなぜかわるのかについてかくにんしよう。

教科書 31～33ページ　答え 8ページ

下の(　)に当てはまる言葉を書こう。

1 方位はどのようにして調べるのだろうか。　教科書 31ページ

▶方位じしんのはりは、自由に動くようにしておくと、いつも(① 北)と(② 南)を指して止まる。

▶北と南の方位を正しく知ることで、(③ 東)と(④ 西)の方位もわかる。

▶方位じしんの使い方

・手のひらに方位じしんをのせる。はりが止まったら、文字ばんを回し、色のぬってあるはりの先を、文字ばんの(⑤ 北)に合わせる。

・文字ばんの(⑥ 方位)を読み取る。

北の反対がわが南だね。

回す　北　西　東　南

2 かげと太陽はどのようにいちがかわるのだろうか。　教科書 32～33ページ

▶太陽は、(① 東)からのぼって、(② 南)の空を通り、(③ 西)へとしずんでいく。

▶かげは、太陽と反対に(④ 西)から(⑤ 東)へといちをかえる。

太陽は南に見えるとき、空の高いところにあるね。

太陽　南　東　西　北　かげの動き

ここがだいじ！　①太陽は東からのぼって、南の空を通り、西へとしずんでいく。
②かげは太陽と反対に、西から東へといちをかえる。

ぴたトリビア　かげの長さは、太陽が南の高いところにあるときは短くなり、西や東のひくいところにあるときは長くなります。

ぴったり2 練習

3. かげと太陽

②かげのいちと太陽②

学習 15ページ

教科書 31～33ページ　答え 8ページ

1 右の絵の道具で方位を調べます。

(1) この道具の名前は何ですか。
(方位じしん)

(2) 色のぬってあるはりの先は、どの方位を指していますか。
(北)

(3) 右の絵のあの方位は何ですか。正しいものに○をつけましょう。

ア(　)北　イ(　)南
ウ(　)東　エ(○)西
オ(　)北西

2 かげと太陽のいちを、午前、正午、午後の3回、調べました。

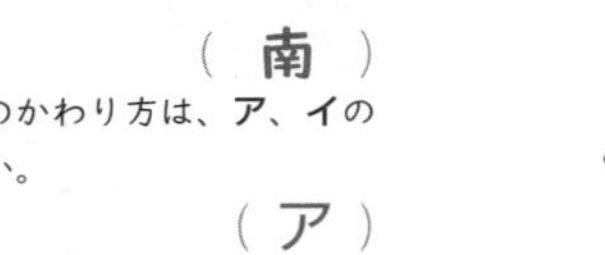

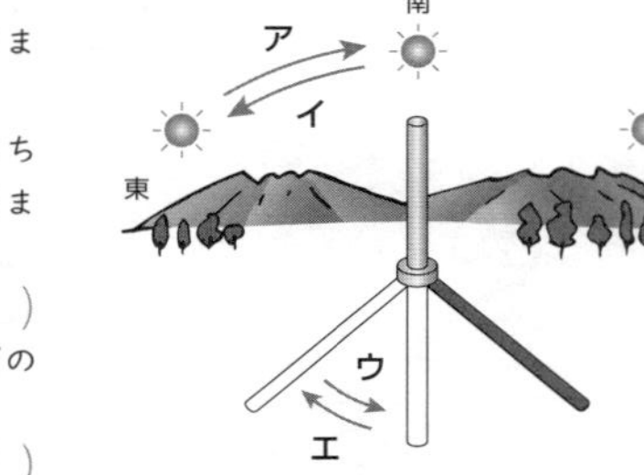

(1) 午前のぼうのかげはどれですか。図の正しいかげをえんぴつでぬりましょう。

(2) 正午には、太陽は東、南、西のうちのどこにありますか。方位を書きましょう。
(南)

(3) 太陽のいちのかわり方は、ア、イのどちらですか。
(ア)

(4) かげのいちのかわり方は、ウ、エのどちらですか。
(エ)

(5) かげのいちがかわるのはどうしてですか。(　)に当てはまる言葉を書きましょう。
(太陽)のいちがかわるから。

(6) 太陽が高い空にあるのは、東、西、南、北のどの方位ですか。
(南)

ヒント ❷ 太陽は、東からのぼり、西にしずみます。かげは太陽に対してどのようにできましたか。

15ページ てびき

❶ (1)方位を調べるときは、方位じしんを使います。
(2)文字ばんの「北」を色のぬってあるはりの先に合わせます。
(3)あの向きに書かれた文字ばんの方位を読みます。

❷ (1)午前中の太陽は、東から南にいちをかえていきます。そのとき、かげは西から北にいちをかえるので、午前のかげは、西と北の間にあります。
(2)、(3)、(6)太陽のいちは東→南→西とかわっていきます。正午ごろには、南の高い空を通ります。
(4)かげは太陽と反対がわにできるので、かげのいちのかわり方は、太陽のいちのかわり方とは反対です。

おうちのかたへ
一般的な方位磁針は、はりの色がついている方が北を指します。なお、方位磁針が磁石の性質を利用していること、磁石のN極が北を指し、S極が南を指して止まることは、「11. じしゃくのひみつ」で学習します。

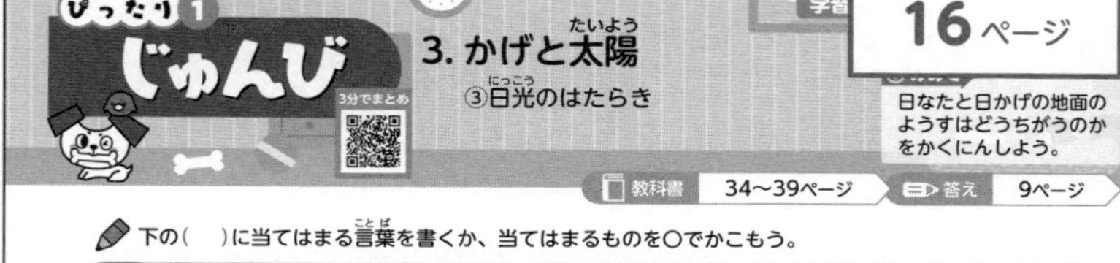

ぴったり1 じゅんび

3. かげと太陽
③日光のはたらき

16ページ

日なたと日かげの地面のようすはどうちがうのかをかくにんしよう。

教科書 34〜39ページ　答え 9ページ

下の(　)に当てはまる言葉を書くか、当てはまるものを○でかこもう。

1 日なたと日かげの地面のようすはどのようにちがうだろうか。（教科書 34ページ）

▶日なたと日かげの地面のようすのちがいを、手を当ててくらべた。

あたたかさ	(①(日なた)・日かげ)の方があたたかい。
しめり具合	(②日なた・(日かげ))の方がしめっている。

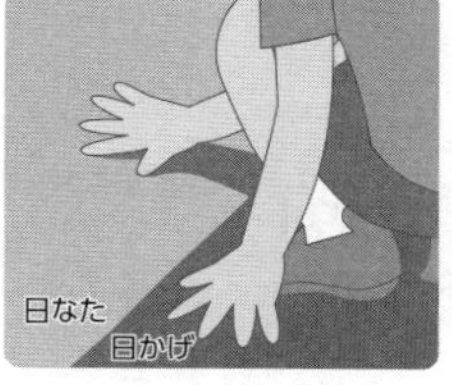

2 地面は日光によってあたためられているのだろうか。（教科書 35〜38ページ）

▶地面の温度のはかり方
- 土をあさくほり、温度計の(①**えきだめ**)をあなに入れ、軽く土をかける。
- 日なたでは、温度計に直せつ(②**日光(太陽の光)**)が当たらないよう、おおいをする。

▶温度計の読み方
- 温度計のえきの先が動かなくなったら、えきの先と(③**目**)の高さを合わせ、えきの先の(④**目もり**)を読む。
- 温度計がななめになっているときは、目もりを(⑤**真横**)から読む。
- えきの先が目もりと目もりの間にあるときは、(⑥**近い**)方の目もりを読む。

▶地面は(⑦**日光(太陽の光)**)によってあたためられている。
▶そのため、地面の温度は、日かげより日なたの方が(⑧**高く**)なる。
▶午前9時ごろと正午ごろをくらべると、地面の温度は(⑨**正午**)ごろの方が高くなる。

ここがだいじ！
①日なたの地面は、日かげの地面よりも温度が高くなる。
②地面は日光によりあたためられている。

ぴたトリビア　温度計のえきだめには、色をつけたとう油などが入っています。えきだめがあたたまると、とう油がふくらみ、細いくだの中のえきの先が上がります。

ぴったり2 練習

3. かげと太陽
③日光のはたらき

17ページ

教科書 34〜39ページ　答え 9ページ

1 日なたと日かげの地面を調べました。

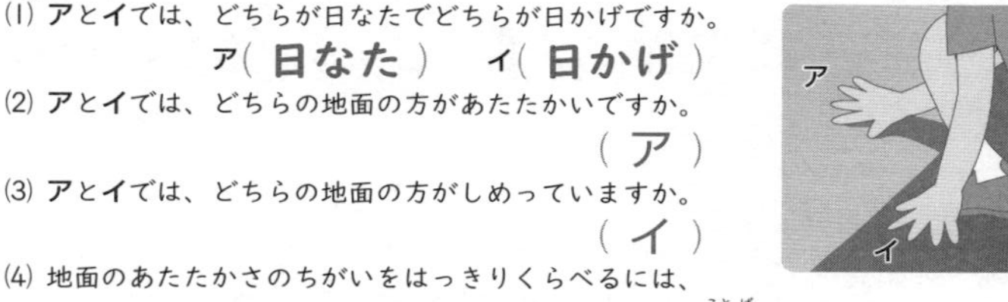

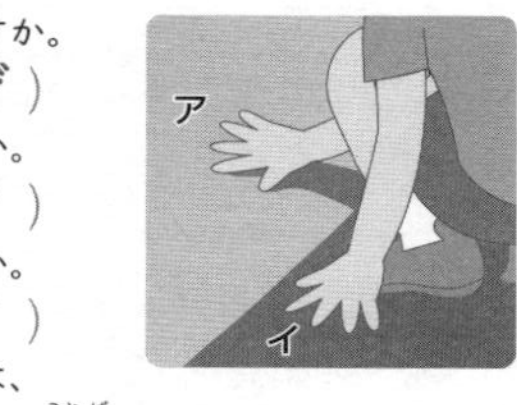

(1) アとイでは、どちらが日なたでどちらが日かげですか。
ア(**日なた**)　イ(**日かげ**)

(2) アとイでは、どちらの地面の方があたたかいですか。(**ア**)

(3) アとイでは、どちらの地面の方がしめっていますか。(**イ**)

(4) 地面のあたたかさのちがいをはっきりくらべるには、どのような方ほうがありますか。(　)に当てはまる言葉を書きましょう。
(①**温度計**)を使って、地面の(②**温度**)をはかる。

2 正午ごろに温度計で日なたと日かげの地面の温度をはかりました。

(1) 温度を読むとき、正しい目の高さはア〜ウのどれですか。記号を書きましょう。(**イ**)

(2) ①と②の温度は、それぞれ何℃ですか。
①(**22℃**)
②(**16℃**)

(3) 日なたの地面の温度は①と②のどちらですか。(**①**)

(4) 日なたと日かげで地面の温度がちがうのはなぜですか。(　)に当てはまる言葉を書きましょう。
日なたでは、地面が(①**日光(太陽の光)**)によって、あたためられるから、日かげの地面の温度よりも(②**高く**)なる。

(5) 地面の温度のはかり方について、正しいものを1つえらび、○をつけましょう。
ア(　)地面の土を深くほり、温度計のえきだめを入れ、上から土でかためる。
イ(○)日なたでは、温度計の上におおいをする。
ウ(　)日なたでも日かげでも、温度計の上におおいをする。
エ(　)えきだめを土の中に入れたら、すぐに温度計の目もりを読む。

17ページ　てびき

❶ (1)日なたの地面の方が、日かげの地面より明るいです。
(4)あたたかさのちがいをはっきりくらべるには、温度計を使って温度をはかります。

❷ (1)温度計の目もりを読むときは、えきの先と目の高さを合わせます。温度計がななめになっているときは、目もりを真横から読みます。
(2)②えきの先に近い方の目もりを読みます。
(3)温度の高い方が日なたの地面の温度です。
(4)日なたの地面は日光であたためられていますが、日かげの地面は日光がさえぎられています。
(5)ア　地面を「あさく」ほり、えきだめをあなに入れて、「軽く」土をかけます。
イ、ウ　日なたでは、直せつ温度計に日光が当たらないように、おおいをします。

3. かげと太陽

18ページ　／100　合格70点

教科書 24～39ページ　答え 10ページ

よく出る

1 かげのいちと太陽のかんけいを調べました。 1つ5点(20点)

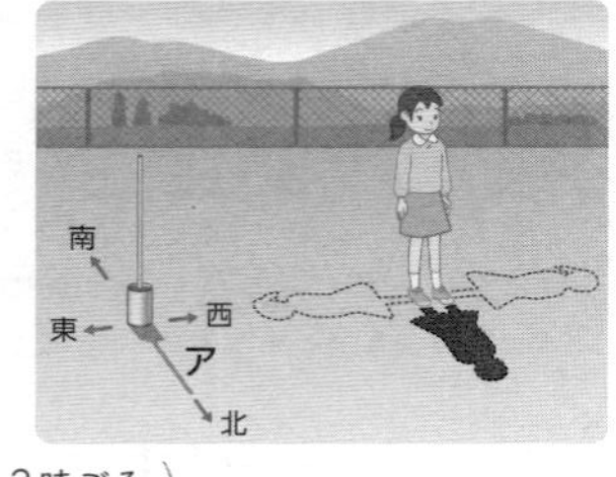

(1) ぼうのかげがアにできるとき、女の子のかげはどこにできますか。えんぴつでぬりましょう。

(2) ぼうのかげがアにできるとき、太陽はどの方位にありますか。また、このときの時こくはいつごろですか。それぞれ正しいものに○をつけましょう。

方位（ 北・(南)・東・西 ）

時こく（ 午前9時ごろ ・(正午ごろ)・ 午後3時ごろ ）

(3) かげのでき方について、（　）に当てはまる言葉を書きましょう。

かげは太陽の（ **反対** ）がわにできる。

2 日なたと日かげの地面のちがいを調べました。日かげの地面のようすとして正しいものを3つえらび、○をつけましょう。 全部できて15点(15点)

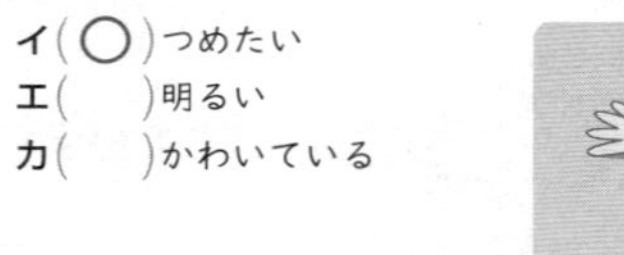
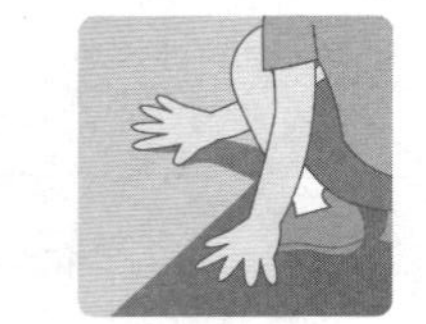

ア（　）あたたかい　イ（○）つめたい
ウ（○）暗い　エ（　）明るい
オ（○）しめり気がある　カ（　）かわいている

3 温度計の目もりを読んで、温度を書きましょう。 技能 1つ5点(15点)

(1) （13℃）

(2) （14℃）

(3) 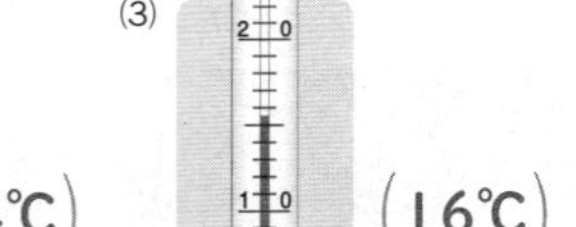 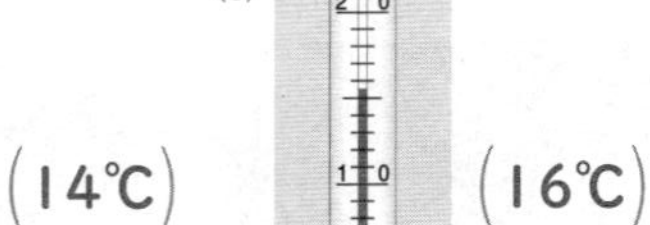 （16℃）

19ページ

4 方位じしんを使って方位を調べました。 技能 1つ5点(10点)

(1) 方位じしんの色のぬってあるはりの先は、どの方位を指して止まりますか。（ **北** ）

(2) はりの動きが止まった後、はりと文字ばんの合わせ方が正しいのは、①と②のどちらですか。（ ② ）

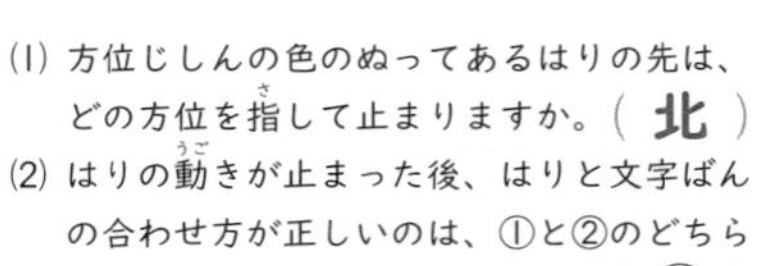
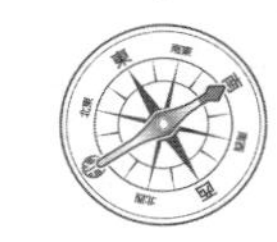

①　②

5 1日のかげと太陽のいちを調べました。正しいものに○をつけましょう。 1つ10点(30点)

(1) 太陽のいちのかわり方で正しいものはどれですか。

ア（○）①→②→③
イ（　）②→③→①
ウ（　）③→②→①

(2) かげのいちのかわり方で正しいものはどれですか。

ア（　）㋐→㋑→㋒
イ（　）㋑→㋒→㋐
ウ（○）㋒→㋑→㋐

(3) 記述 時間がたつと、かげのいちがかわるのはなぜですか。 思考・表現

（ **太陽のいちがかわるから。** ）

てきたらスゴイ!

6 日なたと日かげの地面の温度を調べ、表にしました。 1つ5点、(1)は全部できて5点(10点)

日なたと日かげの地面の温度くらべ
5月20日はれ　山田ゆき

	午前9時	正午
（①）の地面	21℃	26℃
（②）の地面	17℃	19℃

(1) 表の①、②には日なたと日かげのどちらが入りますか。

①（ **日なた** ）　②（ **日かげ** ）

(2) 表からわかることで、正しいものに○をつけましょう。

ア（○）日なたの方が日かげより地面があたたまりやすい。
イ（　）地面の温度は、正午より午前9時の方が高い。
ウ（　）日かげでは時間がたつと、地面の温度が下がる。

ふりかえり
1がわからないときは、12ページの1、14ページの2にもどってかくにんしましょう。
6がわからないときは、16ページの2にもどってかくにんしましょう。

18～19ページ　てびき

1 (1)かげはどれも同じ向きにできますから、女の子のかげは、ぼうのかげと同じ向きにできます。
(2)ぼうのかげが北向きにできているので、太陽は反対がわの南にあります。1日のうちで、太陽が南にくるのは、正午ごろです。

2

日なた	あたたかい　明るい　かわいている
日かげ	つめたい　暗い　しめり気がある

3 (3)えきの先が目もりの真ん中にきたときは、上の方の目もりを読みます。

4 方位じしんのはりは、色のぬってあるはりの先を北に合わせると、方位がわかります。

5 「太陽：東→南→西、かげ：西→北→東」といちがかわります。

6 (2)地面は日光であたためられるので、午前9時より正午の方が、温度が高くなります。

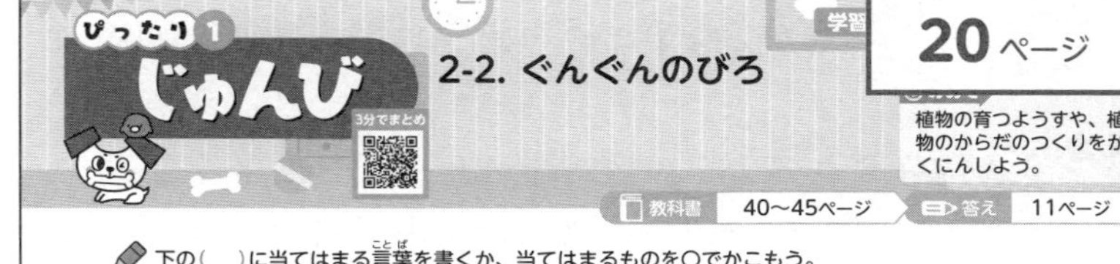

2-2. ぐんぐんのびろ

20ページ

植物の育つようすや、植物のからだのつくりをかくにんしよう。

教科書 40~45ページ　答え 11ページ

下の(　)に当てはまる言葉を書くか、当てはまるものを○でかこもう。

1 植物はどれくらい育っているだろうか。 教科書 40~41ページ

▶葉が出始めたころにくらべ、
せの高さは(① 〔高く〕・ひくく)なり、
くきの太さは(② 〔太く〕・細く)なり、
葉の数は(③ 〔ふえて〕・へって)、
葉の大きさは(④ 〔大きく〕・小さく)なった。
▶ポットで育てている植物は、葉の数が、
(⑤ 〔6~8〕・10~12)まいになったら、
花だんに植えかえる。
▶草取りや(⑥ 水やり)をわすれないように世話をする。

2 植物のからだは、どんなつくりをしているだろうか。 教科書 42~45ページ

①(葉)
②(くき)
③(根)

▶植物のからだは、(④ 根)、(⑤ くき)、(⑥ 葉)からできている。
▶葉は、(⑦ くき)についている。
▶根は、(⑧ 土)の中に広がっている。

ここがだいじ!
①植物はせが高くなり、葉の数もふえて大きくなっている。
②植物のからだは、根、くき、葉からできている。

ハルジオンのくきは、ストローのように中が空どうになっています。

ぴったり2
練習

2-2. ぐんぐんのびろ

21ページ

教科書 40~45ページ　答え 11ページ

1 6月ごろのヒマワリのようすを調べました。

(1) 一番はやく出たのは、ア~ウのどれですか。　(ウ)

(2) 葉が出始めたころとくらべると、どのように育っていますか。それぞれ書きましょう。
①葉の数　(ふえて(多くなって)いる。)
②葉の大きさ(大きくなっている。)
③せの高さ　(高く(大きく)なっている。)
④くきの太さ(太くなっている。)

ア
イ
ウ

2 植物のからだのつくりを調べます。

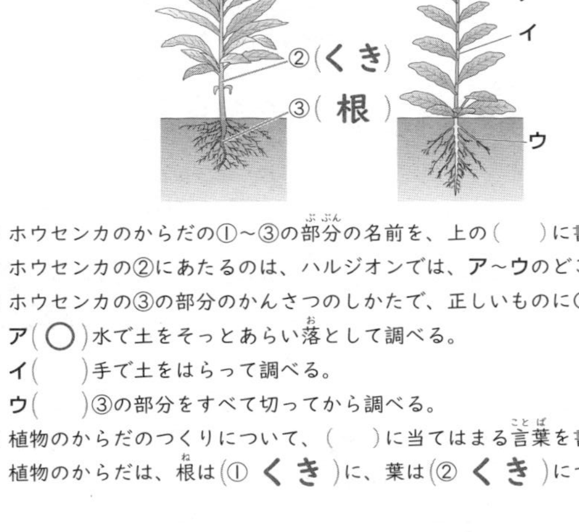

(1) ホウセンカのからだの①~③の部分の名前を、上の(　)に書きましょう。
(2) ホウセンカの②にあたるのは、ハルジオンでは、ア~ウのどこですか。　(イ)
(3) ホウセンカの③の部分のかんさつのしかたで、正しいものに○をつけましょう。
ア(○)水で土をそっとあらい落として調べる。
イ(　)手で土をはらって調べる。
ウ(　)③の部分をすべて切ってから調べる。
(4) 植物のからだのつくりについて、(　)に当てはまる言葉を書きましょう。
植物のからだは、根は(① くき)に、葉は(② くき)についている。

おうちのかたへ　2-2. ぐんぐんのびろ

「2. 植物を育てよう たねをまこう」に続いて、植物の育ち方と体のつくりについて学習します。ここでは、植物の育ち方と体のつくりを根、茎、葉などの用語(名称)を使って理解しているか、などがポイントです。

21ページ　てびき

1 (1)ウは一番はじめに出る子葉です。
(2)めばえのころのかんさつ記ろくとくらべてみましょう。

2 (1)植物のからだは、根、くき、葉からできています。
(2)ハルジオンは、アが葉、イがくき、ウが根です。
(3)根をかんさつするときは、バケツの水に根をつけて、土をそっとあらい落とします。

2-2. ぐんぐんのびろ

22ページ

/100 合格70点

教科書 40～45ページ　答え 12ページ

1 ホウセンカとヒマワリをかんさつしました。　1つ5点(15点)

(1) ホウセンカの葉は①と②のどちらですか。　(②)

(2) ヒマワリの根は③と④のどちらですか。　(④)

(3) 6月ごろにかんさつしたとき、ホウセンカとヒマワリでは、どちらの方がせが高いですか。　(ヒマワリ)

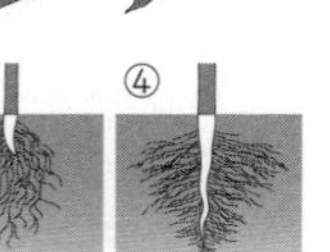
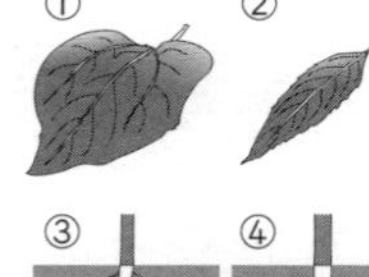

よく出る

2 ホウセンカのからだのつくりを調べました。①～③の部分の名前を(　)に書きましょう。　1つ5点(15点)

3 春にたねをまいた植物をかんさつしました。正しいものを3つえらび、○をつけましょう。　1つ5点(15点)

ア(○)ヒマワリは、せが高くなり、くきも太くなった。
イ(　)ホウセンカの葉は、数がふえたが、大きさはかわらない。
ウ(　)ヒマワリの葉は、どんどん大きくなっているが、数はかわらない。
エ(○)ホウセンカは、せが高くなり、葉の数もふえている。
オ(○)ホウセンカの葉もヒマワリの葉も、くきについている。
カ(　)ヒマワリとホウセンカの葉の数は同じである。

23ページ

4 ポットに植えたホウセンカを植えかえます。　1つ10点(30点)

(1) 葉の数が何まいぐらいになったら植えかえますか。正しい方に○をつけましょう。　技能

ア(○)6～8まい
イ(　)10～12まい

(2) 植えかえるときに見ると、土の中に㋐がいっぱい広がっています。㋐の名前を書きましょう。　(根)

(3) 植えかえた後、しおれないように育てていくには、何をあげればいいですか。　(水)

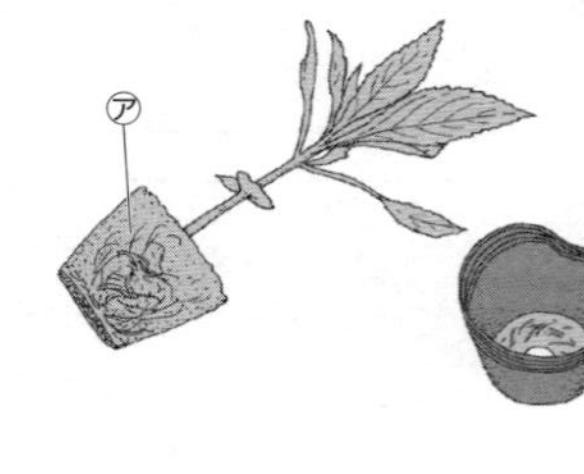

できたらスゴイ!

5 ハルジオンとエノコログサのからだのつくりを調べました。　1つ5点、(2)、(3)は全部できて5点(25点)

(1) ハルジオンのア～ウと同じからだの部分は、エノコログサのカ～クのどこにあたりますか。

ア(キ)　イ(カ)　ウ(ク)

(2) ハルジオンとエノコログサについて、同じところとちがうところをかんさつしました。正しいものを3つえらび、○をつけましょう。　思考・表現

ア(　)どちらも葉の数が同じ。
イ(○)どちらも葉がくきについている。
ウ(○)葉の形や根、くきのようすがちがう。
エ(　)せの高さはちがうが、くきの太さは同じ。
オ(○)どちらもからだの部分が、根、くき、葉に分かれている。
カ(　)エノコログサは、葉がかれてから花がさく。

(3) 調べた植物のからだのつくりについて、(　)に当てはまる言葉を書きましょう。
どの植物も、からだのつくりは、(① 根)、(② くき)、(③ 葉)の部分からできている。

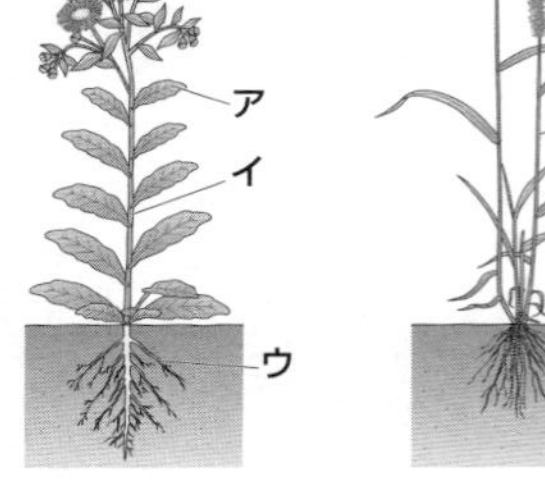
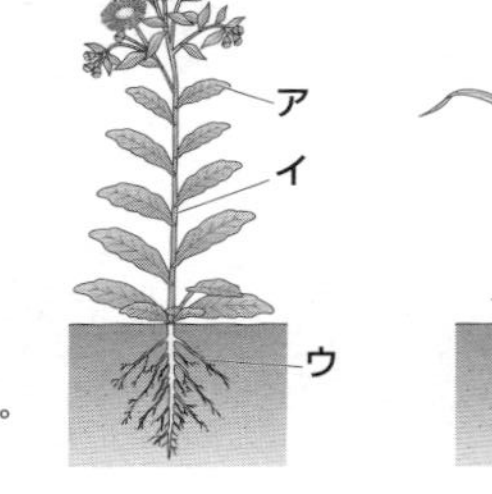
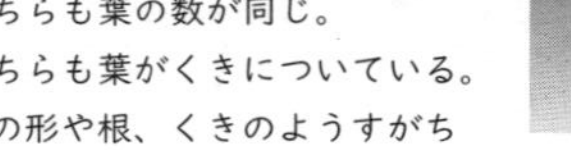
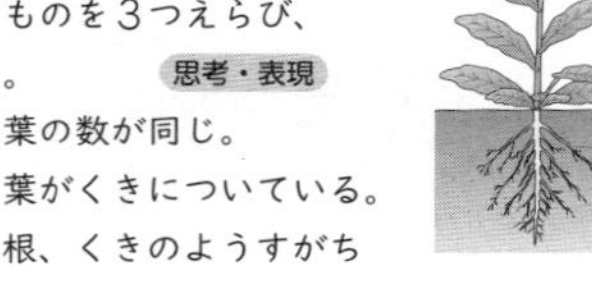

ふりかえり
2がわからないときは、20ページの**2**にもどってかくにんしましょう。
5がわからないときは、20ページの**2**にもどってかくにんしましょう。

4 (2)土の中には、根がいっぱいに広がっています。花だんに植えかえると、もっと根が広がっていくことができ、植物が大きく育ちます。
(3)植物が育つには、水がひつようです。

5 (1)ア・キは葉、イ・カはくき、ウ・クは根です。
(2)ア、エ　植物は育ち方によって、それぞれ葉の数や大きさ、くきの太さなどがちがいます。カ　花がさいているときも、かれていない葉がかんさつできます。

22～23ページ　てびき

1 (1)、(2)植物のしゅるいによって、葉の形やくきのようす、根のようすがちがいます。植物の名前と葉、くき、根のとくちょうをかんさつしておきましょう。
(3)6月ごろのせの高さは、ホウセンカは20 cmくらい、ヒマワリは1 m近くになっているものもあります。

2 植物のからだは、根、くき、葉からできています。ヒマワリやホウセンカにも、根、くき、葉があります。

3 イ、ウ　植物が育っていくとき、葉も大きくなっていき、新しい葉も出てくるので、数もふえます。

4 (1)ポットで育てている植物は、葉の数が6～8まいになったら、花だんに植えかえます。

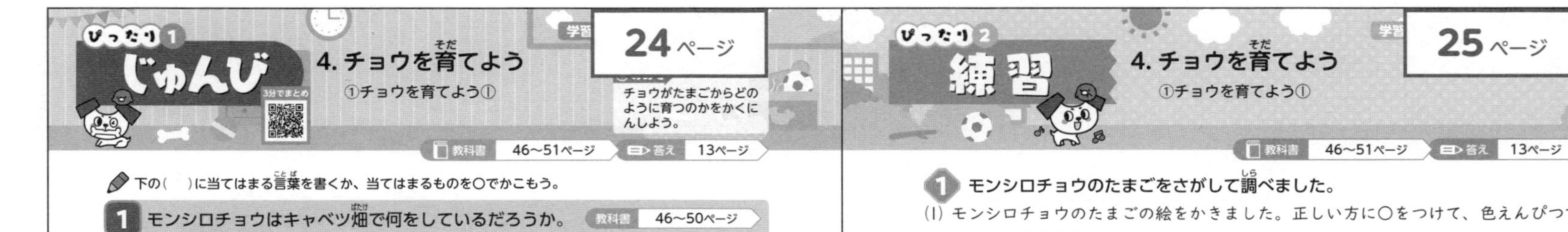

ぴったり1 じゅんび

4. チョウを育てよう

①チョウを育てよう①

3分でまとめ

チョウがたまごからどのように育つのかをかくにんしよう。

教科書 46～51ページ　答え 13ページ

下の(　)に当てはまる言葉を書くか、当てはまるものを○でかこもう。

1 モンシロチョウはキャベツ畑で何をしているだろうか。　教科書 46～50ページ

▶キャベツ畑をとび回っているモンシロチョウは、キャベツの葉に(① たまご)をうむ。

▶キャベツ畑でキャベツの葉にあながあいているのは、モンシロチョウのよう虫が(② 食べた)ため。

モンシロチョウは、キャベツやダイコンなどの葉の(③おもて・(うら))に、たまごをうむ。

▶モンシロチョウとはちがい、アゲハは(④ ミカン)やカラタチやサンショウなどの葉にたまごをうむ。

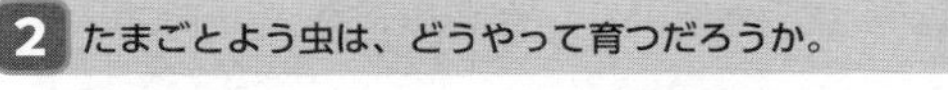

2 たまごとよう虫は、どうやって育つだろうか。　教科書 49～51ページ

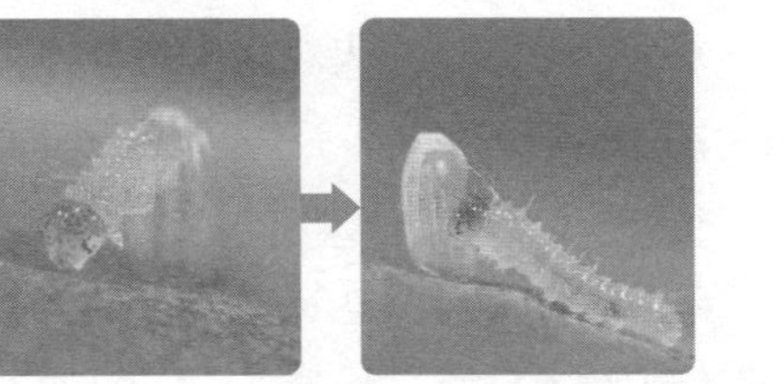

▶モンシロチョウのたまごは、ついている(① 葉)ごと持ち帰って、ようきに入れる。

▶モンシロチョウのたまごは、(② 黄)色で、細長く、大きさは(③(1mm)・5mm)くらい。

▶チョウのたまごからは、(④ よう虫)がかえる。

▶たまごから出てきたばかりの(⑤ よう虫)は、はじめに(⑥たまごのから)を食べる。

世話をする前後は手をあらおうね。

ここが だいじ！
①モンシロチョウは、キャベツの葉のうらに黄色のたまごをうむ。
②たまごから出てきたよう虫は、はじめにたまごのからを食べる。

ぴたトリビア　モンシロチョウのよう虫はキャベツを食べ、成虫は花のみつをすいます。このように、こん虫は育ってからだの形がかわると、食べる物もかわることがあります。

ぴったり2 練習

4. チョウを育てよう

①チョウを育てよう①

教科書 46～51ページ　答え 13ページ

1 モンシロチョウのたまごをさがして調べました。

(1) モンシロチョウのたまごの絵をかきました。正しい方に○をつけて、色えんぴつでたまごの色を黄色にぬりましょう。

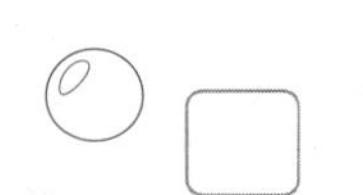

(2) モンシロチョウがたまごをうむ葉を2つえらび、○をつけましょう。

ア(　)ミカン　イ(○)キャベツ　ウ(　)カラタチ
エ(○)ダイコン　オ(　)リンゴ　カ(　)サンショウ

(3) モンシロチョウのたまごは、葉のどこについていましたか。正しい方に○をつけましょう。

ア(　)葉のおもて　イ(○)葉のうら

(4) モンシロチョウのたまごの大きさとして正しいものに、○をつけましょう。

ア(○)1mmくらい　イ(　)1cmくらい　ウ(　)3cmくらい

2 モンシロチョウのたまごを取ってきて、ようきに入れて育てます。

(1) モンシロチョウの育て方として、正しいものに○を、まちがっているものに×をつけましょう。

ア(○)たまごやよう虫を動かすときは葉ごと動かす。
イ(×)よう虫になったら、ふんや食べのこしのそうじをときどきする。
ウ(○)えさの葉は、毎日取りかえる。
エ(×)日光が直せつ当たるところにおく。
オ(○)世話をする前後には、かならず手をあらう。

あなをあけておく
セロハンテープでとめる
クリップでとめる
水でしめらせただっしめん
キャベツの葉

(2) たまごから出てきたばかりのよう虫のからだは何色ですか。(黄色)

(3) たまごから出てきたよう虫は、はじめに何を食べますか。(たまごのから)

25ページ てびき

1 (1)モンシロチョウのたまごは、黄色くて細長い形です。アゲハのたまごは、丸い形です。
(2)、(3)モンシロチョウは、キャベツやダイコンなどの葉の「うらがわ」にたまごをうみます。たまごは、よう虫のえさになる葉にうみつけられます。

2 (1)イ　ふんや食べのこしのそうじは、「毎日」します。エ　直せつ日光に当たると、たまごやよう虫があつくなったり、かんそうしてしまったりします。
(2)たまごから出てきたばかりのよう虫は黄色です。
(3)よう虫はまずたまごのからを食べます。

おうちのかたへ　4. チョウを育てよう
昆虫の育つ順序と、昆虫の体について学習します。ここでは、チョウを対象にしています。チョウの育ちを、卵、幼虫、さなぎ、成虫などの用語(名称)を使って理解しているか、などがポイントです。

ぴったり1 じゅんび

4. チョウを育てよう
①チョウを育てよう②

26ページ

チョウのよう虫やコオロギやトンボなどの育つようすをかくにんしよう。

教科書 52〜60ページ　答え 14ページ

下の(　)に当てはまる言葉を書くか、当てはまるものを○でかこもう。

1 モンシロチョウのよう虫はどのように育つだろうか。　教科書 52〜57ページ

▶よう虫の育ち方
- モンシロチョウのよう虫は、キャベツの(① 葉)を食べて育つ。
- よう虫は(② 皮)をぬいで大きくなり、さなぎになるまでに4回皮をぬぐ。

1回皮をぬいだよう虫　2回皮をぬいだよう虫　3回皮をぬいだよう虫　4回皮をぬいだよう虫

よう虫は、ぬいだ皮も食べるよ。

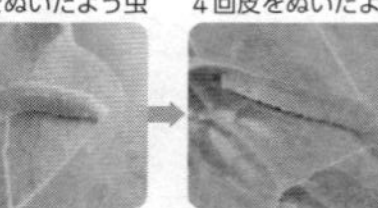

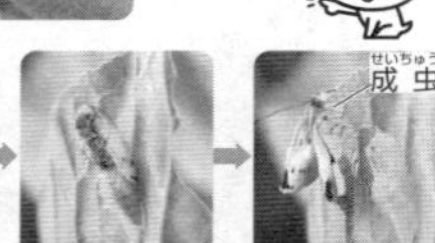

- 大きくなったよう虫はからだに(③ 糸)をかけ、皮をぬいで(④ さなぎ)になる。さなぎのあいだは、えさを(⑤ 食べる・(食べない))。
- さなぎの色がかわってきて、やがて中から(⑥ よう虫・(成虫))が出てくる。
- モンシロチョウは、たまごからよう虫になり、さなぎになって(⑦ 成虫)になる。

2 コオロギやトンボはどのような育ち方をするだろうか。　教科書 59〜60ページ

▶コオロギの育ち方

①・②には、〔たまご・よう虫〕のどちらかを書こう。

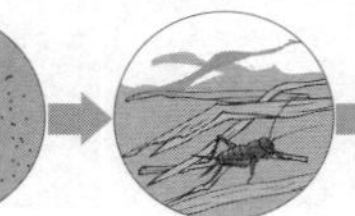
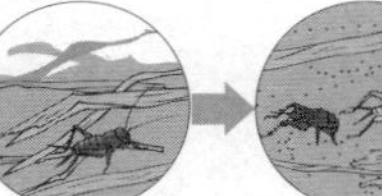
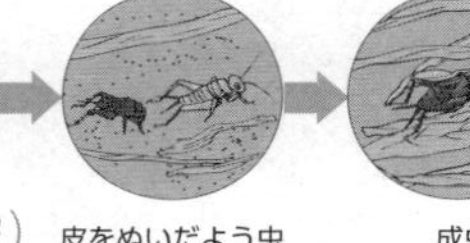

(①たまご)　(②よう虫)　皮をぬいだよう虫　成虫

▶コオロギはたまごを(③ 土)の中に、トンボはたまごを(④ 水)の中にうむ。

▶コオロギやトンボは、たまご→(⑤ よう虫)→(⑥ 成虫)のじゅんに育つ。
- チョウの育ち方とちがい、(⑦ さなぎ)にならないで成虫になる。

ここがだいじ！
①チョウは、たまご→よう虫→さなぎ→成虫のじゅんに育つ。
②コオロギやトンボは、たまご→よう虫→成虫のじゅんに育つ。

ぴたトリビア　チョウのしゅるいによって、よう虫が食べる物はちがいます。モンシロチョウのよう虫はキャベツなど、アゲハのよう虫はミカンなどの植物を食べます。

ぴったり2 練習

4. チョウを育てよう
①チョウを育てよう②

27ページ

教科書 52〜60ページ　答え 14ページ

1 モンシロチョウの育ち方をまとめました。

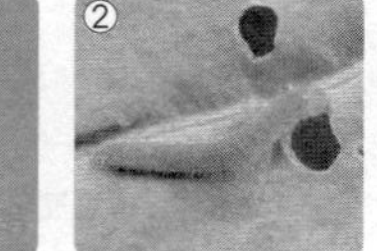
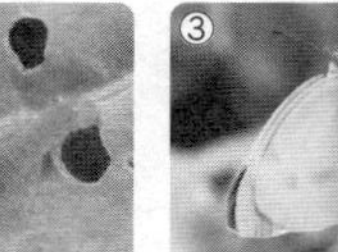
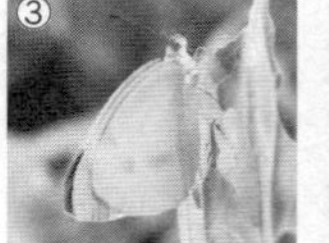
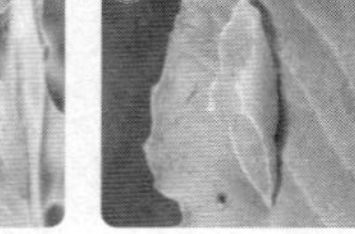
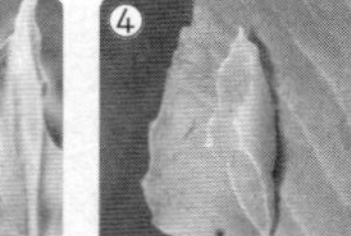
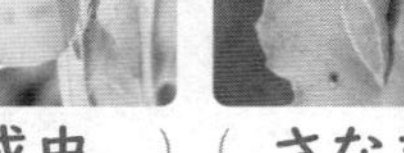

(たまご)(よう虫)(成虫)(さなぎ)

(1) ①〜④はそれぞれ、たまご、よう虫、さなぎ、成虫のうちのどれですか。(　)に名前を書きましょう。

(2) ①〜④のうち、何も食べないでじっとしているのはどのころですか。2つえらび、番号を書きましょう。　(①)、(④)

(3) ①〜④のうち、皮をぬいで大きくなるのはどのころですか。番号を書きましょう。　(②)

(4) たまごから育っていくじゅんになるように、①〜④をならべましょう。
(① → ② → ④ → ③)

2 コオロギを育てて、育ち方をかんさつしました。

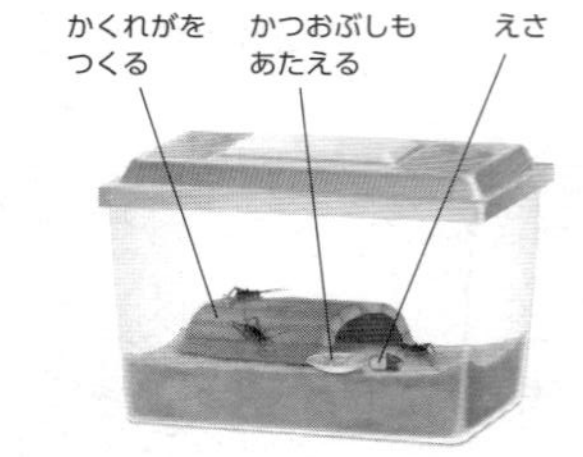

(1) コオロギのえさとして正しいものを2つえらんで、○をつけましょう。
ア(　)キャベツ　イ(○)ナス
ウ(○)キュウリ　エ(　)イトミミズ

(2) コオロギの育て方について、正しいものには○を、まちがっているものには×をつけましょう。
ア(×)土がしめらないように、日光に当ててかわかす。
イ(○)直せつ日光が当たるところにはおかない。
ウ(×)えさはなくなってから新しいものを入れる。

(3) コオロギの育ち方について、正しい方に○をつけましょう。
ア(○)たまご→よう虫→成虫　イ(　)たまご→よう虫→さなぎ→成虫

27ページ てびき

❶ チョウは、たまご→よう虫→さなぎ→成虫のじゅんに育ちます。たまごのときとさなぎのときは、何も食べません。

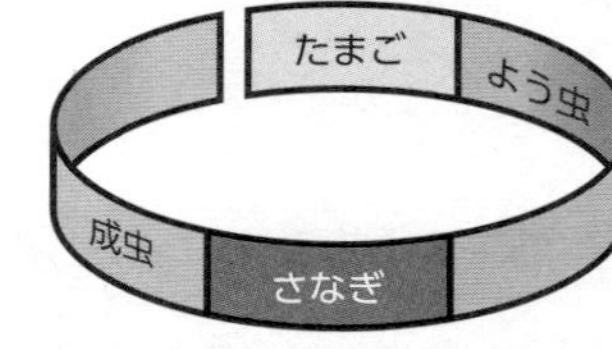

❷ (1)コオロギはナスやキュウリを食べます。イトミミズを食べるのはトンボのよう虫です。
(2)ア、イ　土はかわかないように、ときどききりふきで水をかけます。直せつ日光が当たるところにおくと、土がかわいてしまうので注意しましょう。
ウ　1日おきくらいに、えさを取りかえます。
(3)コオロギは、さなぎにならないで成虫になります。

おうちのかたへ
小学校では「脱皮」ではなく、「皮をぬぐこと」と書いています。

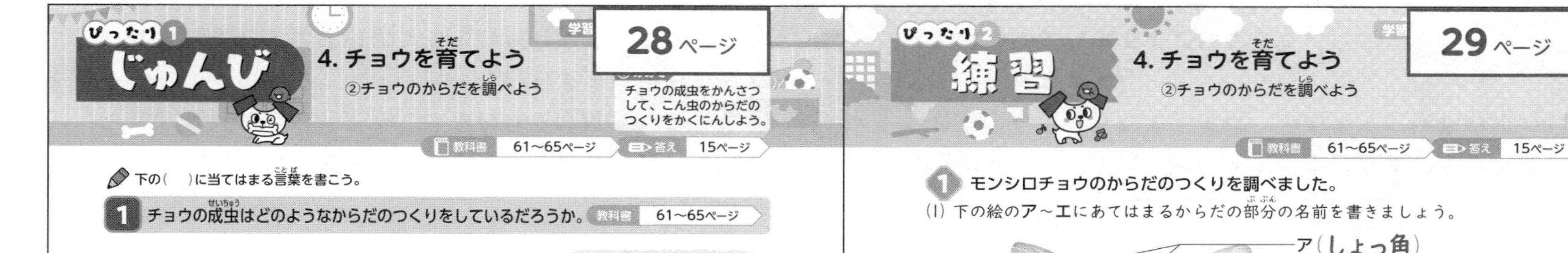

ぴったり1 じゅんび

4. チョウを育てよう

②チョウのからだを調べよう

28ページ

チョウの成虫をかんさつして、こん虫のからだのつくりをかくにんしよう。

教科書 61～65ページ　答え 15ページ

下の(　)に当てはまる言葉を書こう。

1 チョウの成虫はどのようなからだのつくりをしているだろうか。

教科書 61～65ページ

モンシロチョウ　しょっ角　目　あし

(① 頭)
(② むね)
(③ はら)

アゲハも、からだのつくりはモンシロチョウと同じだよ。

▶ チョウのからだは、(④ 頭)・(⑤ むね)・(⑥ はら)の3つの部分に分けられる。
▶ あしは(⑦ 6)本で、むねの部分についている。
▶ はねは4まいあり、(⑧ むね)の部分についている。
▶ しょっ角は(⑨ 2)本あり、頭の部分についている。
▶ 目と口は、(⑩ 頭)の部分についている。

チョウと同じように、からだが頭・むね・はらの3つの部分からできていて、むねにあしが6本ついているなかまを(⑪ こん虫)という。

いろいろなこん虫の育ち方

▶ カブトムシの育ち方
- たまご→(⑫ よう虫)→さなぎ→(⑬ 成虫)のじゅんに育つ。
- (⑭ さなぎ)になってから成虫になることを、完全へんたいという。

カブトムシ

▶ トノサマバッタの育ち方
- たまご→(⑮ よう虫)→(⑯ 成虫)のじゅんに育つ。
- (⑰ さなぎ)にならないで成虫になることを、不完全へんたいという。

トノサマバッタ

ここがだいじ！
①チョウのからだは、頭・むね・はらの3つの部分に分けられ、むねにはあしが6本ついている。
②チョウと同じからだのつくりをしているなかまを、こん虫という。

ぴたトリビア　オオカマキリは不完全へんたいです。よう虫は成虫とよくにたすがたをしていますが、はねがないか、あっても小さいです。何度か皮をぬいで大きくなり、やがて成虫になります。

ぴったり2 練習

4. チョウを育てよう

②チョウのからだを調べよう

29ページ

教科書 61～65ページ　答え 15ページ

1 モンシロチョウのからだのつくりを調べました。

(1) 下の絵のア～エにあてはまるからだの部分の名前を書きましょう。

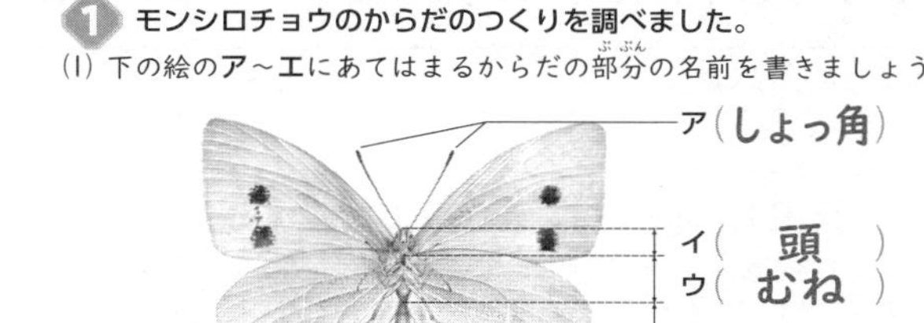
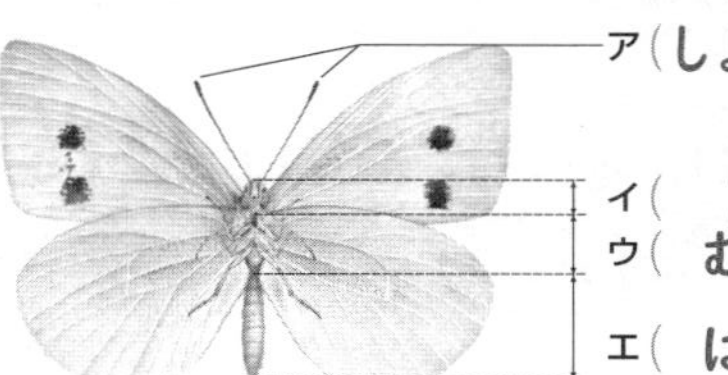

ア(しょっ角)
イ(頭)
ウ(むね)
エ(はら)

(2) あしは何本ありますか。　(6本)
(3) あしはからだのどの部分についていますか。記号を書きましょう。　(ウ)
(4) はねは何まいありますか。　(4まい)
(5) はねはからだのどの部分についていますか。記号を書きましょう。　(ウ)
(6) からだのつくりについて、(　)にあてはまる言葉を書きましょう。
　チョウのように、からだが(① 頭)・(② むね)・(③ はら)の3つの部分に分けることができ、(④ むね)にあしが(⑤ 6)本ついているなかまを(⑥ こん虫)という。

2 アゲハの育ち方をまとめました。

(1) ①～③にあてはまる絵をえらび、記号を書きましょう。
①よう虫(ウ)　②さなぎ(エ)　③成虫(ア)

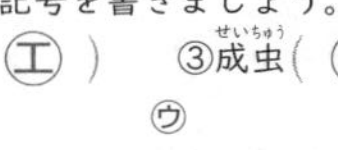
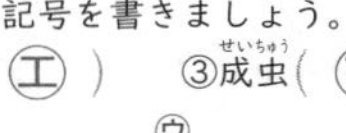
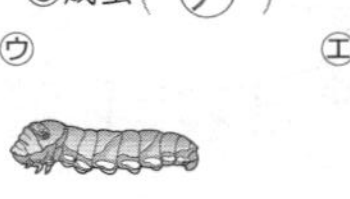

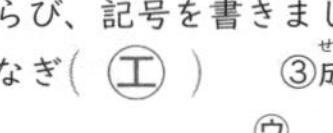
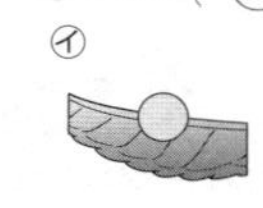
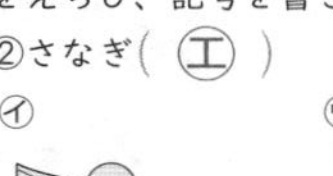
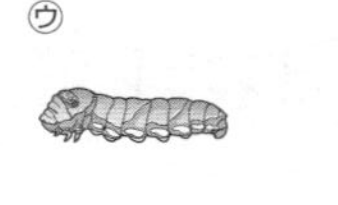

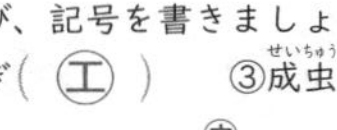

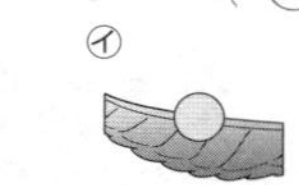

(2) ㋐～㋓を育ち方のじゅんにならべます。正しいものに○をつけましょう。
ア(　)㋐→㋒→㋓→㋑　イ(　)㋑→㋓→㋒→㋐　ウ(○)㋑→㋒→㋓→㋐
(3) アゲハとちがい、さなぎにならないで成虫になるこん虫を1つえらび、○をつけましょう。
ア(○)トノサマバッタ　イ(　)カブトムシ　ウ(　)ゲンジボタル

29ページ　てびき

❶ (1)～(5)チョウのからだは、頭・むね・はらの3つの部分からできています。頭には2本のしょっ角が、むねには6本のあしと、4まいのはねがついています。

(6)こん虫の成虫のからだは、頭・むね・はらの3つの部分に分けることができ、むねの部分に6本のあしがついています。こん虫のからだのつくりについては、「こん虫のからだのつくり」(教科書74～77ページ)で、くわしく学習します。

❷ (2)アゲハも、モンシロチョウと同じように、たまご→よう虫→さなぎ→成虫のじゅんに育ちます。

30~31ページ てびき

❶ (1)モンシロチョウは、たまご→よう虫→さなぎ→成虫のじゅんに育ちます。

(3)モンシロチョウのよう虫は、皮をぬいで大きくなり、4回皮をぬいだ後、やがてさなぎになります。たまごのときとさなぎのときは、えさを食べず動きません。成虫になると、花にとまってみつをすいます。

(4)、(5)成虫のからだは、頭・むね・はらの3つの部分に分けられ、6本のあしは、むねについています。

❷ (1)イトミミズはトンボのよう虫のえさになります。

(2)トンボはさなぎにならずに成虫になります。

(3)たまごからかえったよう虫は、水の中の生き物を食べて育ちます。

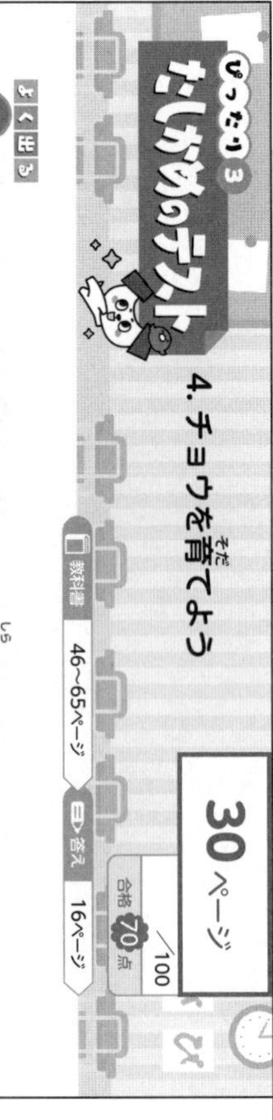

ぴったり3 たしかめのテスト 4. チョウを育てよう

教科書 46~65ページ　答え 16ページ

30ページ　合格70点　/100

よく出る **1** モンシロチョウの育ち方とからだのつくりを調べました。 1つ5点(30点)

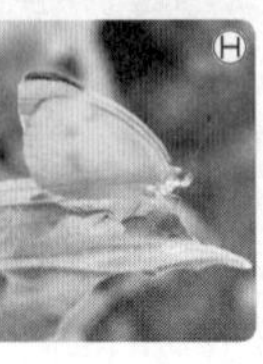

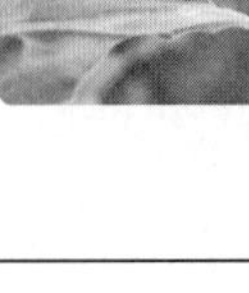
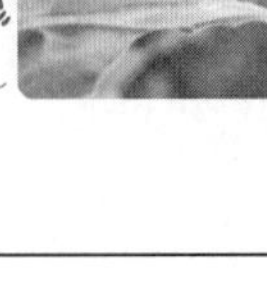

(1) ㋒のときを何といいますか。（さなぎ）

(2) ㋐はどこで見つけることができますか。正しいものに○をつけましょう。

ア（　）ミカンの葉　イ（　）カラタチの葉　ウ（○）キャベツの葉

(3) ㋑のときのようすについて、正しいものに○をつけましょう。

ア（○）皮をぬいで大きくなる。　イ（　）えさを食べず、じっと動かない。

ウ（　）花にとまってみつをすう。

(4) 成虫のからだのつくりを調べました。①は頭です。②、③の部分の名前を書きましょう。

②（むね）　③（はら）

(5) あしは①~③のどの部分についていますか。番号を書きましょう。（②）

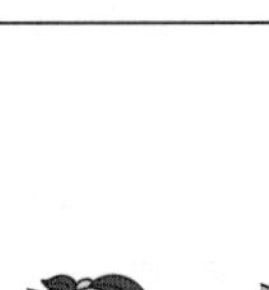
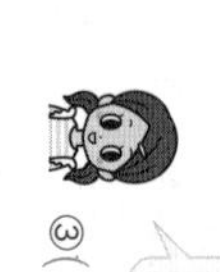
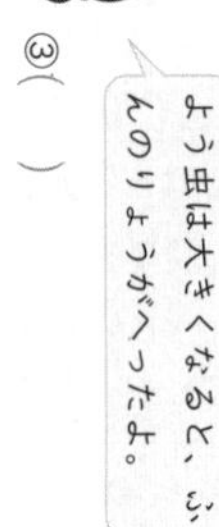

2 トンボのよう虫を育てます。 1つ5点(20点)

(1) ようきに入れるとよいものに○をつけましょう。 技能

ア（　）かつおぶし　イ（　）かくれが　ウ（○）イトミミズ　エ（　）キュウリ

(2) トンボの育つじゅんになるよう、（　）に言葉を書きましょう。

たまご→（① よう虫）→（② 成虫）

(3) トンボは、どこにたまごをうみますか。（水）の中

成虫になるときに、つかまるぼう
えさ
けん山

3 モンシロチョウのよう虫の育つようすをかんさつしました。①~④で、正しいことを言っているものを1つえらび、○をつけましょう。 思考・表現 (10点)

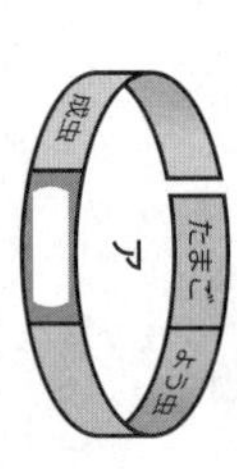
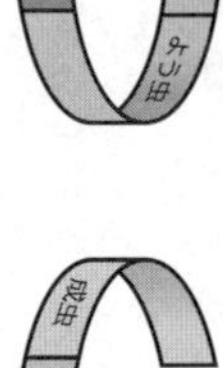
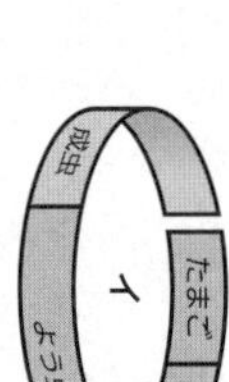

よう虫は大きくなると、食べるえさのりょうが多くなるよ。
よう虫は葉を食べなくなると、すぐに成虫になったよ。
よう虫は大きくなると、ふんのりょうがへったよ。
よう虫は皮をぬぐたびに少し小さくなるよ。

①（○）　②（　）　③（　）　④（　）

31ページ

てきたらスゴイ! **4** いろいろなこん虫の育ち方を調べました。 1つ5点、(4)は全部できて5点(40点)

たまご
よう虫
成虫
ア
たまご
よう虫
成虫
イ

(1) こん虫には、上の図のアのようなじゅんで育つものと、イのようなじゅんで育つものがいます。アの（　）に当てはまる言葉を書きましょう。（さなぎ）

(2) 下の①~⑤のこん虫の育ち方は、それぞれア、イのどちらでしょう。それぞれの（　）に当てはまる方の記号を書きましょう。

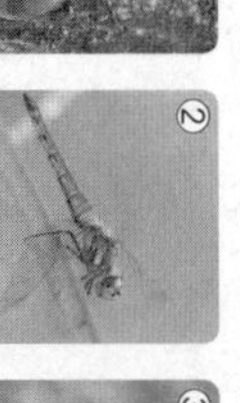

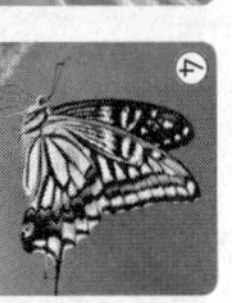

①（ア）　②（イ）　③（イ）　④（ア）　⑤（イ）

(3) ①~⑤のこん虫のうち、木のえだの中にたまごをうむのはどれですか。番号を書きましょう。（⑤）

(4) ④のアゲハは、ミカンやカラタチやサンショウなどの葉にたまごをうみます。それはどうしてですか。（　）に当てはまる言葉を書きましょう。

アゲハの（① よう虫）が、葉を（② 食べる(えさにする)）から。

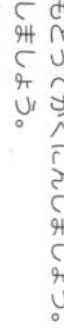

ふりかえり 1がわからないときは、26ページの1、28ページの1にもどってかくにんしましょう。4がわからないときは、28ページの1にもどってかくにんしましょう。

❸ よう虫は皮をぬいで大きくなっていきます。大きくなるたびに、食べる葉のりょうとふんのりょうは多くなります。

❹ (1)、(2)こん虫にはさなぎになってから成虫になるものと、さなぎにならずに成虫になるものがいます。

(3)⑤のアブラゼミは、木のえだの中にたまごをうみます。たまごからかえったよう虫は、土の中で、植物の根のしるをすって育ちます。

(4)チョウはよう虫のえさになる葉にたまごをうみます。

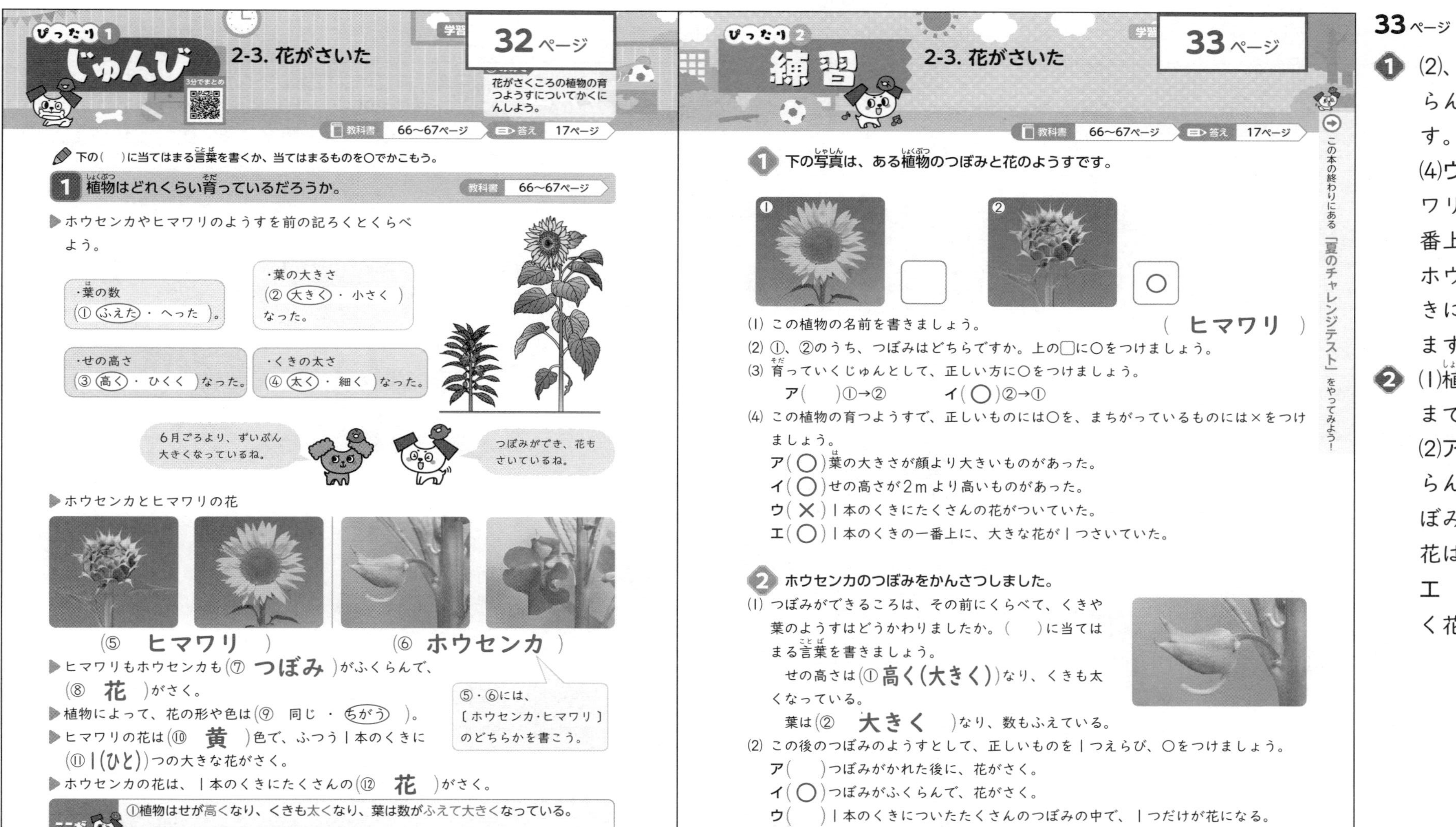

ぴったり1 じゅんび 2-3. 花がさいた

32ページ

花がさくころの植物の育つようすについてかくにんしよう。

教科書 66〜67ページ　答え 17ページ

下の(　)に当てはまる言葉を書くか、当てはまるものを○でかこもう。

1 植物はどれくらい育っているだろうか。 教科書 66〜67ページ

▶ホウセンカやヒマワリのようすを前の記ろくとくらべよう。

・葉の数 (① ふえた ・ へった)。

・葉の大きさ (② 大きく ・ 小さく) なった。

・せの高さ (③ 高く ・ ひくく) なった。

・くきの太さ (④ 太く ・ 細く) なった。

6月ごろより、ずいぶん大きくなっているね。
つぼみができ、花もさいているね。

▶ホウセンカとヒマワリの花

(⑤ ヒマワリ)　(⑥ ホウセンカ)

▶ヒマワリもホウセンカも(⑦ つぼみ)がふくらんで、(⑧ 花)がさく。

▶植物によって、花の形や色は(⑨ 同じ ・ ちがう)。

▶ヒマワリの花は(⑩ 黄)色で、ふつう１本のくきに(⑪ １(ひと))つの大きな花がさく。

▶ホウセンカの花は、１本のくきにたくさんの(⑫ 花)がさく。

⑤・⑥には、〔ホウセンカ・ヒマワリ〕のどちらかを書こう。

ここがだいじ！
①植物はせが高くなり、くきも太くなり、葉は数がふえて大きくなっている。
②植物は、つぼみができ、やがてつぼみがふくらんで、花がさく。
③植物によって、それぞれちがった形や色の花がさく。

ぴたトリビア　ホウセンカやアサガオ、オシロイバナなどの花は、水の中でもんで、色水をつくることができます。色水をふでにつけて、絵をかいてみましょう。

32

ぴったり2 練習 2-3. 花がさいた

33ページ

教科書 66〜67ページ　答え 17ページ

1 下の写真は、ある植物のつぼみと花のようすです。

①　□　②　○

(1) この植物の名前を書きましょう。 (ヒマワリ)

(2) ①、②のうち、つぼみはどちらですか。上の□に○をつけましょう。

(3) 育っていくじゅんとして、正しい方に○をつけましょう。

ア(　)①→②　イ(○)②→①

(4) この植物の育つようすで、正しいものには○を、まちがっているものには×をつけましょう。

ア(○)葉の大きさが顔より大きいものがあった。

イ(○)せの高さが2mより高いものがあった。

ウ(×)１本のくきにたくさんの花がついていた。

エ(○)１本のくきの一番上に、大きな花が１つさいていた。

2 ホウセンカのつぼみをかんさつしました。

(1) つぼみができるころは、その前にくらべて、くきや葉のようすはどうかわりましたか。(　)に当てはまる言葉を書きましょう。

せの高さは(① 高く(大きく))なり、くきも太くなっている。

葉は(② 大きく)なり、数もふえている。

(2) この後のつぼみのようすとして、正しいものを１つえらび、○をつけましょう。

ア(　)つぼみがかれた後に、花がさく。

イ(○)つぼみがふくらんで、花がさく。

ウ(　)１本のくきについたたくさんのつぼみの中で、１つだけが花になる。

エ(　)１つのつぼみから、いろいろな色の花がさく。

この本の終わりにある「夏のチャレンジテスト」をやってみよう！

33

33ページ てびき

1 (2)、(3)②のつぼみがふくらんで、①の花がさきます。

(4)ウ、エ　ふつう、ヒマワリは、１本のくきの一番上に１つ花がさきます。ホウセンカは、１本のくきにたくさんの花がさきます。

2 (1)植物は、花がさくころまでは、育ちつづけます。

(2)ア、イ　つぼみがふくらんで花になるので、つぼみがかれてしまったら、花はさきません。

エ　１つのつぼみからさく花は１つです。

おうちのかたへ　2-3. 花がさいた

「ぐんぐんのびろ」に続いて、植物の育つ順序と、植物の体について学習します。ここでは、開花の時期を扱います。植物の育ちをつぼみ、花などの用語(名称)を使って理解しているか、などがポイントです。

ぴったり1 じゅんび

5. こん虫を調べよう

①生き物のようすを調べよう
②こん虫のからだのつくり

生き物のすみかや、こん虫の成虫のからだのつくりをかくにんしよう。

教科書 70〜79ページ　答え 18ページ

下の(　)に当てはまる言葉を書こう。

1 生き物はどのようなところにいるだろうか。　教科書 70〜73ページ

▶こん虫などの生き物は、草むらや石の下などのすみかや、(① 食べ物)となる植物などがある場所に多くいる。

▶生き物は、まわりの(② しぜん)とかかわって生きている。

生き物によって、食べ物やすみかがちがっているね。

生き物	すみか	成虫の食べ物
モンシロチョウ	草むら	花のみつ
ショウリョウバッタ	草むら	草の葉
アキアカネ	野山	ほかの虫
エンマコオロギ	草むら	草の葉
オカダンゴムシ	落ち葉の下、石の下	かれ葉

2 こん虫の成虫のからだはどんなつくりになっているだろうか。　教科書 74〜77ページ

▶こん虫の成虫のからだは、(① 頭)・(② むね)・(③ はら)の3つに分けられる。

▶むねには、(④ あし)が(⑤ 6)本ついている。

チョウ(モンシロチョウ)　頭　むね　はら

バッタ(ショウリョウバッタ)　頭　むね　はら

トンボ(アキアカネ)　頭　むね　はら

ここがだいじ!
①生き物はさまざまな場所をすみかにしている。
②こん虫の成虫は、からだが頭・むね・はらの3つに分けられ、むねにあしが6本ついている。

ぴたトリビア　こん虫の成虫のむねには、6本のあしがありますが、オカダンゴムシには14本、クモには8本のあしがあり、どちらもこん虫ではありません。

ぴったり2 練習

5. こん虫を調べよう

①生き物のようすを調べよう
②こん虫のからだのつくり

教科書 70〜79ページ　答え 18ページ

1 いろいろなこん虫のすみかや食べ物について調べました。

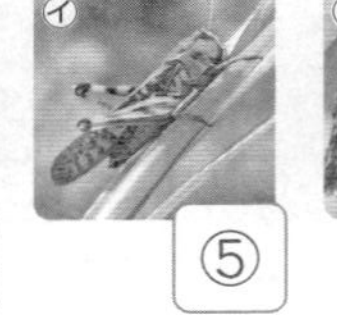

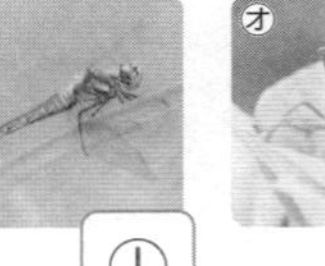

㋐ ②　㋑ ⑤　㋒ ④　㋓ ①　㋔ ③

(1) ㋐〜㋔のこん虫の名前を下からえらび、□に番号を書きましょう。

①アキアカネ　②エンマコオロギ　③オオカマキリ
④カブトムシ　⑤トノサマバッタ

(2) 草むらにすんで、虫をつかまえて食べるのは㋐〜㋔のどれですか。　(㋔)

(3) ㋒はどこにすんでいますか。正しいものに○をつけましょう。
ア(　)池の中　イ(　)草むら　ウ(○)林　エ(　)落ち葉の下

2 トンボのからだのつくりを調べました。

(1) ㋐〜㋒の部分を何といいますか。(　)に名前を書きましょう。

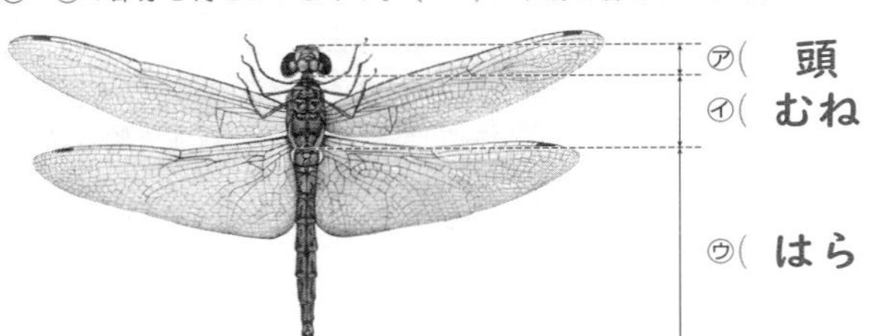

㋐(頭)
㋑(むね)
㋒(はら)

(2) からだはいくつの部分に分かれていますか。　(3つ)

(3) あしはどの部分に何本ついていますか。
(むね)に(6)本ついている。

ヒント 2 トンボもこん虫です。チョウのからだのつくりとくらべてみましょう。

35ページ てびき

1 (2)草むらには、エンマコオロギやトノサマバッタもすんでいます。エンマコオロギは草、やさいなどを食べます。しいくようきで育てるときは、かつおぶしなども入れると食べます。トノサマバッタは草を食べます。カブトムシは林にすみ、成虫は木のしるをすいます。

2 こん虫の成虫のからだは、頭・むね・はらに分けられ、むねにはあしが6本あります。

トンボ

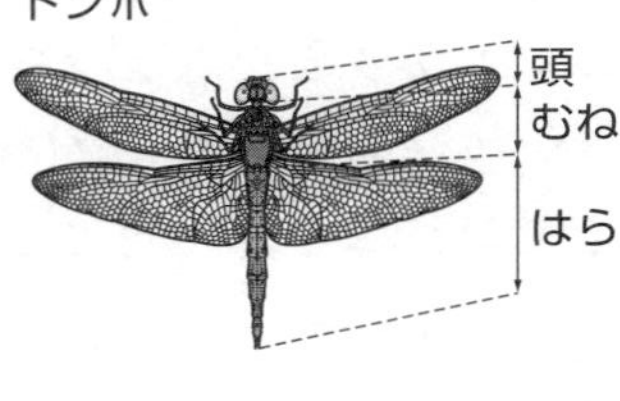

おうちのかたへ　5. こん虫を調べよう

「4. チョウを育てよう」に続いて、昆虫などの生き物と環境のかかわりを学習します。生き物のすみかや食べ物について考えることができるか、チョウ以外の昆虫の体のつくりを理解しているか、などがポイントです。

5. こん虫を調べよう

36ページ

/100 合格70点

教科書 70〜79ページ　答え 19ページ

よく出る

1 ショウリョウバッタのからだのつくりを調べました。

1つ5点、(1)は全部できて5点(15点)

(1) 作図 右のショウリョウバッタのからだを、頭は黄色、むねは赤色、はらは青色にぬりましょう。　技能

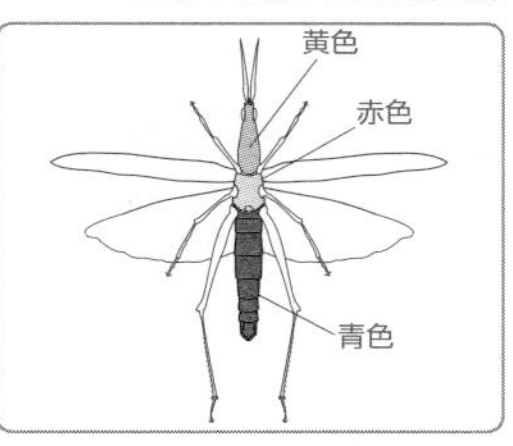
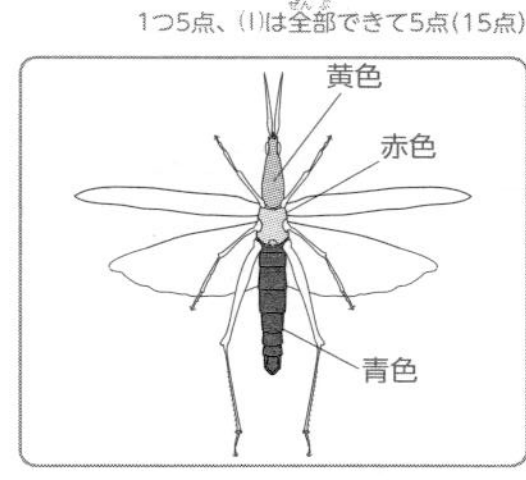

(2) ショウリョウバッタのあしは、どこに何本ついていますか。（　）にあてはまる言葉を書きましょう。

（① むね ）に（② 6 ）本ついている。

2 いろいろなこん虫のすみかと食べ物について調べました。 1つ5点(15点)

(1) 次の文のうち、正しいものを2つえらび、○をつけましょう。

ア（○）モンシロチョウは、成虫がみつをすう花だんや、よう虫のえさがあるキャベツ畑などでよく見られる。

イ（○）カブトムシは林にすみ、木のしるをすう。

ウ（　）オオカマキリは、暗くしめったところにすみ、かれた葉を食べる。

(2) それぞれのこん虫のすみかとなる場所には、こん虫が生きていくためにひつようなものがあります。それは何ですか。

（ 食べ物 ）

3 生き物のかんさつについて、（　）に当てはまる言葉を［　］からえらび、記号を書きましょう。 技能 1つ5点(20点)

(1) 生き物をさがすときは、草むら、花だん、（① ㋓）、（② ㋔）などをさがす。

(2) 生き物のからだの色や（㋑）、大きさなどをかんさつして記ろくする。

(3) 記ろくには、名前、日にち、天気、（㋖）も記ろくする。

㋐しいくようき	㋑形	㋒どく	㋓林
㋔落ち葉や石の下	㋕虫めがね	㋖見つけた場所	

36

37ページ

学習

4 生き物をかんさつするときに注意することについて、正しいものを2つえらび、○をつけましょう。 1つ5点(10点)

ア（　）石などを動かしたら、もとにもどさずそのままにしておく。

イ（　）ハチなど、どくをもっている生き物にさわるときは、てぶくろをする。

ウ（○）ウルシなど、さわるとかぶれたりする植物にはさわらない。

エ（　）こん虫を野外へ放すときは、とってきた場所にかんけいなく、どこにでも放せばよい。

オ（○）こん虫を野外へ放すときは、かならずとってきた場所に放す。

できたらスゴイ！

5 いろいろな生き物をなかま分けします。 (1)は1つ10点、(2)は1つ4点(40点)

(1) ㋐〜㋕の生き物を、こん虫とこん虫でない虫に分けて、当てはまるもの全部の記号を書きましょう。

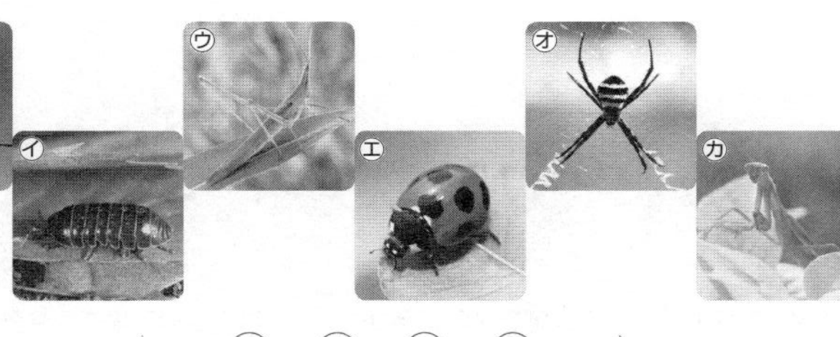

①こん虫　（ ㋐、㋒、㋓、㋕ ）

②こん虫でない虫　（ ㋑、㋔ ）

(2) 次の文の①〜⑤に当てはまる数や言葉を書きましょう。

- こん虫の成虫のからだは、頭・むね・はらの（① 3 ）つの部分に分けることができ、6本のあしがついているが、クモやオカダンゴムシはちがう。
- クモのからだは、（② 2 ）つの部分に分かれ、（③ 8 ）本のあしがある。
- オカダンゴムシのからだは、こん虫と同じく（④ 3 ）つの部分に分かれているが、あしの数はこん虫よりも（⑤ 多い ）。

頭・むね　はら　クモ
頭　むね　はら　オカダンゴムシ

ふりかえり　1がわからないときは、34ページの2にもどってかくにんしましょう。5がわからないときは、34ページの2にもどってかくにんしましょう。

37

36〜37ページ　てびき

1 (1)こん虫の成虫のからだは、頭・むね・はらの3つの部分に分けることができます。バッタもチョウと同じように、頭にしょっ角や目、口があり、むねに6本のあしと4まいのはねがついています。
(2)こん虫は、むねに6本のあしがついています。オカダンゴムシなどこん虫でない虫は、あしが6本ではありません。

2 (2)こん虫は、まわりに食べ物がある場所をすみかとしています。

3 (1)生き物は、食べ物となるものがある場所にすんでいます。

4 ア　石などを動かしたら、もとにもどしておきます。
イ　どくをもっている生き物にさわってはいけません。

5 (1)こん虫の成虫は、からだが、頭・むね・はらに分けることができ、むねに6本のあしがついています。
(2)クモのからだは2つの部分に分かれ、あしは8本あります。オカダンゴムシのあしは14本あります。これらのことから、クモやオカダンゴムシはこん虫のなかまではありません。

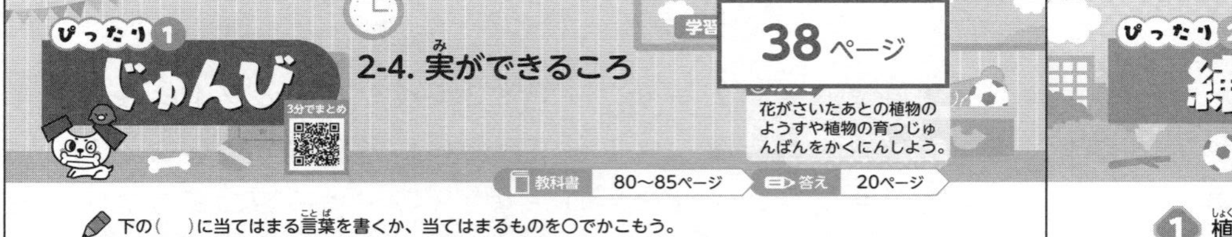

2-4. 実ができるころ

38ページ

花がさいたあとの植物のようすや植物の育つじゅんばんをかくにんしよう。

教科書 80~85ページ　答え 20ページ

下の(　)に当てはまる言葉を書くか、当てはまるものを○でかこもう。

1 花がさいたあとの植物はどうなっているだろうか。　教科書 80~84ページ

▶植物は、花がさいたあとには、(① 実)ができる。

▶ヒマワリやホウセンカは、実ができたあと、やがてくきや葉は(② ふえる ・ (かれる))。

▶かれた植物の(③ 根)を土からほり出して調べると、春のころとくらべ、大きく育っていることがわかる。

▶ホウセンカの育ち方(まとめ)

1　2　3　4　5　6　7　8かれる。

植物の育ち方には、きまったじゅんばんがあるね。

1たね → 2めが出て、(④ 子葉)が出る。→ 3葉が出る。→ 4葉がしげり、植物のせの高さは(⑤大きく(高く))なり、くきは(⑥ 太く)なる。→ 5(⑦つぼみ)ができる。→ 6(⑧ 花)がさく。→ 7花のあとに(⑨ 実)ができて、(⑨)の中に(⑩ たね)ができる。→ 8かれる。

▶植物は、ひとつの(⑪ たね)から育ち、(⑫ 花)がさき、実をつくる。

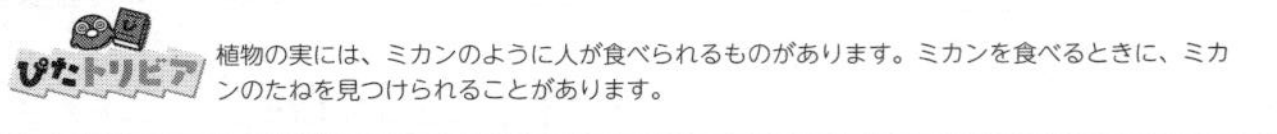

ぴたトリビア　植物の実には、ミカンのように人が食べられるものがあります。ミカンを食べるときに、ミカンのたねを見つけられることがあります。

ぴったり2 練習

2-4. 実ができるころ

39ページ

教科書 80~85ページ　答え 20ページ

1 植物の花がさいた後のようすをかんさつしました。

(1) ㋐~㋒はホウセンカの花がさいた後のようすです。育つじゅんになならべましょう。

(㋒ → ㋐ → ㋑)

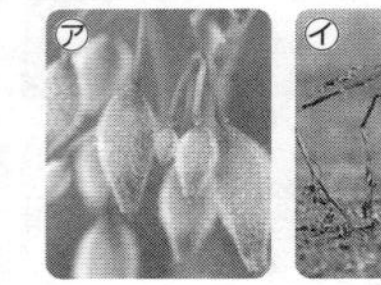
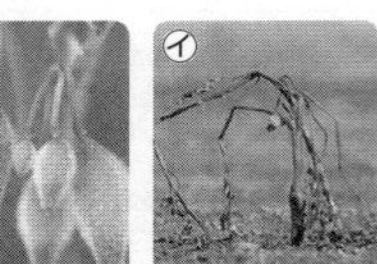

(2) ホウセンカとヒマワリのようすについて、正しいものに○をつけましょう。

ア(　)ホウセンカは花がさいた後に実ができてからかれるが、ヒマワリは花がさいた後に実ができないでかれる。

イ(　)ホウセンカもヒマワリも、花がさいた後に葉やくきがかれ始め、すっかりかれたら実ができる。

ウ(○)ホウセンカもヒマワリも、花がさいた後に実ができて、その後、葉やくきがかれる。

エ(　)ホウセンカは花がさいた後に実ができるが、ヒマワリは花がさかなかったつぼみに実ができる。

2 植物の育ち方をまとめました。(　)に当てはまる言葉を　からえらんで書きましょう。

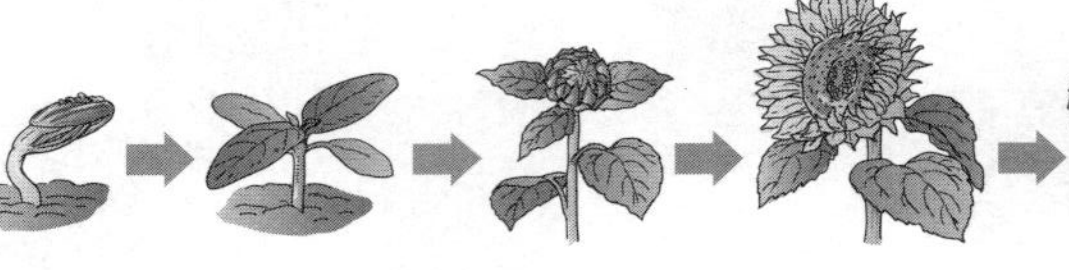

植物は、ひとつの(① たね)から(② め)を出し、(③ くき)と(④ 根)がのび、(⑤ 葉)をしげらせて大きく育っていく。やがて(⑥ つぼみ)ができて(⑦ 花)がさき、(⑧ 実)ができる。ひとつのたねから(⑨ たくさん)の実ができて、やがて実をのこして(⑩かれて)いく。

くき　たね　つぼみ　葉　花　根　実　め
かれて　少し　たくさん

39ページ てびき

1 ホウセンカもヒマワリも、花がさいた後に実ができ、実(たね)をのこしてかれていきます。

2 植物は、ひとつのたねから育ち、実をつくります。育つじゅんじょは、ヒマワリもホウセンカも同じです。

おうちのかたへ
実やたねがどのようにできるか(受粉や結実のしくみ)は、5年で学習します。3年では、花が咲き、実ができ、その実の中にたねができるという育ち方を、観察した事実として捉えます。

おうちのかたへ　2-4. 実ができるころ
「たねをまこう」「ぐんぐんのびろ」「花がさいた」に続いて、植物の育つ順序について学習します。ここでは、花が咲いてから枯れるまでを扱います。植物の育ち方(一生)を理解しているか、などがポイントです。

ぴったり3 たしかめのテスト 2-4. 実がてきるころ

40ページ

/100 合格70点

教科書 80〜85ページ　答え 21ページ

よく出る

1 ホウセンカの育つようすをかんさつしました。　1つ5点、(1)は全部できて10点(20点)

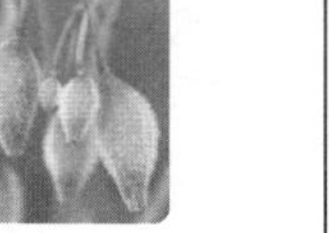

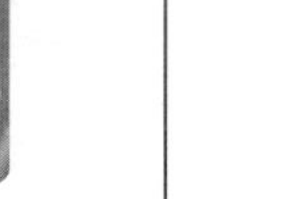
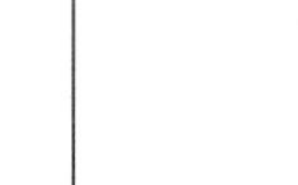

ア(1)　イ(3)　ウ(5)　エ(2)　オ(4)

(1) ㋐を始めとして、育つじゅんに(　)に番号を書きましょう。

(2) ホウセンカのたねはどちらですか。正しい方の□に○をつけましょう。

① ○　②

(3) ホウセンカの育ち方のじゅんばんと、ヒマワリの育ち方のじゅんばんは同じですか、ちがいますか。

(同じ。)

2 ヒマワリの育つようすを調べました。　1つ5点(10点)

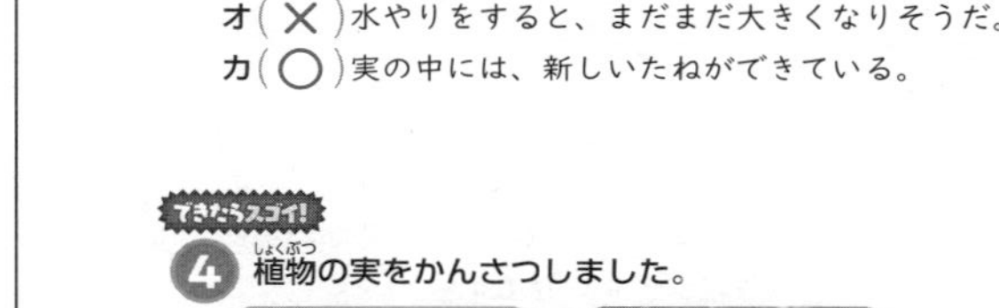

(1) ヒマワリの実ができているようすは、㋐〜㋒のどれですか。　(㋒)

(2) ヒマワリの育つじゅんとして、正しいものに○をつけましょう。

ア(　)㋐→㋑→㋒→かれる　イ(　)㋐→㋑→かれる→㋒
ウ(○)㋑→㋐→㋒→かれる　エ(　)㋑→㋐→かれる→㋒

40

41ページ

3 ホウセンカに実ができたころ、かんさつカードに記ろくすることとして正しいものには○を、まちがっているものには×をつけましょう。　技能 1つ5点(30点)

ア(○)実は、さわるとはじけた。
イ(×)ひとつのくきに、ひとつだけ実ができている。
ウ(×)葉は緑色で、どんどん数がふえて大きくなっている。
エ(○)くきも葉も茶色くなってきた。
オ(×)水やりをすると、まだまだ大きくなりそうだ。
カ(○)実の中には、新しいたねができている。

できたらスゴイ！

4 植物の実をかんさつしました。　1つ5点、(4)は10点(40点)

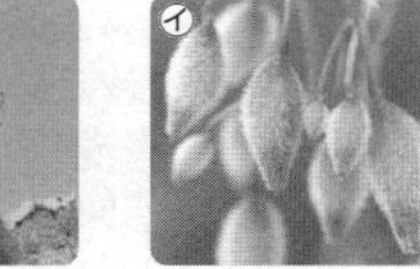

(1) ㋐、㋑は、それぞれ何の植物の実ですか。名前を書きましょう。

㋐(ヒマワリ)　㋑(ホウセンカ)

(2) 実ができた後、植物の葉はどうなりますか。正しいものに○をつけましょう。

ア(　)葉は数がふえ、大きく育っていく。
イ(　)葉の数も大きさも、花がさいたころと同じで、かわらない。
ウ(○)葉は茶色くなって、数もへっていく。

(3) (2)のようになるのは、どうしてですか。(　)に当てはまる言葉を書きましょう。

植物は、(① 花)がちった後、実をのこして(② かれて)しまうので、葉も(③ 茶)色になって、落ちてしまう。

(4) 記述 花がさいた後の植物の育ち方を、□の中の言葉を使ってせつめいしましょう。　思考・表現

花　実　かれて

(花がさいた後に実ができ、やがてかれてしまう。)

ふりかえり　1がわからないときは、38ページの1にもどってかくにんしましょう。
4がわからないときは、38ページの1にもどってかくにんしましょう。

41

40〜41ページ てびき

1 (1)植物は、「たねからめが出る→くきがのび、葉がしげる→花がさく→実ができる→かれる」というじゅんに育っていきます。
(2)ホウセンカのたねは、茶色で丸い形をしています。②はヒマワリのたねです。
(3)植物は、育ち方にきまったじゅんばんがあります。

2 (1)㋐は花、㋑はつぼみです。
(2)つぼみから花がさき、実ができた後、かれていきます。

3 イ　ひとつのくきにたくさんの花がさき、花がさいたところに実ができます。
ウ〜オ　実ができるころには、くきも葉も茶色くなっていき、水をやってももう大きくなりません。

4 (2)、(3)花がさくころまでは、葉もくきもどんどん育っていきますが、実ができるころには、茶色くなって、葉の数もしだいにへっていきます。
(4)植物の育ち方のじゅんじょはしっかりおぼえておきましょう。「花がさく→実ができる→かれる」というじゅんばんがあっていれば、正かいです。

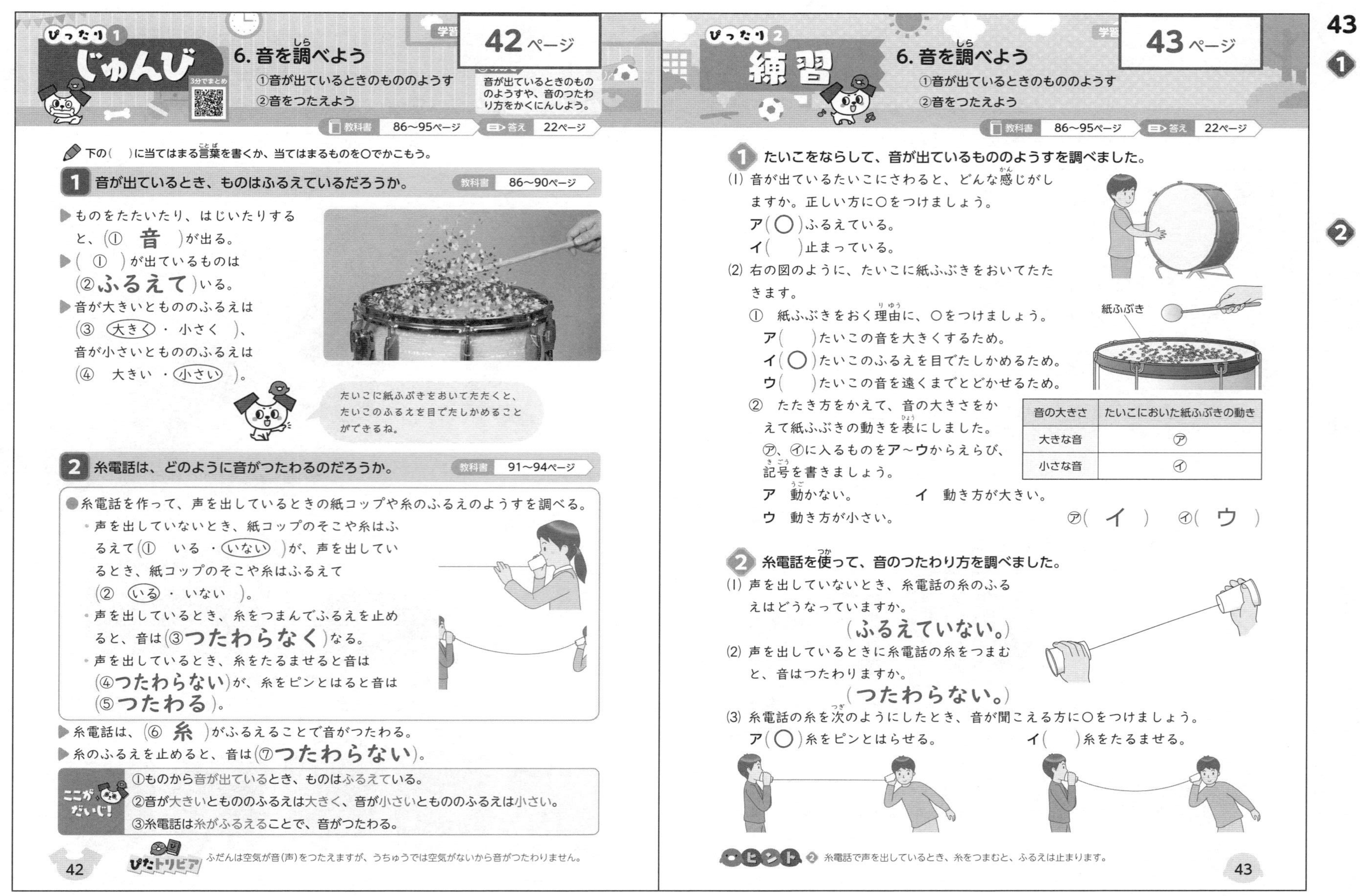

ぴったり1 じゅんび

6. 音を調べよう

①音が出ているときのもののようす
②音をつたえよう

42ページ

音が出ているときのもののようすや、音のつたわり方をかくにんしよう。

教科書 86～95ページ　答え 22ページ

下の(　)に当てはまる言葉を書くか、当てはまるものを○でかこもう。

1 音が出ているとき、ものはふるえているだろうか。　教科書 86～90ページ

▶ものをたたいたり、はじいたりすると、(① 音)が出る。
▶(①)が出ているものは(②ふるえて)いる。
▶音が大きいとものふるえは(③ (大きく)・小さく)、音が小さいとものふるえは(④ 大きい・(小さい))。

たいこに紙ふぶきをおいてたたくと、たいこのふるえを目でたしかめることができるね。

2 糸電話は、どのように音がつたわるのだろうか。　教科書 91～94ページ

●糸電話を作って、声を出しているときの紙コップや糸のふるえのようすを調べる。
・声を出していないとき、紙コップのそこや糸はふるえて(① いる・(いない))が、声を出しているとき、紙コップのそこや糸はふるえて(② (いる)・いない)。
・声を出しているとき、糸をつまんでふるえを止めると、音は(③つたわらなく)なる。
・声を出しているとき、糸をたるませると音は(④つたわらない)が、糸をピンとはると音は(⑤つたわる)。

▶糸電話は、(⑥ 糸)がふるえることで音がつたわる。
▶糸のふるえを止めると、音は(⑦つたわらない)。

ここが だいじ!
①ものから音が出ているとき、ものはふるえている。
②音が大きいとものふるえは大きく、音が小さいとものふるえは小さい。
③糸電話は糸がふるえることで、音がつたわる。

ぴたトリビア　ふだんは空気が音(声)をつたえますが、うちゅうでは空気がないから音がつたわりません。

42

ぴったり2 練習

6. 音を調べよう

①音が出ているときのもののようす
②音をつたえよう

43ページ

教科書 86～95ページ　答え 22ページ

1 たいこをならして、音が出ているもののようすを調べました。

(1) 音が出ているたいこにさわると、どんな感じがしますか。正しい方に○をつけましょう。
ア(○)ふるえている。
イ(　)止まっている。

(2) 右の図のように、たいこに紙ふぶきをおいてたたきます。
① 紙ふぶきをおく理由に、○をつけましょう。
ア(　)たいこの音を大きくするため。
イ(○)たいこのふるえを目でたしかめるため。
ウ(　)たいこの音を遠くまでとどかせるため。
② たたき方をかえて、音の大きさをかえて紙ふぶきの動きを表にしました。㋐、㋑に入るものをア～ウからえらび、記号を書きましょう。
ア 動かない。　イ 動き方が大きい。
ウ 動き方が小さい。

紙ふぶき

音の大きさ	たいこにおいた紙ふぶきの動き
大きな音	㋐
小さな音	㋑

㋐(イ)　㋑(ウ)

2 糸電話を使って、音のつたわり方を調べました。

(1) 声を出していないとき、糸電話の糸のふるえはどうなっていますか。
(ふるえていない。)

(2) 声を出しているときに糸電話の糸をつまむと、音はつたわりますか。
(つたわらない。)

(3) 糸電話の糸を次のようにしたとき、音が聞こえる方に○をつけましょう。
ア(○)糸をピンとはらせる。　イ(　)糸をたるませる。

ヒント ❷ 糸電話で声を出しているとき、糸をつまむと、ふるえは止まります。

43

43ページ　てびき

❶ (1)音が出ているとき、ものはふるえています。
(2)②大きな音はふるえが大きく、小さな音はふるえが小さいです。

❷ (1)、(2)音がつたわるとき、音をつたえているものはふるえています。
(3)糸電話の糸をたるませると、音はつたわりません。

おうちのかたへ　6. 音を調べよう

音を出しているものや伝えているものはふるえていること、大きい音はふるえも大きいことを学習します。音を出す・伝えるものがふるえていること、ふるえが大きくなると音も大きくなることを理解しているか、などがポイントです。

ぴったり3 たしかめのテスト

6. 音を調べよう

44ページ

/100　合格70点

教科書 86〜95ページ　答え 23ページ

よく出る

1 がっきを使って、音が出ているときのもののようすを調べました。 1つ5点(20点)

トライアングル　タンブリン　たいこ

(1) トライアングルをたたいて音を出し、指先でそっとふれてみました。トライアングルはどのようなようすでしたか。 (**(ブルブルと)ふるえていた。**)

(2) トライアングル、タンブリン、たいこのうち、タンブリンとたいこの音だけが聞こえたとき、それぞれのがっきはふるえていますか、ふるえていませんか。

トライアングル(**ふるえていない。**)
タンブリン(**ふるえている。**)
たいこ(**ふるえている。**)

2 トライアングル、タンブリン、たいこを使って、音の大きさをかえたときの音が出ているもののようすを調べました。 (1)、(2)は1つ5点、(3)は全部できて10点(30点)

(1) たいこをたたいて音を出して、手のひらでそっとふれました。音が聞こえなくなった後、もう1回たたいて音を出して、手のひらでそっとふれたところ、ふるえが小さいと感じました。2回目にたたいたときに聞こえた音は、1回目の音より大きいですか、小さいですか。 思考・表現 (**小さい。**)

(2) それぞれのがっきについて、2回音を出して、音の大きさをくらべました。トライアングルは1回目より音が大きく、タンブリンとたいこは1回目より音が小さくなりました。それぞれのがっきの2回目のふるえは、1回目とくらべて大きいですか、小さいですか。 思考・表現

トライアングル(**大きい。**)
タンブリン(**小さい。**)
たいこ(**小さい。**)

(3) 音の大きさと音が出ているもののようすについて、( )に当てはまる言葉を書きましょう。

・音が小さいとものののふるえは(**小さい**)。一方、音が大きいとものののふるえは(**大きい**)。

45ページ

できたらスゴイ!

3 身の回りのものを使って、音がつたわるときのようすを調べました。 1つ10点(30点)

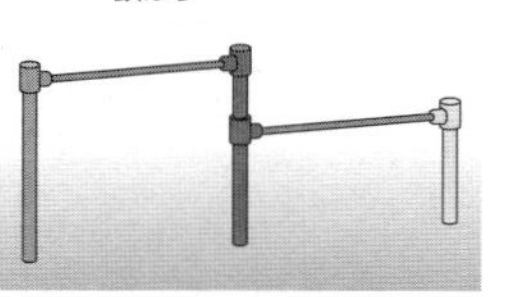

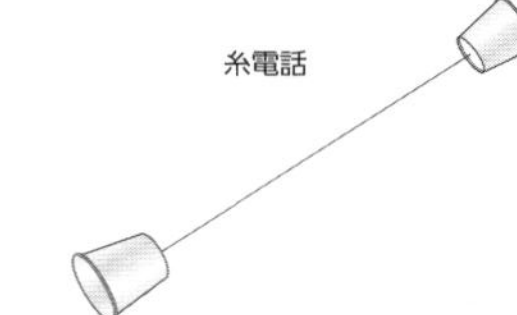

(1) 鉄ぼうをたたき、たたいたところからはなれているところに耳をつけると、音が聞こえました。このとき、鉄ぼうはふるえていますか、ふるえていませんか。 (**ふるえている。**)

(2) 糸電話で声を出して、音が聞こえているときの糸は、どのようなようすですか。 (**ふるえている。**)

(3) 糸電話で声を出して、音が聞こえているときに、糸をつまみました。音はどうなりますか。 (**つたわらなくなる。**)(**聞こえなくなる。**)

4 がっきをならしてみました。正しいものには○を、正しくないものには×を書きましょう。 1つ5点(20点)

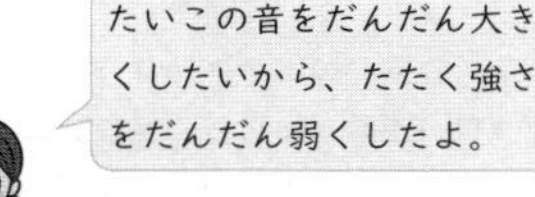

はじめの音より2回目の音の方が大きかったよ。はじめの音の方が、ふるえが小さいということだね。

②(○)

たいこの音をだんだん大きくしたいから、たたく強さをだんだん弱くしたよ。

①(×)

トライアングルの音をすぐに止めたいから、指先でつまんだよ。

④(○)

トライアングルはかたいから、音が出ているあいだもふるえていなかったね。

③(×)

ふりかえり　**1**がわからないときは、42ページの**1**にもどってかくにんしましょう。**3**がわからないときは、42ページの**2**にもどってかくにんしましょう。

44〜45ページ　てびき

1 ものから音が出ているとき、ものはふるえています。音が出ていないものは、ふるえていません。

2 (1) 1回目よりふるえが小さい、ということは、1回目より音が小さいことになります。
(2) 1回目より音が大きいトライアングルは、1回目よりふるえが大きく、1回目より音が小さいタンブリンとたいこは、1回目よりふるえが小さいです。

3 (1)、(2)鉄ぼうでも、糸電話でも、音がつたわるときは音をつたえているものはふるえています。
(3)糸をつまむと、糸のふるえが止まります。ふるえを止めると、音はつたわりません。

4 ①音を大きくするときはより強くたたき、ふるえを大きくします。
③音を出しているものはふるえています。
④ふるえを止めると、音は止まります。

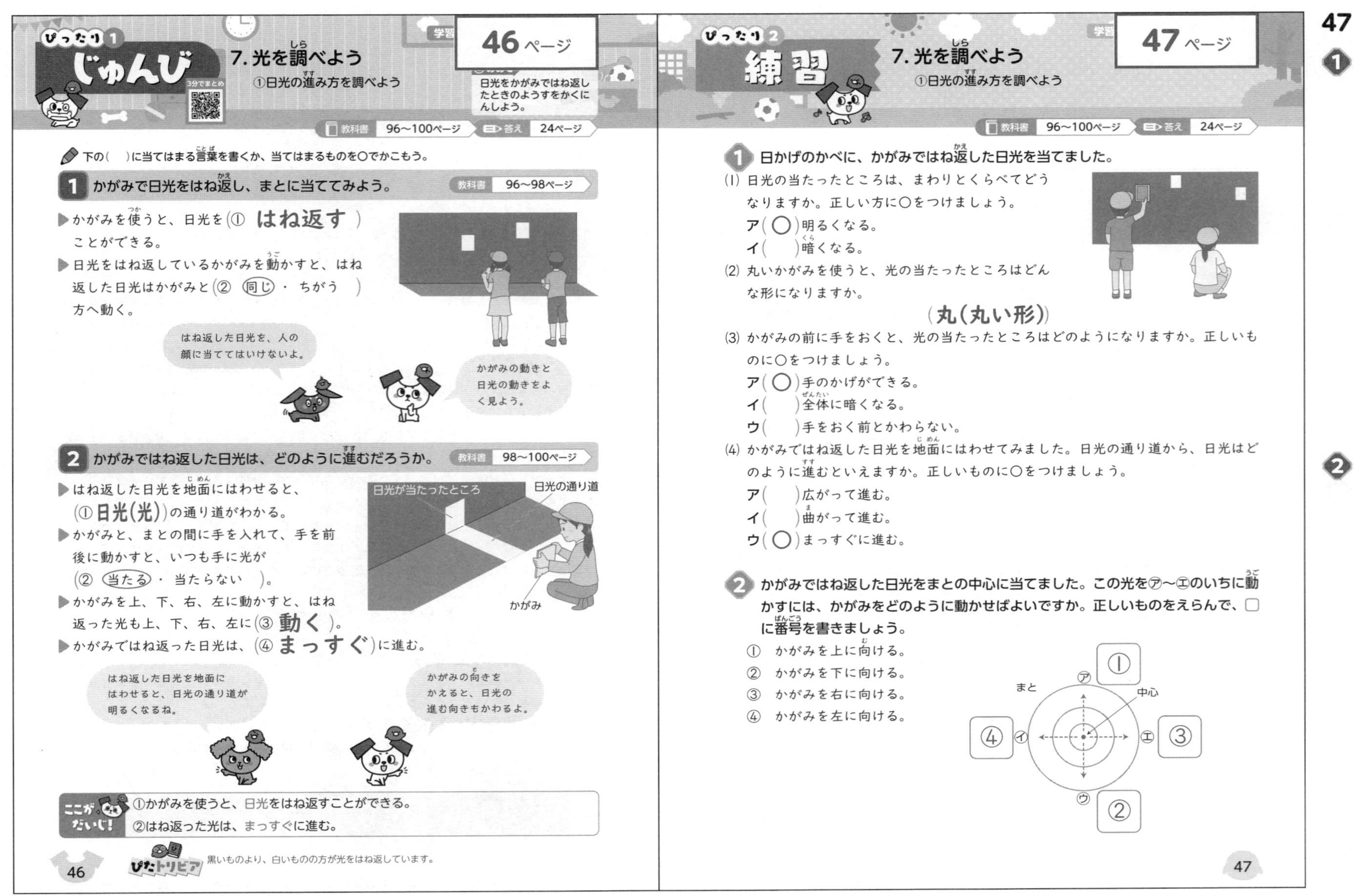

ぴったり1 じゅんび

7. 光を調べよう

①日光の進み方を調べよう

46ページ

日光をかがみではね返したときのようすをかくにんしよう。

教科書 96〜100ページ　答え 24ページ

下の(　)に当てはまる言葉を書くか、当てはまるものを○でかこもう。

1 かがみで日光をはね返し、まとに当ててみよう。　教科書 96〜98ページ

▶かがみを使うと、日光を(① はね返す)ことができる。

▶日光をはね返しているかがみを動かすと、はね返した日光はかがみと(② 同じ ・ ちがう)方へ動く。

はね返した日光を、人の顔に当ててはいけないよ。

かがみの動きと日光の動きをよく見よう。

2 かがみではね返した日光は、どのように進むだろうか。　教科書 98〜100ページ

▶はね返した日光を地面にはわせると、(① 日光(光))の通り道がわかる。

▶かがみと、まとの間に手を入れて、手を前後に動かすと、いつも手に光が(② 当たる ・ 当たらない)。

▶かがみを上、下、右、左に動かすと、はね返った光も上、下、右、左に(③ 動く)。

▶かがみではね返った日光は、(④ まっすぐ)に進む。

日光が当たったところ

日光の通り道

かがみ

はね返した日光を地面にはわせると、日光の通り道が明るくなるね。

かがみの向きをかえると、日光の進む向きもかわるよ。

ここがだいじ！ ①かがみを使うと、日光をはね返すことができる。
②はね返った光は、まっすぐに進む。

46

ぴたトリビア 黒いものより、白いものの方が光をはね返しています。

ぴったり2 練習

7. 光を調べよう

①日光の進み方を調べよう

47ページ

教科書 96〜100ページ　答え 24ページ

1 日かげのかべに、かがみではね返した日光を当てました。

(1) 日光の当たったところは、まわりとくらべてどうなりますか。正しい方に○をつけましょう。

ア(○)明るくなる。
イ(　)暗くなる。

(2) 丸いかがみを使うと、光の当たったところはどんな形になりますか。

(丸(丸い形))

(3) かがみの前に手をおくと、光の当たったところはどのようになりますか。正しいものに○をつけましょう。

ア(○)手のかげができる。
イ(　)全体に暗くなる。
ウ(　)手をおく前とかわらない。

(4) かがみではね返した日光を地面にはわせてみました。日光の通り道から、日光はどのように進むといえますか。正しいものに○をつけましょう。

ア(　)広がって進む。
イ(　)曲がって進む。
ウ(○)まっすぐに進む。

2 かがみではね返した日光をまとの中心に当てました。この光を㋐〜㋓のいちに動かすには、かがみをどのように動かせばよいですか。正しいものをえらんで、□に番号を書きましょう。

① かがみを上に向ける。
② かがみを下に向ける。
③ かがみを右に向ける。
④ かがみを左に向ける。

まと　中心　㋐ ①　㋑ ④　㋒ ②　㋓ ③

47

47ページ　てびき

1 (1)日なたは日光が当たっているので、日かげより明るくなります。同じように、はね返した日光を当てたところも、明るくなります。

(2)光の当たったところは、かがみと同じ形になります。

(3)手をおいたところだけ、光がさえぎられるので、手の形のかげができます。

2 かがみを使ってはね返した日光は、まっすぐに進むことから考えましょう。

おうちのかたへ　7. 光を調べよう

鏡や虫眼鏡を使い、光の進み方や日光を当てたときの明るさやあたたかさについて学習します。日光は鏡で反射し直進することや、鏡や虫眼鏡で日光を集光したときの様子を理解しているか、などがポイントです。

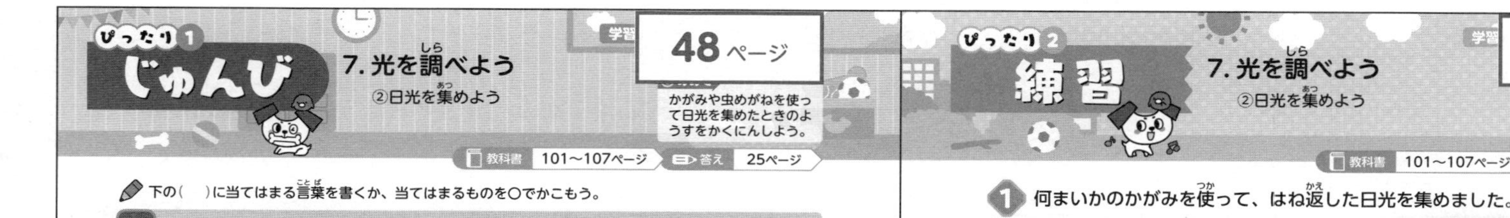

7. 光を調べよう

②日光を集めよう

48ページ

かがみや虫めがねを使って日光を集めたときのようすをかくにんしよう。

教科書 101〜107ページ　答え 25ページ

下の（　）に当てはまる言葉を書くか、当てはまるものを○でかこもう。

1 かがみをふやして日光を集めると、どうなるだろうか。

教科書 101〜103ページ

▶かがみで日光をはね返してまとに当てると、日光が当たったところは、(①**明るく**)、(②**あたたかく**)なる。

▶かがみのまい数をふやすと、日光を集めたところは、かがみ1まいのときより(③ (明るく)・暗く)、(④ (あたたかく)・つめたく)なる。

▶かがみのまい数が(⑤ **多く**)なるほど、日光を集めたところは明るく、(⑥**あたたかく**)なる。

かがみをふやすほど、温度が上がることに注意しよう。

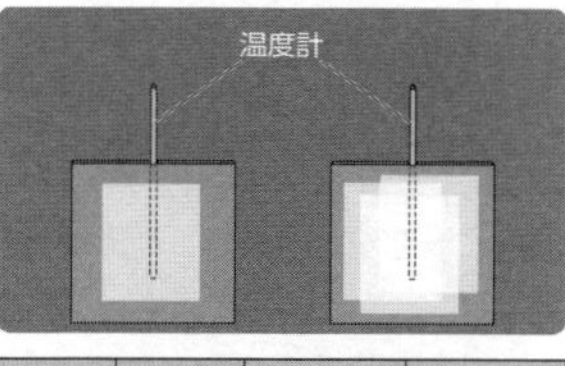

かがみのまい数	1まい	2まい	3まい
まとの明るさ	―	1まいのときより明るい	2まいのときより明るい
まとの温度	18℃	29℃	45℃

2 虫めがねを使って日光を集めてみよう。

教科書 104〜105ページ

▶虫めがねを使うと、(① **日光**)を集めることができる。

▶虫めがねを黒い紙に近づけたり遠ざけたりすると、明るいところはどうかわるだろう。

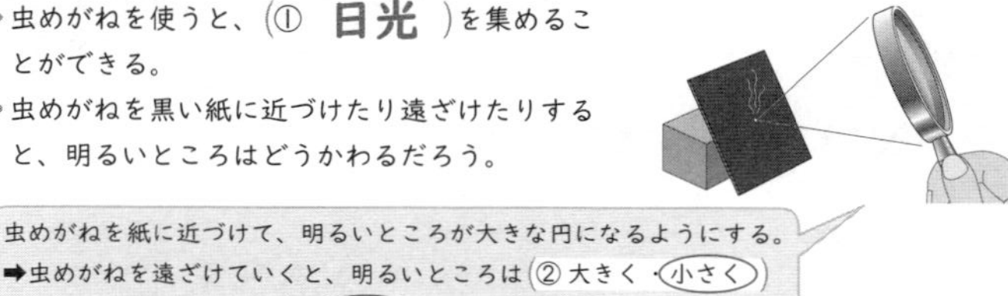

虫めがねを紙に近づけて、明るいところが大きな円になるようにする。
➡虫めがねを遠ざけていくと、明るいところは(② 大きく・(小さく))なっていき、明るさは(③ (明るく)・暗く)なっていく。

▶日光が集まった部分が小さいほど(④ (明るく)・暗く)なり、紙がこげるくらいに(⑤ **あつく**)なる。

ここが だいじ！
①かがみのまい数が多いほど、日光が当たったところは、明るく、あたたかくなる。
②虫めがねを使って、日光を集めることができる。
③日光が集まった部分が小さくなるほど、より明るく、あたたかくなる。

ぴたトリビア　日がさをさすと、日光が直せつからだに当たることによる暑さから身を守ることができます。

ぴったり2
練習

7. 光を調べよう

②日光を集めよう

49ページ

教科書 101〜107ページ　答え 25ページ

1 何まいかのかがみを使って、はね返した日光を集めました。

(1) 使ったかがみは何まいですか。　(**3まい**)

(2) 作図 もっとも明るいところを赤色でぬりましょう。

(3) 作図 2番目に明るいところは3か所あります。黄色でぬりましょう。

(4) 黄色でぬったところは、何まいのかがみではね返した日光が当たっていますか。　(**2まい**)

(5) 作図 3番目に明るいところは3か所あります。青色でぬりましょう。

(6) もっともあたたかいのは、何色でぬったところですか。　(**赤色**)

(7) かがみの数をふやし、たくさんのはね返した日光を集めると、どうなりますか。
（　）に当てはまる言葉を書きましょう。
かがみではね返した日光をたくさん集めると、日光が当たったところは、より(① **明るく**)なり、温度は(② **高く**)なる。

青色　赤色　黄色

2 大きな虫めがねと小さな虫めがねを使って、黒い紙の上に同じ大きさになるように日光を集めました。

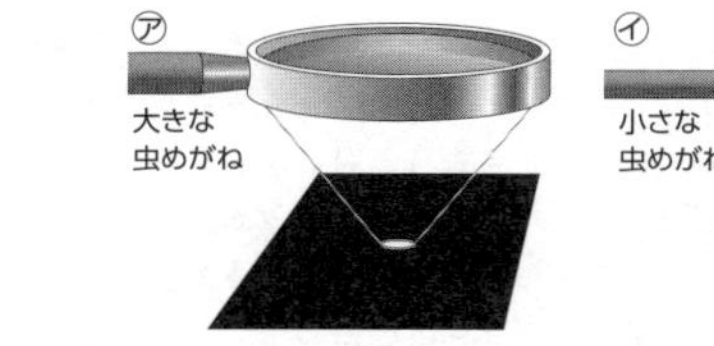

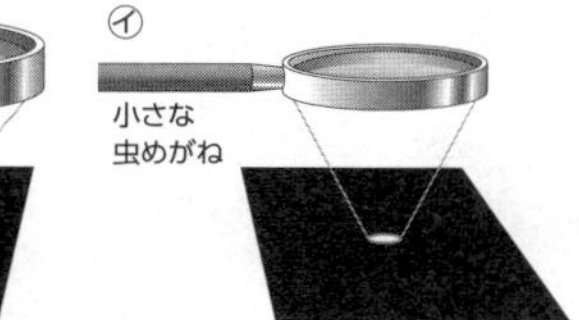

(1) 集めた日光は、㋐と㋑のどちらの方が明るいですか。　(㋐)

(2) 紙がはやくこげるのは、㋐と㋑のどちらですか。　(㋐)

(3) ㋐の虫めがねを紙から近づけたり遠ざけたりして、日光の集まった部分が小さくなるようにしました。このとき、正しい方を○でかこみましょう。
日光の集まった部分が小さいほど、集まった部分は(① (明るく)・暗く)、(② (あたたかく)・つめたく)なる。

ヒント 2 (2)黒い紙がこげてけむりが出るのは、あつく(温度が高く)なるためです。

2 (1)、(2)大きな虫めがねの方が、日光の当たるところが広いので、たくさんの日光を集めています。

49ページ　てびき

1 ・1まいのかがみではね返した日光が当たっているところは青色にぬったところです。
・2まいのかがみではね返した日光が当たっているところは黄色にぬったところです。
・3まいのかがみではね返した日光が当たっているところは赤色にぬったところです。
(2)、(6)3まいのかがみではね返した日光が当たっているところが、もっとも明るくあたたかいです。
(3)、(4)2番目に明るいところは、2まいのかがみではね返した日光が当たっているところです。
(5)3番目に明るいところは、1まいのかがみではね返した日光が当たっているところです。

おうちのかたへ
虫眼鏡を使って日光を集めることができることは、実験した事実として捉えます。なお、光の屈折については、中学校で学習します。

50ページ

/100 合格70点

教科書 96~107ページ　答え 26ページ

よく出る

1 かがみを使って、日光の進み方を調べました。 1つ5点(15点)

(1) 1まいのかがみで、どのようなことができますか。正しいものに○をつけましょう。

ア(　)日光を集めることができる。

イ(○)日光をはね返すことができる。

ウ(　)日光を通すことができる。

(2) まいさんが日光を地面にはわせて、通り道を調べました。日光はどのように進んでいますか。(　)に当てはまる言葉を書きましょう。

日光は(まっすぐ)に進む。

(3) あきらさんが、かべに光を当てています。光を動かして、かべの㋐の部分に光を当てるには、あきらさんはかがみをどのように動かせばよいですか。

((かがみを少し)上に向ける。)

2 まとを作って、3まいのかがみではね返した日光を当て、明るさや温度をくらべました。 (1)は1つ5点、(2)は1つ10点(35点)

かがみのまい数	ア	イ	ウ
まとの明るさ	明るい	2まいのときより明るい	1まいのときより明るい
まとの温度	16℃	①	②

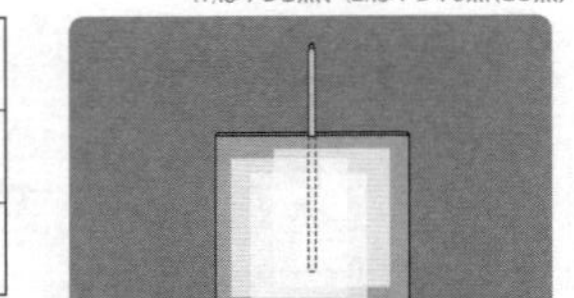

(1) 表のア~ウは、かがみが1まい、2まい、3まいのときのどれですか。

かがみ1まい(ア)

かがみ2まい(ウ)

かがみ3まい(イ)

(2) 表の温度は、まとに3分間日光を当てたときのまとの温度です。①、②に当てはまる温度を、[　]からえらんで書きましょう。

[12℃　29℃　45℃]

①(45℃)

②(29℃)

51ページ

3 虫めがねを使って日光を集めます。正しいものを3つえらんで○をつけましょう。 1つ5点(15点)

ア(○)集めた日光を紙に当てると、しばらくして紙がこげる。

イ(　)日光の集まった部分を小さくするには、虫めがねを紙に近づける。

ウ(　)大きな虫めがねと小さな虫めがねでは、小さな虫めがねの方が、日光をたくさん集めることができる。

エ(○)日光の集まった部分を小さくすると、さらに明るくなる。

オ(○)虫めがねで太陽を見ると、目をいためるので見てはいけない。

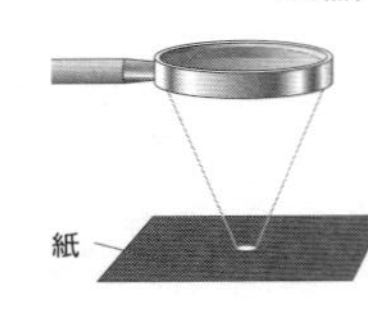

てきたらスゴイ!

4 黒い紙の上に、虫めがねで日光を集めました。 1つ5点(35点)

(1) 日光が集まっている部分がもっとも明るいのは、㋐~㋒のどれですか。(㋒)

(2) 紙がもっともはやくこげてしまうのは、㋐~㋒のどれですか。(㋒)

(3) 光が集まっている部分の温度がもっとも高いのは、㋐~㋒のどれですか。(㋒)

(4) ㋐のじょうたいから、虫めがねを紙から遠ざけていくと㋑のようになりました。次に㋒のようにするには、虫めがねを下の絵のあといのどちらの方に動かせばよいですか。(い)

(5) 虫めがねの大きさをもっと大きなものにかえて、日光の集まっている部分の大きさが㋒と同じになるようにしました。このとき日光の集まっている部分の明るさは、大きな虫めがねにかえる前とくらべて、どうなっていますか。 思考・表現

(明るくなっている。)

(6) (5)で答えたようになるのはどうしてですか。正しい方を○でかこみましょう。

大きな虫めがねの方が、集めることのできる光のりょうが(① 多い ・ 少ない)から、(② 明るく ・ 暗く)なる。

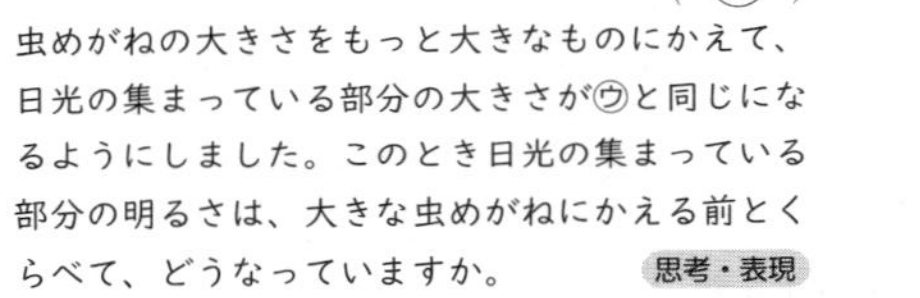

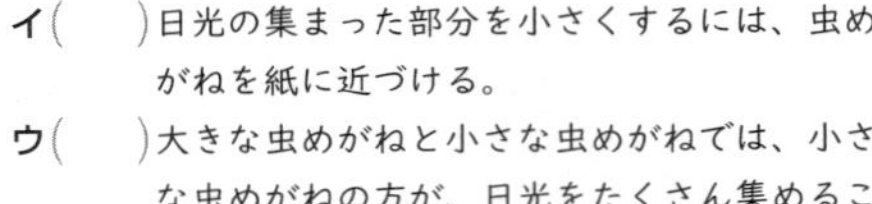

ふりかえり
1がわからないときは、46ページの2にもどってかくにんしましょう。
4がわからないときは、48ページの2にもどってかくにんしましょう。

50~51ページ てびき

1 (2)地面にはわせた日光がまっすぐに進んでいることから、日光はまっすぐに進むことがわかります。
(3)かがみではね返した日光はまっすぐに進むので、上の方に光を当てるには、かがみを上に向けます。

2 かがみのまい数が多いほど、はね返した日光が当たったところは明るく、あたたかくなります。

3 ウ　大きな虫めがねの方が、日光の当たるところが広いので、たくさんの日光を集めることができます。

4 (1)~(3)日光が集まっている部分がもっとも小さいものが、もっとも明るく、もっともあつく(温度が高く)なっているといえます。
(5)、(6)大きな虫めがねの方が、日光の当たるところが広いので、集めることのできる光のりょうも多いです。

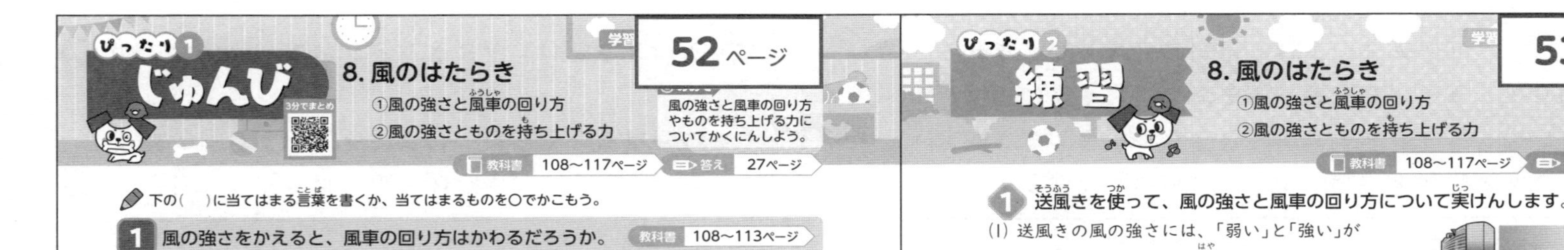

52ページ

8. 風のはたらき

①風の強さと風車の回り方
②風の強さとものを持ち上げる力

風の強さと風車の回り方やものを持ち上げる力についてかくにんしよう。

教科書 108～117ページ　答え 27ページ

下の(　)に当てはまる言葉を書くか、当てはまるものを○でかこもう。

1 風の強さをかえると、風車の回り方はかわるだろうか。 教科書 108～113ページ

▶送風きで風の強さをかえて、風車の回り方を調べる。

送風きの高さと(① **風車**)の高さが同じになるように、送風きを台にのせて合わせます。

風　台

▶風の強さと風車の回り方

風の強さ	回る速さや回り方	回っているときの音	じくにさわったときの手ごたえ
弱　い	(② 速い・(おそい))	(③(小さい)・大きい)	(④ 強い・(弱い))

風の強さ	回る速さや回り方	回っているときの音	じくにさわったときの手ごたえ
強　い	(⑤(速い)・おそい)	(⑥ 小さい・(大きい))	(⑦(強い)・弱い)

▶風車は、風が強いほど(⑧(速く)・おそく)回り、じくにさわったときの手ごたえも(⑨(強く)・弱く)、回る音も(⑩ 小さい・(大きい))。

2 どうすれば、風車のものを持ち上げる力は大きくなるだろうか。 教科書 113～116ページ

風

▶風の強さと持ち上げられたおもりの数

風の強さ	1回目	2回目
弱　い	4こ	4こ
強　い	6こ	6こ

強い風ほど、おもりをたくさん持ち上げられるね。

けがをするから、送風きに指を入れてはいけないよ！

▶風の力を使って、ものを持ち上げることが(①(できる)・できない)。
▶強い風ほど、風車がものを持ち上げる力は(② 小さく・(大きく))なる。

ここがだいじ！
①風車は、風が強いほど、速く回る。
②風の力で、ものを持ち上げることができる。
③風が強いほど、ものを持ち上げる力は大きくなる。

ぴたトリビア　風力発電は、風の力を使って電気をつくっています。

53ページ

8. 風のはたらき

①風の強さと風車の回り方
②風の強さとものを持ち上げる力

教科書 108～117ページ　答え 27ページ

1 送風きを使って、風の強さと風車の回り方について実けんします。

(1) 送風きの風の強さには、「弱い」と「強い」があります。風車がより速く回るのは、どちらの強さにしたときですか。　(**強い**)

(2) 風の強さを「強い」にすると、風車が回っているときの音はどうなりますか。正しいものに○をつけましょう。
ア(○)大きくなる。　イ(　)小さくなる。　ウ(　)かわらない。

(3) 風の強さを「強い」にすると、回っているじくにさわったときの手ごたえはどうなりますか。正しいものに○をつけましょう。
ア(○)強くなる。　イ(　)弱くなる。　ウ(　)かわらない。

(4) この実けんから、どのようなことがわかりますか。(　)に言葉を書きましょう。
風車は、風が(① **強い**)ほど、速く回る。また、風が強いほど、回っているときの音は(② **大き**)く、じくをさわったときの手ごたえも(③ **強く**)なる。

2 送風きを使って風の強さをかえ、どれくらいのおもりを持ち上げられるかを実けんしました。表は、風の強さと持ち上げられたおもりの数を表しています。

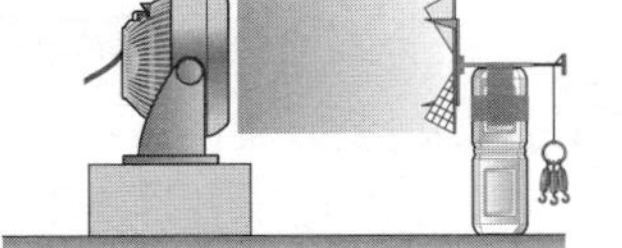

風の強さ	1回目	2回目
弱　い	4こ	4こ
強　い	6こ	6こ

(1) 風の力を使うと、どのようなことができるといえますか。(　)に当てはまる言葉を書きましょう。
風の力を使うと、ものを(**持ち上げる(動かす)**)ことができる。

(2) 表から、風の力が強いほど、ものを持ち上げる力はどうなるといえますか。
(**大きく(強く)なる。**)

(3) もっとたくさんのおもりを持ち上げるには、どのような風を当てればよいですか。
(**(もっと)強い風を当てる。**)

53ページ　てびき

1 (1)風車をより速く回すには、強い風を当てます。
(2)風が強いほど、回っているときの音は大きくなります。
(3)風が強いほど、回っているじくにさわったときの手ごたえも強くなります。

2 (1)風の力で風車を回すことにより、ものを持ち上げることができます。
(2)、(3)強い風ほど、ものを持ち上げる力は大きくなります。

おうちのかたへ　8. 風のはたらき
風車と送風機を使って、風のはたらきを学習します。風の強さを変えると、風車の回る速さがどう変わるか、物を持ち上げる力はどう変わるかなどを理解しているかがポイントです。

8. 風のはたらき

教科書 108～117ページ　答え 28ページ

54ページ

/100　合格 70 点

よく出る

1 送風きの風の強さをかえて、風車の回り方を調べ、表にまとめました。表の①～④に当てはまる言葉を、下の［　］からえらんで、記号で答えましょう。同じ記号を2回使ってもかまいません。

1つ5点(20点)

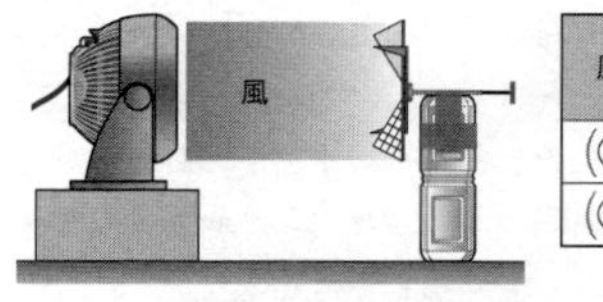

風の強さ	回る速さ	回っているときの音	じくにさわったときの手ごたえ
(①㋑)	おそい	小さい	(④㋑)
(②㋐)	速い	(③㋔)	強い

㋐強い　㋑弱い　㋒速い　㋓おそい　㋔大きい　㋕小さい

よく出る

2 送風きの風の強さをかえて、風車がおもりをいくつ持ち上げられるか調べ、表にまとめました。

1つ10点(20点)

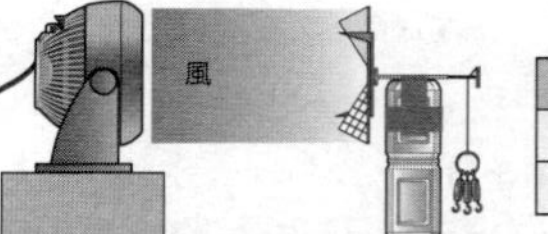

風の強さ	1回目	2回目
㋐	3こ	3こ
㋑	5こ	5こ

(1) 表の㋐と㋑には風の強さが入ります。風の強さが強いのは㋐と㋑のどちらですか。
(㋑)

(2) この実けんから、風の強さと風車がものを持ち上げる力について、どのようなことがいえるでしょうか。正しいものに○をつけましょう。
ア(　)風車がものを持ち上げる力は、風の強さではかわらない。
イ(　)風車がものを持ち上げる力は、風が弱いほど大きくなる。
ウ(○)風車がものを持ち上げる力は、風が強いほど大きくなる。
エ(　)風車がものを持ち上げる力は、風があたたかいほど大きくなる。

55ページ

3 送風きで風車に風を当てて、風車の回り方を調べます。

技能 1つ5点(20点)

㋐　㋑　㋒

(1) 送風きはどのような高さに合わせるとよいですか。上の㋐～㋒からえらび、記号で答えましょう。
(㋑)

(2) 風の強さをかえて風車の回り方を調べるときに、送風きと風車とのきょりはどのようにすればよいですか。正しいものに○をつけましょう。
ア(　)1回ごとに、送風きと風車との間のきょりをかえる。
イ(○)送風きと風車との間のきょりをいつも同じにする。
ウ(　)送風きと風車とのきょりは気にしなくてよい。

(3) 風の強さをかえて風車の回り方を調べるときに、記ろくしておくとよいことが3つあります。(　)に当てはまる言葉を書きましょう。
①回る(速さ)　②回っているときの(音)
③じくにさわったときの手ごたえ

すらすらスゴイ!

4 風の力は、いろいろなものに使われています。

1つ10点、(4)は全部できて10点(40点)

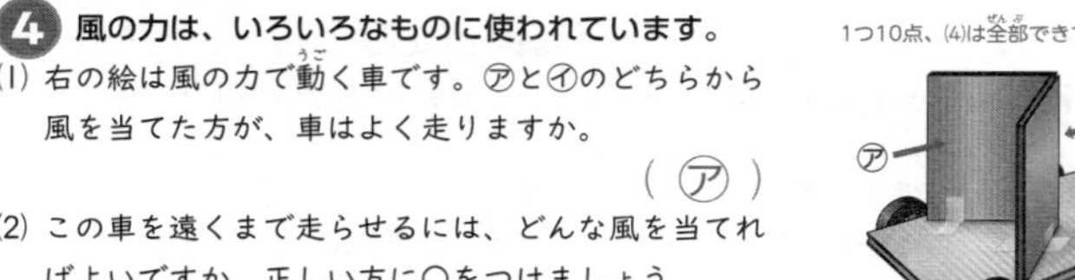

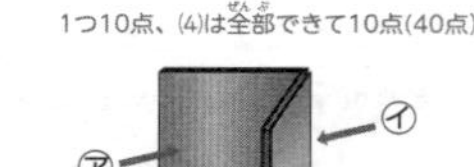

(1) 右の絵は風の力で動く車です。㋐と㋑のどちらから風を当てた方が、車はよく走りますか。
(㋐)

(2) この車を遠くまで走らせるには、どんな風を当てればよいですか。正しい方に○をつけましょう。
ア(　)弱い風　イ(○)強い風

(3) 風が強いほど、ものを動かす力はどうなるといえますか。
(大きく(強く)なる。)

(4) 右の写真は風力発電きです。(　)に当てはまる言葉を書きましょう。　思考・表現
風力発電では、(① 風)の力で風車を回し、そのカで、(② 電気)をつくっている。

ふりかえり
❶がわからないときは、52ページの❶にもどってかくにんしましょう。
❷がわからないときは、52ページの❷にもどってかくにんしましょう。

54～55ページ　てびき

1 風の強さが①のとき、回る速さはおそく、回っているときの音は小さいので、このときの風の強さは「弱い」ことがわかります。
風の強さが②のとき、回る速さは速く、じくにさわったときの手ごたえは強いので、このときの風の強さは「強い」ことがわかります。

2 (1)風の強さが㋑のときの方が、持ち上げるおもりの数が多いので、㋑の方が風の強さが強いとわかります。
(2)ア　風の強さで、持ち上げることができるおもりの数がかわっています。
エ　この実けんでは、風のあたたかさと、ものを持ち上げる力のかんけいは、調べていません。

3 (1)送風きの高さは、風車の羽根の高さに合わせます。
(2)風の強さをかえるときは、送風きと風車とのきょりをかえないで調べます。

4 (1)㋐の方が、風の力をたくさんうけることができます。
(2)、(3)風が強いほど、ものを動かす力は大きくなり、車を遠くまで走らせることができます。
(4)風の力をりようする風力発電は、かんきょうにやさしい発電方ほうとして注目されています。

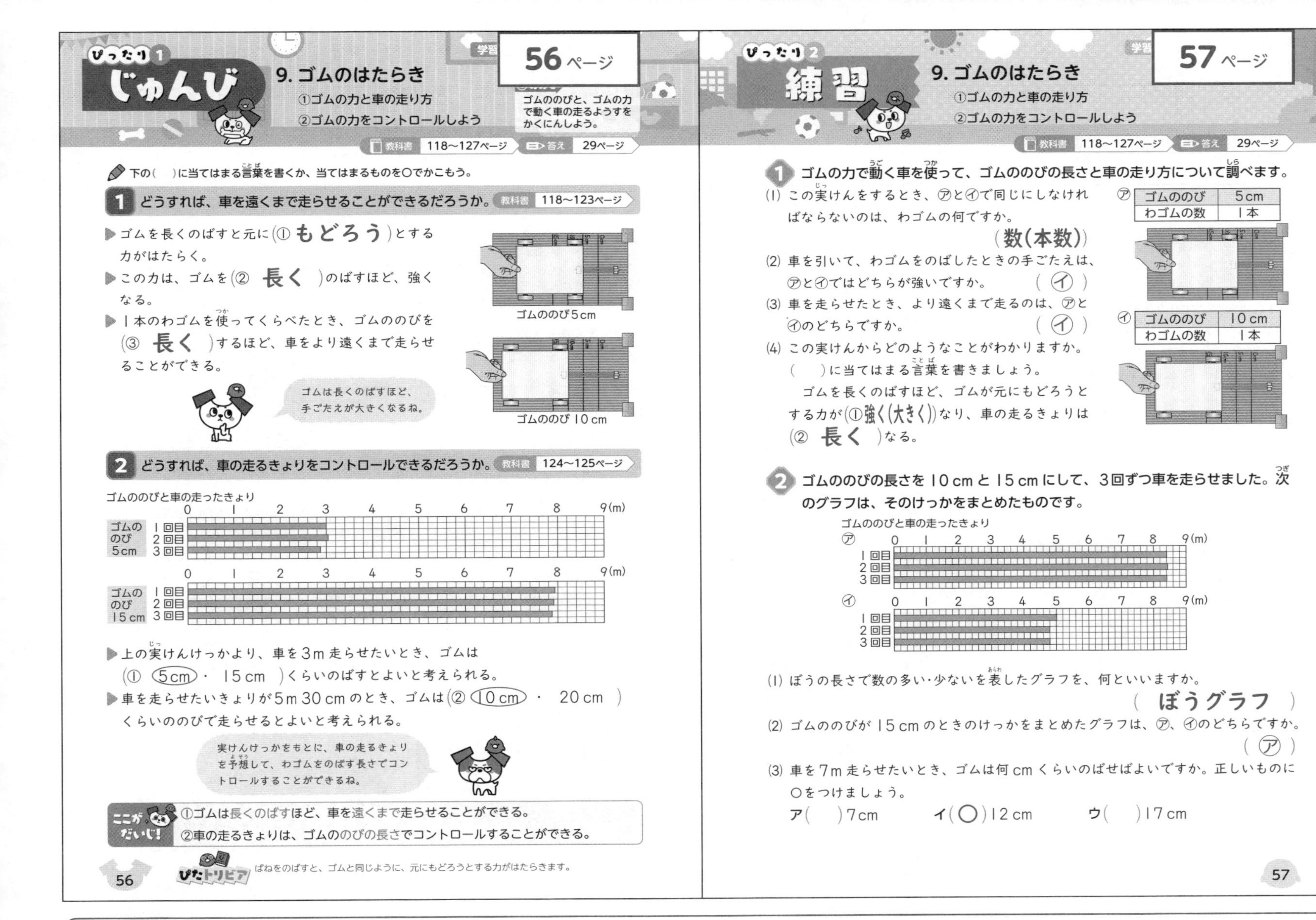

ぴったり1 じゅんび

9. ゴムのはたらき

①ゴムの力と車の走り方
②ゴムの力をコントロールしよう

56ページ

ゴムののびと、ゴムの力で動く車の走るようすをかくにんしよう。

教科書 118～127ページ　答え 29ページ

下の（　）に当てはまる言葉を書くか、当てはまるものを○でかこもう。

1 どうすれば、車を遠くまで走らせることができるだろうか。 教科書 118～123ページ

▶ゴムを長くのばすと元に（① もどろう ）とする力がはたらく。

▶この力は、ゴムを（② 長く ）のばすほど、強くなる。

▶1本のわゴムを使ってくらべたとき、ゴムののびを（③ 長く ）するほど、車をより遠くまで走らせることができる。

ゴムののび5cm

ゴムののび10cm

ゴムは長くのばすほど、手ごたえが大きくなるね。

2 どうすれば、車の走るきょりをコントロールできるだろうか。 教科書 124～125ページ

ゴムののびと車の走ったきょり

ゴムののび 5cm　1回目　2回目　3回目

ゴムののび 15cm　1回目　2回目　3回目

0　1　2　3　4　5　6　7　8　9(m)

▶上の実けんけっかより、車を3m走らせたいとき、ゴムは（① 5cm ・ 15cm ）くらいのばすとよいと考えられる。

▶車を走らせたいきょりが5m 30cmのとき、ゴムは（② 10cm ・ 20cm ）くらいののびで走らせるとよいと考えられる。

実けんけっかをもとに、車の走るきょりを予想して、わゴムをのばす長さでコントロールすることができるね。

ここがだいじ！ ①ゴムは長くのばすほど、車を遠くまで走らせることができる。
②車の走るきょりは、ゴムののびの長さでコントロールすることができる。

ぴたトリビア　ばねをのばすと、ゴムと同じように、元にもどろうとする力がはたらきます。

56

ぴったり2 練習

9. ゴムのはたらき

①ゴムの力と車の走り方
②ゴムの力をコントロールしよう

57ページ

教科書 118～127ページ　答え 29ページ

1 ゴムの力で動く車を使って、ゴムののびの長さと車の走り方について調べます。

㋐ ゴムののび	5cm
わゴムの数	1本

㋑ ゴムののび	10cm
わゴムの数	1本

(1) この実けんをするとき、㋐と㋑で同じにしなければならないのは、わゴムの何ですか。
（数（本数））

(2) 車を引いて、わゴムをのばしたときの手ごたえは、㋐と㋑ではどちらが強いですか。（ ㋑ ）

(3) 車を走らせたとき、より遠くまで走るのは、㋐と㋑のどちらですか。（ ㋑ ）

(4) この実けんからどのようなことがわかりますか。（　）に当てはまる言葉を書きましょう。
ゴムを長くのばすほど、ゴムが元にもどろうとする力が（① 強く（大きく））なり、車の走るきょりは（② 長く ）なる。

2 ゴムののびの長さを10cmと15cmにして、3回ずつ車を走らせました。次のグラフは、そのけっかをまとめたものです。

ゴムののびと車の走ったきょり

㋐　1回目　2回目　3回目

㋑　1回目　2回目　3回目

0　1　2　3　4　5　6　7　8　9(m)

(1) ぼうの長さで数の多い・少ないを表したグラフを、何といいますか。
（ ぼうグラフ ）

(2) ゴムののびが15cmのときのけっかをまとめたグラフは、㋐、㋑のどちらですか。
（ ㋐ ）

(3) 車を7m走らせたいとき、ゴムは何cmくらいのばせばよいですか。正しいものに○をつけましょう。
ア（　）7cm　イ（○）12cm　ウ（　）17cm

57

57ページ　てびき

❶ (1)ゴムののびの長さによるちがいを調べるときは、ゴムの数は同じにします。
(2)ゴムは長くのばすほど、元にもどろうとする力が強くなるので、手ごたえも強くなります。
(3)、(4)ゴムを長くのばすほど、元にもどろうとする力が強くなるので、車は遠くまで走ります。

❷ (2)ゴムを15cmのばした方が、10cmのばしたときより車の走ったきょりは長くなります。
(3)10cmと15cmの間になります。

おうちのかたへ　9. ゴムのはたらき

ゴムで動く車と輪ゴムを使って、ゴムの力で物を動かすことができることを学習します。ゴムの力で物を動かすことができるか、ゴムののびの長さを変えると動く距離がどう変わるかを理解しているかがポイントです。

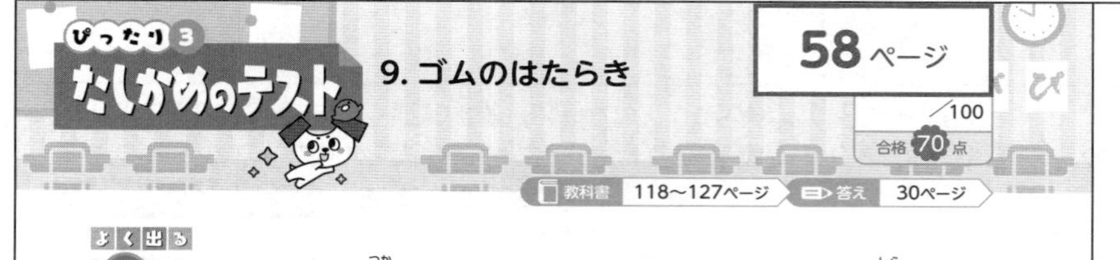

9. ゴムのはたらき

58ページ

/100 合格70点

教科書 118～127ページ　答え 30ページ

よく出る

1 右の図のような車を使って、ゴムののびの長さと車の走り方について調べます。　1つ5点(20点)

(1) 1本のわゴムを使い、ゴムののびが10cmのときの車の走るきょりを調べます。車の先を㋐～㋒のどこにそろえればよいですか。　技能

(㋑)

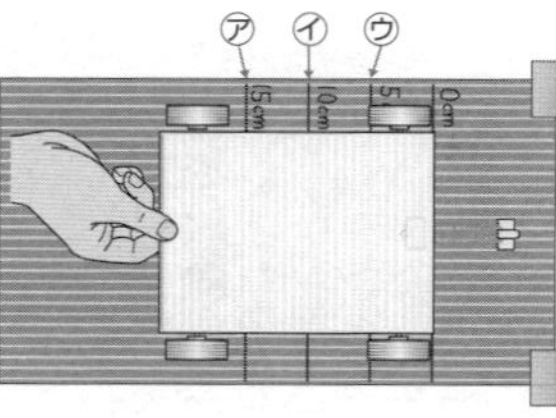

(2) この車は、どんな力で動きますか。正しいものに○をつけましょう。

ア(　)ゴムがのびる力。
イ(○)のびたゴムが元にもどろうとする力。
ウ(　)ゴムが車をおし出そうとする力。

(3) (　)に当てはまる言葉を書きましょう。

① わゴムをのばす長さが(**短い**)方が、車の走るきょりは短い。
② わゴムを(**長く**)のばすほど、元にもどろうとする力が強くなり、車を遠くまで走らせることができる。

2 ゴムののびの長さをかえて、車の走るきょりを調べました。　1つ10点(30点)

ゴムののび	5cm
わゴムの数	1本

◎ゴムののび(わゴムの数 1本)◎

ゴムののび	走ったきょり
5cm	2m 50cm
10cm	(① ㋒)
15cm	(② ㋓)

(1) 表の①、②に当てはまるきょりを、下の[　]からえらんで記号を書きましょう。

㋐1m 40cm　㋑2m 10cm　㋒6m 70cm　㋓10m 90cm

(2) この実けんから、ゴムののびを長くするほど、車の走るきょりはどうなるといえますか。

(**長くなる。**)

59ページ

3 ゴムの数をかえて、車の走るきょりを調べました。　(1)は1つ5点、(2)は10点(20点)

ゴムののび	5cm
わゴムの数	1本

◎わゴムの数(ゴムののび 5cm)◎

わゴムの数	走ったきょり
1本	2m 50cm
(① ㋐)	3m 60cm
3本	(② ㋓)

(1) 表の①、②に当てはまるものを、下の[　]からえらんで記号を書きましょう。

㋐2本　㋑1m 40cm　㋒2m 50cm　㋓6m 80cm

(2) この実けんから、ゴムの数を多くするほど、車の走るきょりはどうなるといえますか。

(**長くなる。**)

できたらスゴイ！

4 ゴムで動く車を使って、ゲームをします。車が色のついているところに止まると、書いてある点数がもらえます。　思考・表現　1つ5点(30点)

◎ゴムののび(わゴムの数 1本)◎

ゴムののび	走ったきょり
5cm	2m 80cm
10cm	6m 50cm

◎わゴムの数(ゴムののび 5cm)◎

わゴムの数	走ったきょり
1本	2m 80cm
2本	4m 10cm

(1) ゲームが始まる前に実けんしたところ、上の表のようになりました。わゴムの数を1本にして5cmのばしたときは、何点もらえますか。　(**10点**)

(2) わゴム1本で、ゴムののびを10cmにすると何点もらえますか。　(**50点**)

(3) 100点をもらうためには、わゴムの数とゴムののびをどうしたらよいですか。表を見て答えましょう。　数(**2本**)　のび(**5cm**)

(4) わゴムの数を1本にして、100点をもらうには、ゴムののびはどのくらいにしたらよいですか。(　)に数字を入れましょう。

ゴムののびを(① **5**)cmより長く、(② **10**)cmより短くする。

ふりかえり　1がわからないときは、56ページの1にもどってかくにんしましょう。
4がわからないときは、56ページの2にもどってかくにんしましょう。

58～59ページ　てびき

1 (1)ゴムを10cmのばすためには、車の先が10cmのところにくるようにします。
(2)ゴムをのばすと元にもどろうとする力がはたらき、車が動きます。

2 ゴムののびを長くするほど、走るきょりも長くなります。

3 ゴムの数を多くするほど、走るきょりも長くなります。

4 (1)、(2)ゴム1本で、5cmのばしたときは、走ったきょりは2m 80cmです。ゴム1本で、10cmのばしたときは、走ったきょりは6m 50cmです。
(3)、(4)100点をもらうには、4mと5mの間をねらいます。ゴム2本で5cmのばすと、4m10cmです。ゴム1本で4mと5mの間に止まるのは、ゴムののびが5cmと10cmの間になります。

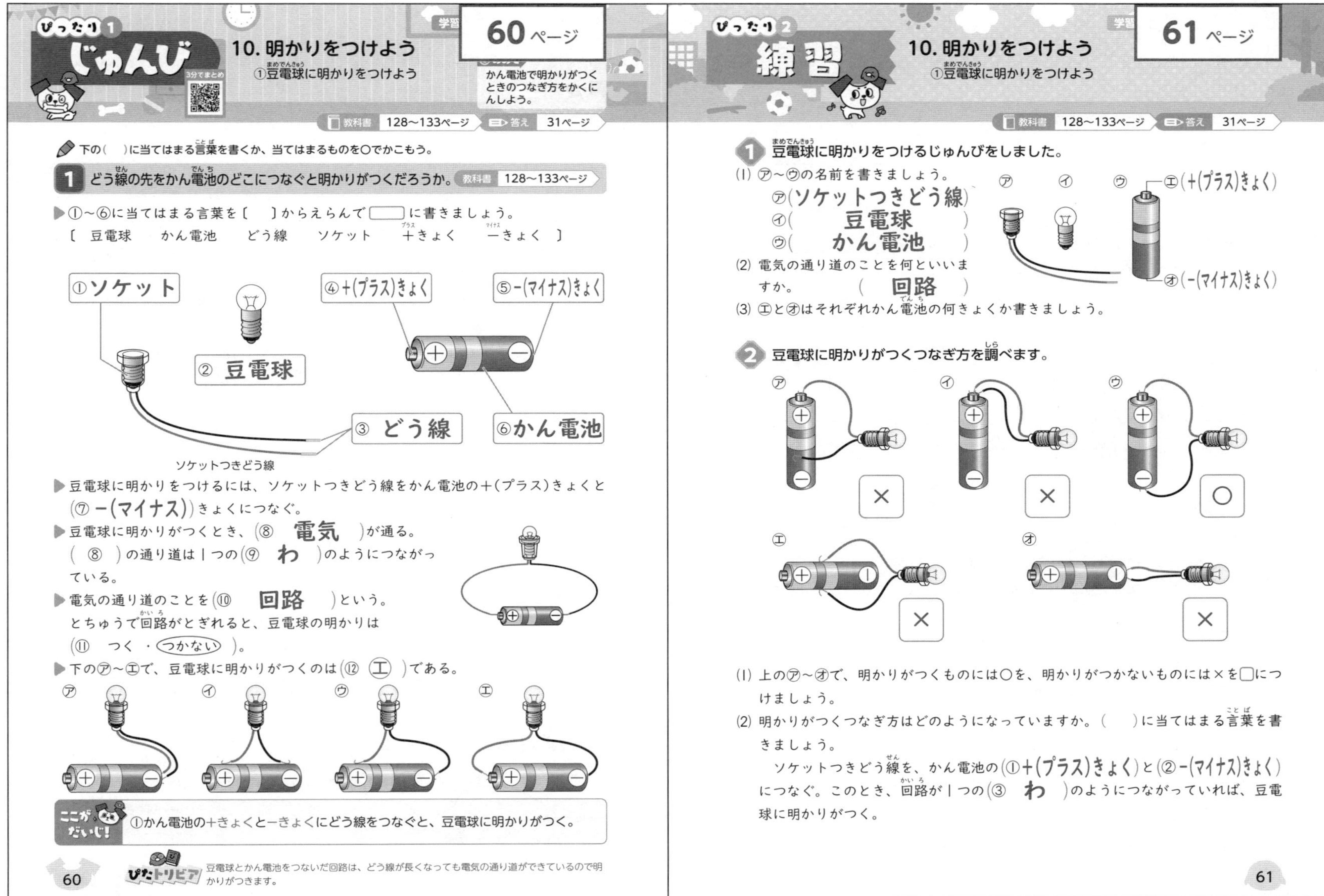

ぴったり1 じゅんび

10. 明かりをつけよう
①豆電球に明かりをつけよう

60ページ

かん電池で明かりがつくときのつなぎ方をかくにんしよう。

教科書 128〜133ページ　答え 31ページ

下の（　）に当てはまる言葉を書くか、当てはまるものを○でかこもう。

1 どう線の先をかん電池のどこにつなぐと明かりがつくだろうか。　教科書 128〜133ページ

▶①〜⑥に当てはまる言葉を〔　〕からえらんで□に書きましょう。
〔 豆電球　かん電池　どう線　ソケット　＋きょく　−きょく 〕

▶豆電球に明かりをつけるには、ソケットつきどう線をかん電池の＋(プラス)きょくと（⑦ −(マイナス)）きょくにつなぐ。
▶豆電球に明かりがつくとき、（⑧ 電気 ）が通る。
（ ⑧ ）の通り道は１つの（⑨ わ ）のようにつながっている。
▶電気の通り道のことを（⑩ 回路 ）という。
とちゅうで回路がとぎれると、豆電球の明かりは（⑪ つく ・ つかない ）。
▶下の㋐〜㋓で、豆電球に明かりがつくのは（⑫ ㋓ ）である。

㋐　㋑　㋒　㋓

ここがだいじ！ ①かん電池の＋きょくと−きょくにどう線をつなぐと、豆電球に明かりがつく。

ぴたトリビア 豆電球とかん電池をつないだ回路は、どう線が長くなっても電気の通り道ができているので明かりがつきます。

60

ぴったり2 練習

10. 明かりをつけよう
①豆電球に明かりをつけよう

61ページ

教科書 128〜133ページ　答え 31ページ

1 豆電球に明かりをつけるじゅんびをしました。
(1) ㋐〜㋒の名前を書きましょう。
㋐（ソケットつきどう線）
㋑（ 豆電球 ）
㋒（ かん電池 ）
(2) 電気の通り道のことを何といいますか。（ 回路 ）
(3) ㋓と㋔はそれぞれかん電池の何きょくか書きましょう。

2 豆電球に明かりがつくつなぎ方を調べます。

(1) 上の㋐〜㋔で、明かりがつくものには○を、明かりがつかないものには×を□につけましょう。
(2) 明かりがつくつなぎ方はどのようになっていますか。（　）に当てはまる言葉を書きましょう。
ソケットつきどう線を、かん電池の（①＋(プラス)きょく）と（②−(マイナス)きょく）につなぐ。このとき、回路が１つの（③ わ ）のようにつながっていれば、豆電球に明かりがつく。

61

61ページ　てびき

❶ (1)それぞれの正しい名前をおぼえておきましょう。
(2)電気の通り道は、１つのわのようにつながっていて、回路といいます。
(3)かん電池のきょくは、真ん中がつき出している方が＋(プラス)きょくです。

❷ どう線のビニルがついていない部分の一方をかん電池の＋きょくに、もう一方をかん電池の−(マイナス)きょくにつなぎます。回路がとちゅうでとぎれていると、明かりはつきません。

おうちのかたへ　10. 明かりをつけよう
豆電球と乾電池を使い、回路になっていると電気が流れて明かりがつくこと、電気を通すものと通さないものがあることを学習します。明かりがつくような回路をつくる・考える・表すことができるか、金属は電気を通す性質があることを理解しているか、などがポイントです。

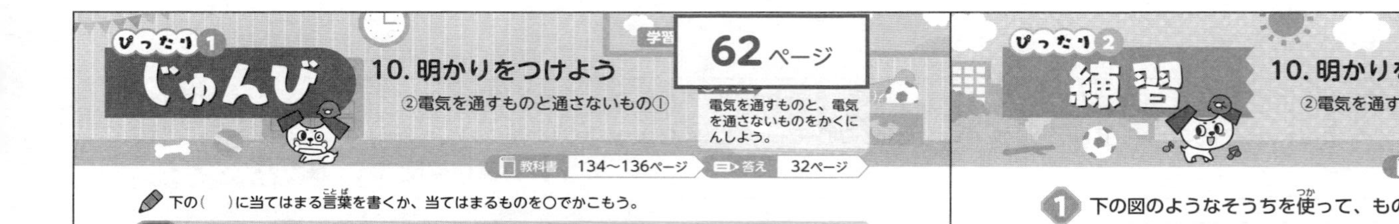

ぴったり1 じゅんび

10. 明かりをつけよう
②電気を通すものと通さないもの①

62ページ

電気を通すものと、電気を通さないものをかくにんしよう。

教科書 134～136ページ　答え 32ページ

下の(　)に当てはまる言葉を書くか、当てはまるものを○でかこもう。

1 回路にほかのものをつないでも、明かりはつくだろうか。　教科書 134ページ

▶回路（電気の通り道）にほかのものをつないで、電気を通すものをさがそう。
- 豆電球の明かりがつく
  ⇒つないだものは電気を(① (通す) ・ 通さない)。
- 豆電球の明かりがつかない
  ⇒つないだものは電気を(② 通す ・ (通さない))。

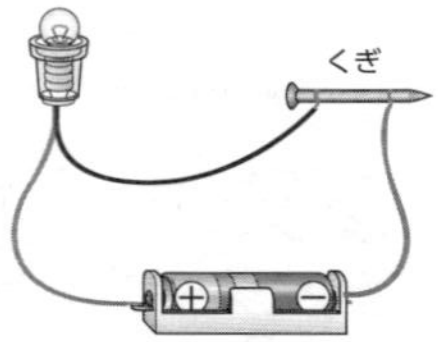

くぎ

2 電気を通すものは、どのようなものだろうか。　教科書 134～136ページ

▶くぎとくぎの間にいろいろなものをつないで、ものが電気を通すかどうか調べる。

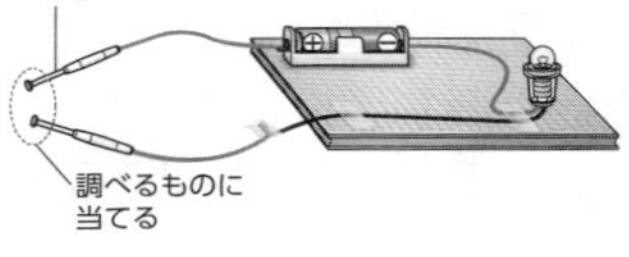

くぎ
調べるものに当てる

電気を(① 通す)もの	電気を(②通さない)もの
一円玉(アルミニウム)	竹のものさし
クリップ(鉄)	三角じょうぎ(プラスチック)
アルミニウムはく	おり紙
目玉クリップ(鉄)	ガラスのコップ
アルミニウムのかん(そこのふちの部分)	アルミニウムのかん(横の部分)
スチール(鉄)のかん(そこのふちの部分)	スチール(鉄)のかん(横の部分)
はさみの切るところ(鉄)	はさみの持つところ(プラスチック)

▶鉄やアルミニウムなどの(③ 金ぞく)は、電気を(④ 通す)。
▶プラスチックや(⑤紙(竹))、ガラスなどは、電気を(⑥通さない)。

ここがだいじ！
①鉄やアルミニウムなどの金ぞくは電気を通す。
②紙やプラスチック、ガラスなどは、電気を通さない。

ぴたトリビア　電気を通しやすい金ぞくのベスト3は銀、どう、金です。

ぴったり2 練習

10. 明かりをつけよう
②電気を通すものと通さないもの①

63ページ

教科書 134～136ページ　答え 32ページ

1 下の図のようなそうちを使って、ものが電気を通すかどうか調べます。

(1) 右の図で、2本のくぎをふれ合わせると、豆電球はどうなりますか。
(明かりがつく。)

(2) ものが電気を通すかどうか調べるには、どこにものをつなげばよいですか。
(くぎとくぎとの間)

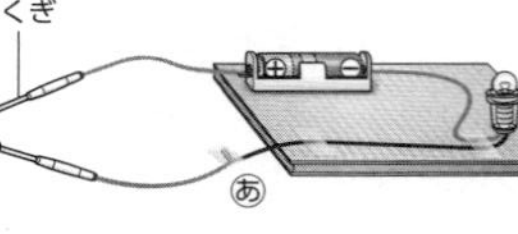

(3) 図のあはどう線をつないでテープでとめてあります。どう線のつなぎ方として正しいものを下の図からえらび、□に○をつけましょう。

㋐      □

㋑   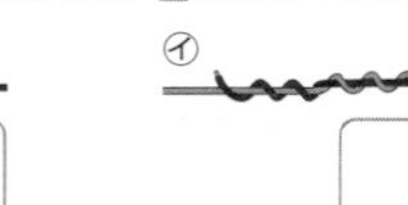 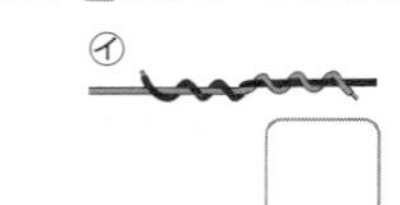 □

㋒ 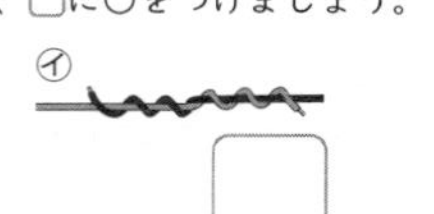    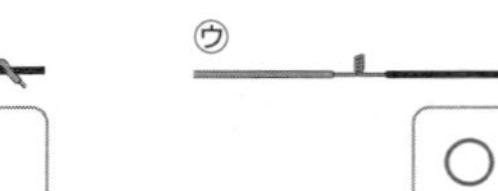 ○

2 いろいろなものについて、電気を通すかどうか調べました。

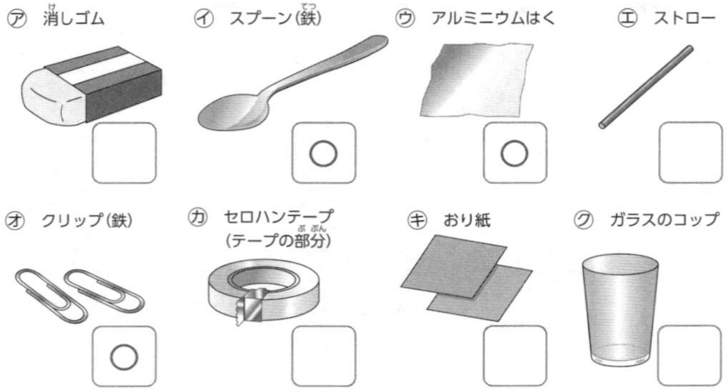

㋐ 消しゴム 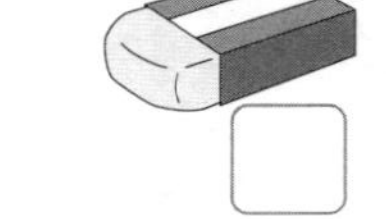 □
㋑ スプーン(鉄)  ○
㋒ アルミニウムはく 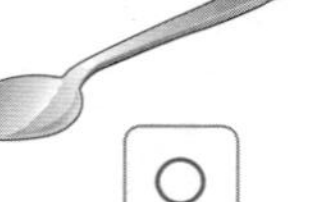 ○
㋓ ストロー  □
㋔ クリップ(鉄)  ○
㋕ セロハンテープ(テープの部分) 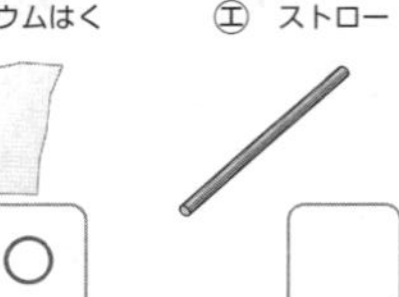 □
㋖ おり紙 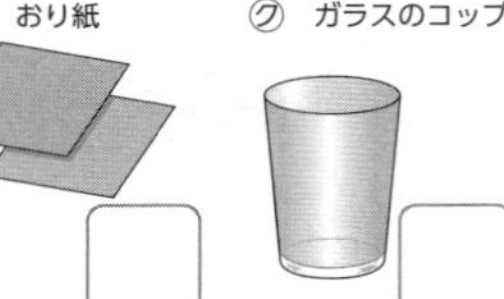 □
㋗ ガラスのコップ 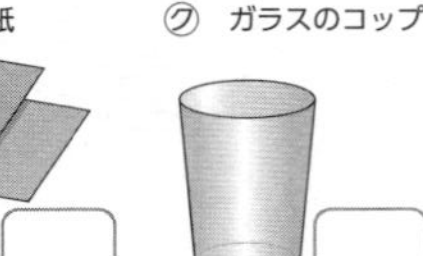 □

(1) 上の絵の中から電気を通すものを3つえらび、□に○をつけましょう。
(2) (1)で○をつけたものは、どんなものでできていますか。　(金ぞく)

63ページ　てびき

❶ (1)鉄のくぎは電気を通すので、豆電球の明かりがつきます。
(2)くぎとくぎの間にものをはさみ、回路が１つのわになるようにします。
(3)どう線は下の図のようにつなぎます。
①ビニルを切る。
②どう線をねじる。
③どう線どうしでねじる。
④テープでとめる。

●どう線のつなぎ方

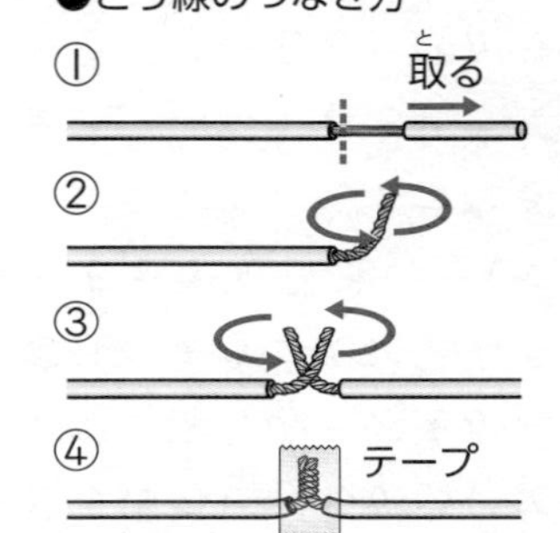
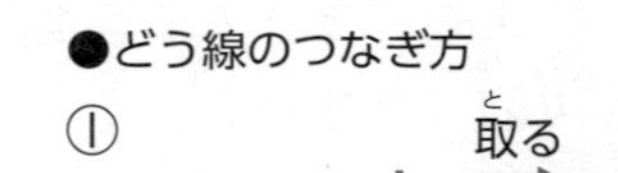

❷ ㋑、㋔は鉄、㋒はアルミニウムでできています。これらは金ぞくで、電気を通します。プラスチックやガラス、紙などは、電気を通しません。

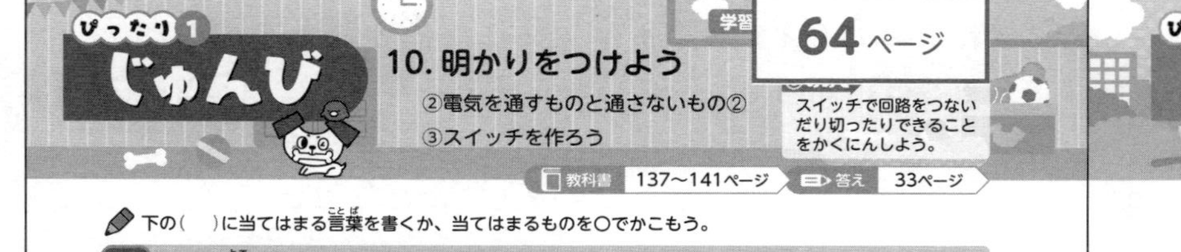

下の(　)に当てはまる言葉を書くか、当てはまるものを○でかこもう。

1 かんの横は電気を通すだろうか。　教科書 137ページ

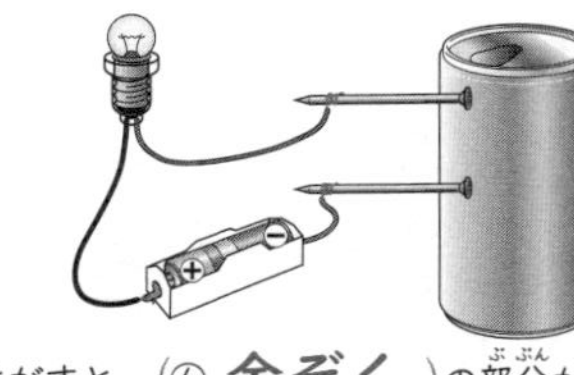

- アルミニウムやスチール(鉄)のかんは、(① **金ぞく**)でできているが、かんの横は電気を(② 通す・(通さない))。
- かんの横が電気を通さないのは、表面にぬってあるものが電気を(③ **通さない**)からである。
- 紙やすりで、かんの表面にぬってあるものをはがすと、(④ **金ぞく**)の部分が出てくるので、豆電球の明かりが(⑤ **つき**)、電気が通ることがわかる。

2 スイッチをくふうして、おもちゃを作ろう。　教科書 138～140ページ

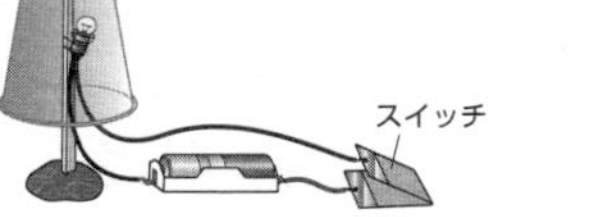

- 上のおもちゃで、豆電球の明かりをつけたり消したりするには、(①**スイッチ(回路)**)をつないだり切ったりする。
- スイッチは、(②**アルミニウム**)はくを使って作ることができる。
- 上の2つのおもちゃは、スイッチとかん電池と(③ **豆電球**)を、どう線でつないで作ったおもちゃである。

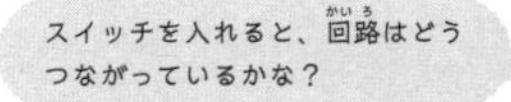

スイッチを入れると、回路はどうつながっているかな？

ここがだいじ！
①鉄やアルミニウムのかんの表面にぬってあるものをはがすと、電気が通るようになる。
②スイッチは回路をつないだり切ったりする。

ぴたトリビア 紙は電気を通しませんが、銀色のおり紙の銀色の面は電気を通します。これは、銀色のおり紙が、紙の表面にうすいアルミニウムはくをはりつけてつくられているためです。

ぴったり2 **練習**　10. 明かりをつけよう　②電気を通すものと通さないもの②　③スイッチを作ろう

1 色のついたかんの横に、かん電池と豆電球をつなぎました。

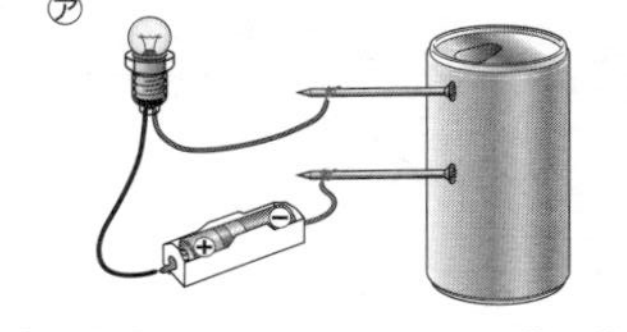

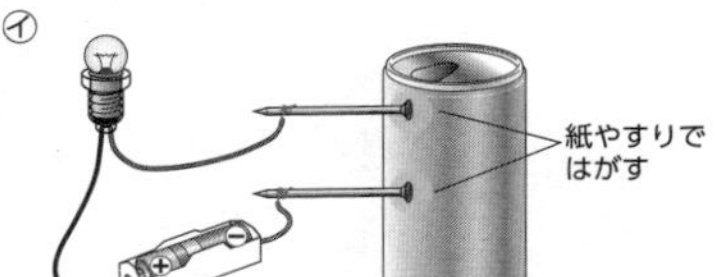

(1) 豆電球に明かりがつくのは、㋐、㋑のどちらですか。　(㋑)

(2) この実けんからわかることとして、正しいもの全部に○をつけましょう。

ア(○)かんの横の色がぬってあるところは電気を通さない。
イ(○)ぬってある色を紙やすりではがすと、はがしたところは電気を通す。
ウ(　)かんは金ぞくなので、どの部分でも電気を通す。

2 右の㋐のそうちを使って、豆電球のつき方を調べました。

(1) ㋐のそうちに、㋑のスイッチをつなぎました。明かりがつくのは、㋑のクリップをアルミニウムはくとビニルテープのどちらの上においたときですか。
(**アルミニウムはく**)

(2) ㋑のクリップの先をスイッチの上につけたまま、赤いやじるしの向きに動かすと、豆電球の明かりはどうなりますか。
(**ついたり消えたりする。**)

(3) ㋑のスイッチをはずして、㋒のスイッチにかえました。スイッチをおすと回路はどのようになりますか。(　)に当てはまる言葉を書きましょう。
　スイッチをおすと、(①**アルミニウム**)はくどうしがくっつき、回路が１つの(② **わ**)のようにつながって、豆電球の明かりがつく。

65ページ　てびき

❶ かんは金ぞくでできていますが、かんの横の部分には、表面に電気を通さないものがぬってあるので、㋐は電気を通しません。表面にぬってあるものを紙やすりではがすと、金ぞくの部分が出てくるので、㋑は電気を通します。

❷ (1)アルミニウムはくは金ぞくなので、電気を通します。そのため、クリップをアルミニウムはくの上におくと、回路がつながり、豆電球の明かりがつきます。一方、ビニルテープは電気を通しません。そのため、クリップをビニルテープの上においたときは、回路がつながらないので、豆電球の明かりはつきません。

(2)クリップの先を「アルミニウムはく→ビニルテープ→アルミニウムはく→」と動かすと、明かりは「つく→つかない→つく→」とかわり、ついたり消えたりします。
(3)アルミニウムはくは電気を通します。アルミニウムはくどうしがくっつくと、電気の通り道が１つのわのようになり、豆電球の明かりがつきます。

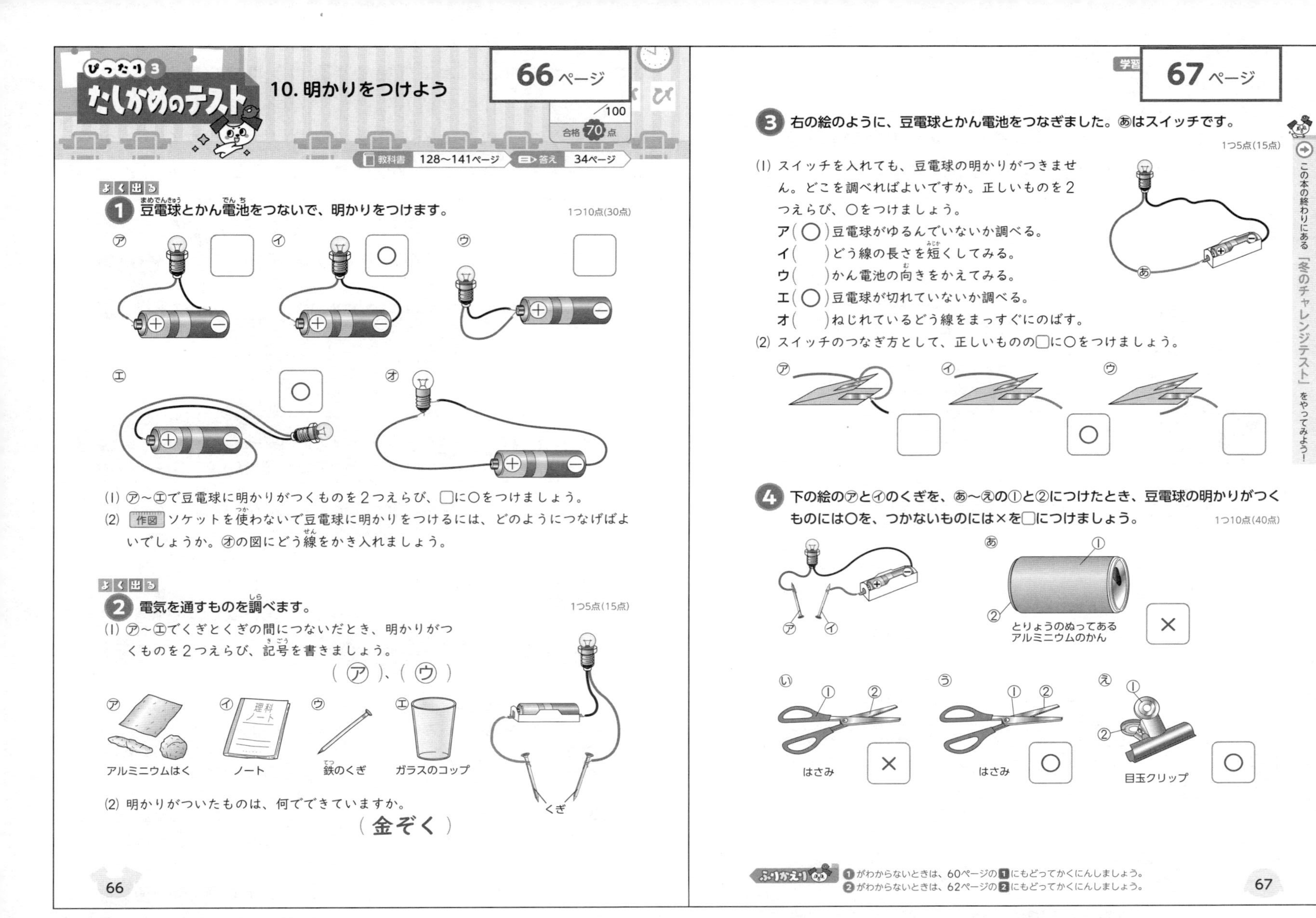

ぴったり3 たしかめのテスト　10. 明かりをつけよう

66ページ　合格70点 /100

教科書 128〜141ページ　答え 34ページ

よく出る
1 豆電球とかん電池をつないで、明かりをつけます。　1つ10点(30点)

㋐（　）　㋑（○）　㋒（　）　㋓（○）　㋔

(1) ㋐〜㋓で豆電球に明かりがつくものを2つえらび、□に○をつけましょう。
(2) 作図 ソケットを使わないで豆電球に明かりをつけるには、どのようにつなげばよいでしょうか。㋔の図にどう線をかき入れましょう。

よく出る
2 電気を通すものを調べます。　1つ5点(15点)

(1) ㋐〜㋓でくぎとくぎの間につないだとき、明かりがつくものを2つえらび、記号を書きましょう。
（㋐）、（㋒）

㋐ アルミニウムはく　㋑ ノート　㋒ 鉄のくぎ　㋓ ガラスのコップ　くぎ

(2) 明かりがついたものは、何でできていますか。
（金ぞく）

66

67ページ

3 右の絵のように、豆電球とかん電池をつなぎました。㋐はスイッチです。　1つ5点(15点)

(1) スイッチを入れても、豆電球の明かりがつきません。どこを調べればよいですか。正しいものを2つえらび、○をつけましょう。
ア（○）豆電球がゆるんでいないか調べる。
イ（　）どう線の長さを短くしてみる。
ウ（　）かん電池の向きをかえてみる。
エ（○）豆電球が切れていないか調べる。
オ（　）ねじれているどう線をまっすぐにのばす。
(2) スイッチのつなぎ方として、正しいものの□に○をつけましょう。
㋐（　）　㋑（○）　㋒（　）

4 下の絵の㋐と㋑のくぎを、㋐〜㋓の①と②につけたとき、豆電球の明かりがつくものには○を、つかないものには×を□につけましょう。　1つ10点(40点)

あ とりょうのぬってあるアルミニウムのかん（×）
い はさみ（×）
う はさみ（○）
え 目玉クリップ（○）

ふりかえり
1 がわからないときは、60ページの 1 にもどってかくにんしましょう。
2 がわからないときは、62ページの 2 にもどってかくにんしましょう。

この本の終わりにある「冬のチャレンジテスト」をやってみよう！

67

66〜67ページ　てびき

1 (1)ソケットのどう線の一方が、かん電池の＋（プラス）きょくにつながっていて、もう一方が－（マイナス）きょくにつながっていれば、豆電球の明かりがつきます。豆電球の明かりがつくものは、回路（電気の通り道）が1つのわになっていますが、明かりがつかないものは回路が1つのわになっていません。
(2)ソケットを使わないときでも、回路が1つのわになっていれば、豆電球の明かりがつきます。どう線の一方をかん電池の＋きょくにつなぎ、もう一方を－きょくにつなぐようにかきましょう。

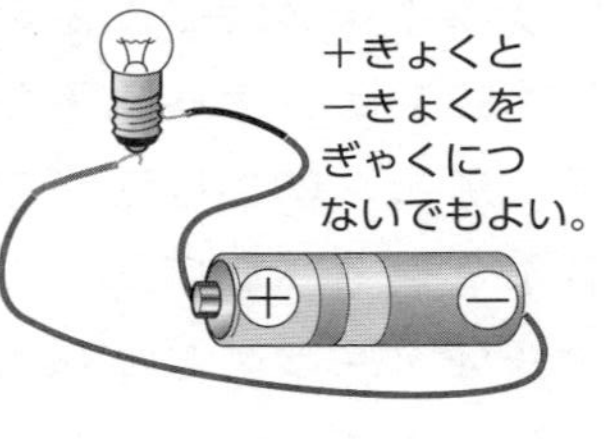

2 明かりがついたものは、アルミニウム、鉄などの金ぞくでできています。

3 (2)㋐と㋒は、スイッチをおさないときでも回路がつながっているので、回路を切って、明かりを消すことができません。

4 ㋐の①の部分、㋑の①の部分は電気を通さないので、㋐と㋑は豆電球の明かりがつきません。

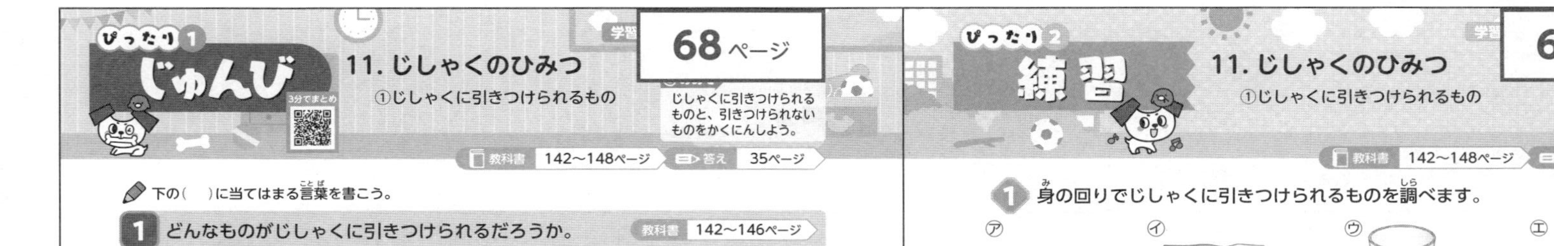

11. じしゃくのひみつ

①じしゃくに引きつけられるもの

68ページ

じしゃくに引きつけられるものと、引きつけられないものをかくにんしよう。

教科書 142〜148ページ　答え 35ページ

下の（　）に当てはまる言葉を書こう。

1 どんなものがじしゃくに引きつけられるだろうか。 教科書 142〜146ページ

▶身の回りにあるものが、じしゃくに引きつけられるか調べる。

じしゃくにつくもの	じしゃくにつかないもの
目玉クリップ(鉄) スチールかん(鉄) はさみの切るところ(鉄) はさみの持つところ(プラスチック) (①**鉄のクリップ**)	竹のものさし、アルミニウムはく アルミニウムかん、三角じょうぎ(プラスチック) コップ(ガラス) (②　**一円玉**　) (③　**おり紙**　)
(④ **鉄**)でできている	(⑤ **鉄**)いがいのものでできている

・下の〔　〕中のものを、じしゃくにつくものと、じしゃくにつかないものに分けて、上の表の①〜③に書こう。
〔一円玉　　鉄のクリップ　　おり紙〕

▶じしゃくにつくもの、つかないものは、それぞれ何でできているか、表の④、⑤に書こう。

2 じしゃくの力は、はなれていてもはたらくだろうか。 教科書 146〜147ページ

▶はさみの持つところのように、(① **鉄**)がじしゃくに引きつけられないものにおおわれていても、(② **じしゃく**)の力ははたらく。

▶じしゃくと鉄の間に、じしゃくにつかないものをはさんだり、じしゃくと鉄の間を(③ **あけ(はなし)**)ても、じしゃくは(④ **鉄**)を引きつける。

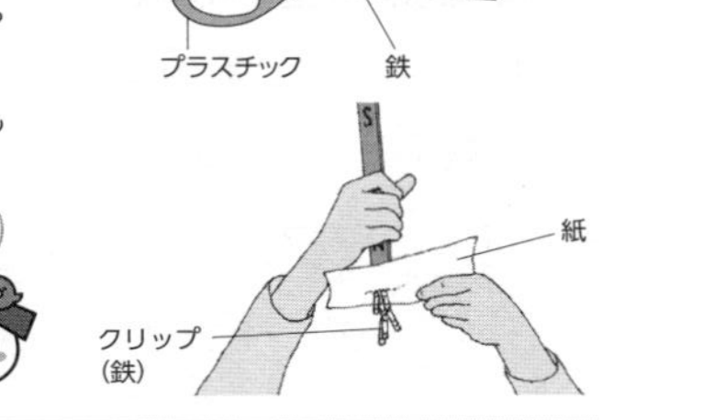

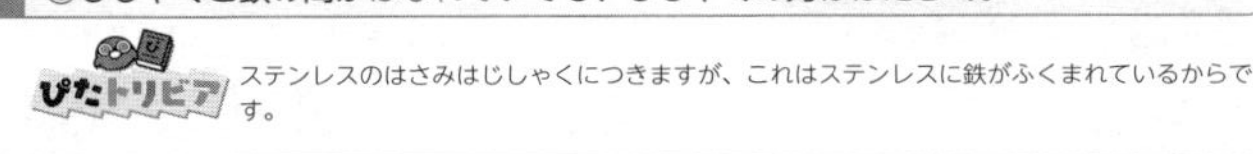

じしゃくと鉄は、
直せつついていないよ。

ここがだいじ!
①じしゃくは鉄でできているものを引きつける。
②鉄と同じ金ぞくでも、アルミニウムやどうは、じしゃくに引きつけられない。
③じしゃくと鉄の間がはなれていても、じしゃくの力ははたらく。

ぴたトリビア ステンレスのはさみはじしゃくにつきますが、これはステンレスに鉄がふくまれているからです。

69ページ

教科書 142〜148ページ　答え 35ページ

1 身の回りでじしゃくに引きつけられるものを調べます。

(1) 上の絵で、じしゃくにつくものには○を、つかないものには×を□につけましょう。
(2) じしゃくにつくものは、何でできていますか。（　**鉄**　）

2 じしゃくですな場をかきまぜました。
(1) じしゃくには何がつきますか。正しいものの記号を書きましょう。（ ㋑ ）

㋐ すな　㋑ さ鉄　㋒ ごみ

(2) (1)でじしゃくについたものを集めるには、どのようなくふうをすればよいですか。正しい方に○をつけましょう。
ア（ ○ ）じしゃくにふくろをかぶせてから、すな場をかきまぜる。
イ（　）すな場をかきまぜた後、水につける。
(3) (2)のようなくふうができるのは、じしゃくのどんなせいしつのためですか。（　）に当てはまる言葉を書きましょう。
じしゃくと鉄の間に、(① **じしゃく**)につかないものがあっても、じしゃくは(② **鉄**)を引きつける。

おうちのかたへ　11. じしゃくのひみつ
磁石と身の回りのものを使い、磁石は鉄を引きつけること、磁石の極どうしには引きつける力や反発する力がはたらくことを学習します。磁石が引きつけるものは何か、磁石の極と極を近づけるとどうなるかを理解しているかがポイントです。

69ページ　てびき

1 鉄のくぎや鉄のクリップ、スチール(鉄)かんなど、鉄でできたものはじしゃくに引きつけられます。アルミニウムやどうは、鉄と同じ金ぞくですが、じしゃくに引きつけられません。

おうちのかたへ
五円玉は黄銅、十円玉は青銅という金属でできています。黄銅にも青銅にも銅がふくまれています。

2 (2)、(3)じしゃくに直せつさ鉄をつけると、集めたさ鉄を取りにくくなります。じしゃくにふくろをかぶせておくと、じしゃくとさ鉄の間にふくろがあってもさ鉄が引きつけられ、ふくろをはずせば、かんたんにさ鉄が集められます。

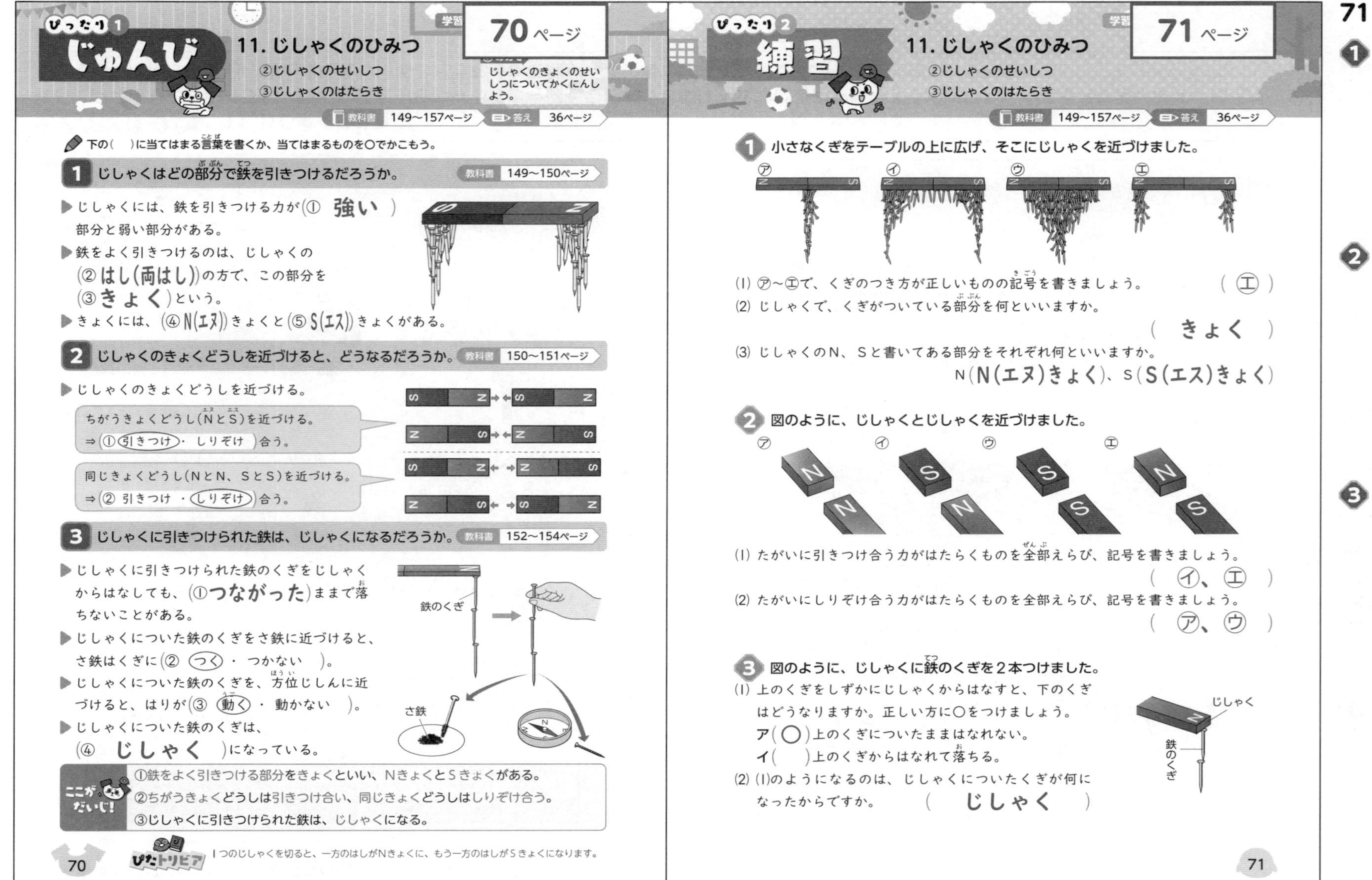

ぴったり1 じゅんび

11. じしゃくのひみつ
②じしゃくのせいしつ
③じしゃくのはたらき

70ページ

学習 じしゃくのきょくのせいしつについてかくにんしよう。

教科書 149〜157ページ　答え 36ページ

下の（　）に当てはまる言葉を書くか、当てはまるものを○でかこもう。

1 じしゃくはどの部分で鉄を引きつけるだろうか。 教科書 149〜150ページ

- じしゃくには、鉄を引きつける力が（① **強い** ）部分と弱い部分がある。
- 鉄をよく引きつけるのは、じしゃくの（② **はし（両はし）**）の方で、この部分を（③ **きょく** ）という。
- きょくには、（④ **N（エヌ）**）きょくと（⑤ **S（エス）**）きょくがある。

2 じしゃくのきょくどうしを近づけると、どうなるだろうか。 教科書 150〜151ページ

- じしゃくのきょくどうしを近づける。

ちがうきょくどうし（NとS）を近づける。
⇒（①（引きつけ）・ しりぞけ ）合う。

同じきょくどうし（NとN、SとS）を近づける。
⇒（② 引きつけ ・（しりぞけ））合う。

3 じしゃくに引きつけられた鉄は、じしゃくになるだろうか。 教科書 152〜154ページ

- じしゃくに引きつけられた鉄のくぎをじしゃくからはなしても、（① **つながった**）ままで落ちないことがある。
- じしゃくについた鉄のくぎをさ鉄に近づけると、さ鉄はくぎに（② （つく）・ つかない ）。
- じしゃくについた鉄のくぎを、方位じしんに近づけると、はりが（③ （動く）・ 動かない ）。
- じしゃくについた鉄のくぎは、（④ **じしゃく** ）になっている。

ここがだいじ！
①鉄をよく引きつける部分をきょくといい、NきょくとSきょくがある。
②ちがうきょくどうしは引きつけ合い、同じきょくどうしはしりぞけ合う。
③じしゃくに引きつけられた鉄は、じしゃくになる。

ぴたトリビア 1つのじしゃくを切ると、一方のはしがNきょくに、もう一方のはしがSきょくになります。

70

ぴったり2 練習

11. じしゃくのひみつ
②じしゃくのせいしつ
③じしゃくのはたらき

71ページ

教科書 149〜157ページ　答え 36ページ

1 小さなくぎをテーブルの上に広げ、そこにじしゃくを近づけました。

㋐　㋑　㋒　㋓

(1) ㋐〜㋓で、くぎのつき方が正しいものの記号を書きましょう。（ ㋓ ）
(2) じしゃくで、くぎがついている部分を何といいますか。（ **きょく** ）
(3) じしゃくのN、Sと書いてある部分をそれぞれ何といいますか。
N（**N（エヌ）きょく**）、S（**S（エス）きょく**）

2 図のように、じしゃくとじしゃくを近づけました。

㋐　㋑　㋒　㋓

(1) たがいに引きつけ合う力がはたらくものを全部えらび、記号を書きましょう。（ ㋑、㋓ ）
(2) たがいにしりぞけ合う力がはたらくものを全部えらび、記号を書きましょう。（ ㋐、㋒ ）

3 図のように、じしゃくに鉄のくぎを2本つけました。

(1) 上のくぎをしずかにじしゃくからはなすと、下のくぎはどうなりますか。正しい方に○をつけましょう。
ア（ ○ ）上のくぎについたままはなれない。
イ（　）上のくぎからはなれて落ちる。
(2) (1)のようになるのは、じしゃくについたくぎが何になったからですか。（ **じしゃく** ）

71

71ページ てびき

❶ (2)じしゃくでよく鉄を引きつけるはしの部分を、きょくといいます。
(3)じしゃくのきょくは2つあり、一方がNきょく、もう一方がSきょくです。

❷ (1)2つのじしゃくのちがうきょくどうし、NきょくとSきょくを近づけると、引きつけ合います。
(2)2つのじしゃくの同じきょくどうしを近づけると、しりぞけ合います。

❸ じしゃくについた上のくぎはじしゃくになっているので、下のくぎを引きつけます。

ぴったり3 たしかめのテスト 11. じしゃくのひみつ

72ページ

/100 合格70点

教科書 142〜157ページ　答え 37ページ

よく出る

1 じしゃくに引きつけられるものを調べます。　1つ5点(20点)

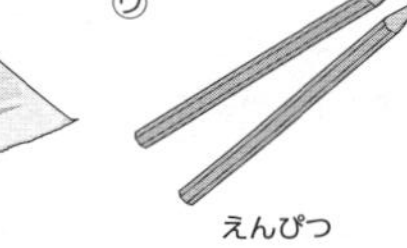

㋐ 鉄のはさみ　㋑ アルミニウムはく　㋒ えんぴつ　㋓ 十円玉
㋔ 消しゴム　㋕ 鉄のクリップ　㋖ プラスチックの三角じょうぎ　㋗ ガラスのコップ

(1) じしゃくに引きつけられるものを2つえらび、記号を書きましょう。

(㋐)、(㋕)

(2) じしゃくには引きつけられないが、電気を通すものを2つえらび、記号を書きましょう。

(㋑)、(㋓)

2 じしゃくに鉄のくぎをつけて持ち上げました。くぎのつき方が正しいものを2つえらび、□に○をつけましょう。　1つ5点(10点)

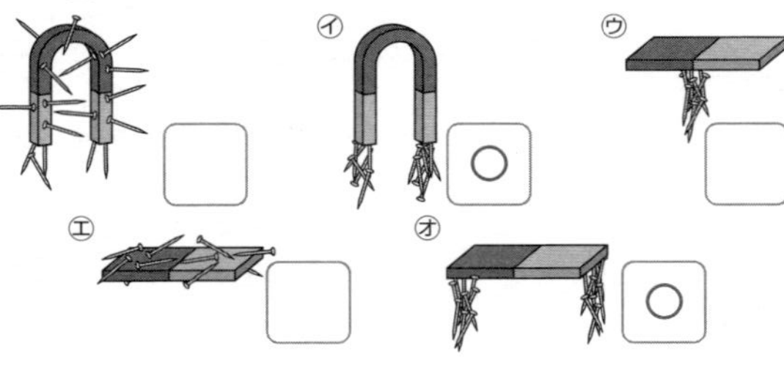

㋐ □　㋑ ○　㋒ □　㋓ □　㋔ ○

73ページ

3 きょくのわからないじしゃくに、ぼうじしゃくを近づけたところ、図のようになりました。㋐〜㋓はそれぞれ何きょくですか。　1つ5点(20点)

㋐(Nきょく)
㋑(Sきょく)
㋒(Nきょく)
㋓(Sきょく)

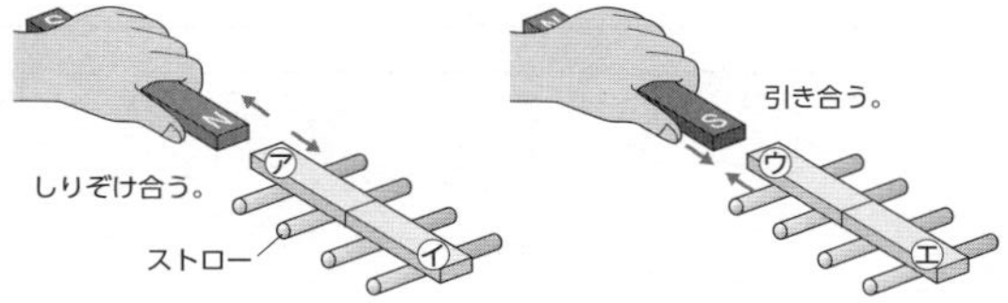

しりぞけ合う。　ストロー　引き合う。

4 記述 じしゃくについていた鉄のくぎをじしゃくからはなしても、つながったままでした。これは、鉄のくぎがじしゃくになったと考えられます。このことを調べる方ほうを、1つ書きましょう。　思考・表現 (10点)

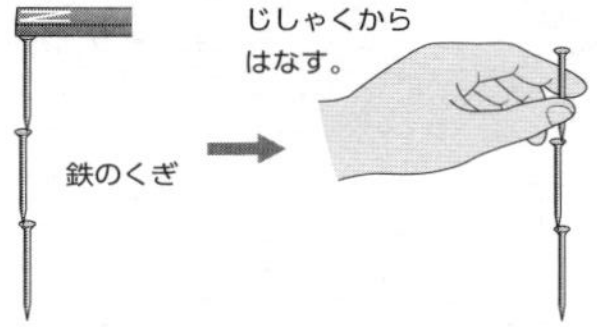

鉄のくぎ　じしゃくからはなす。

(さ鉄やべつのくぎなどに近づけてつくかどうか調べる。方位じしんに近づけてはりの動きを調べる。など。)

できたらスゴイ!

5 じしゃくを使って、口を開いたへびのおもちゃを作りました。　思考・表現　1つ10点(40点)

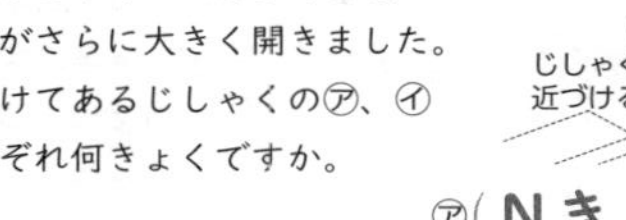

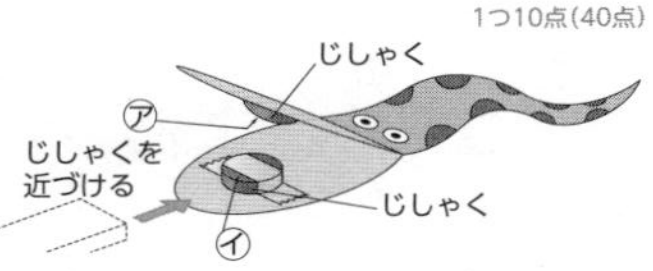

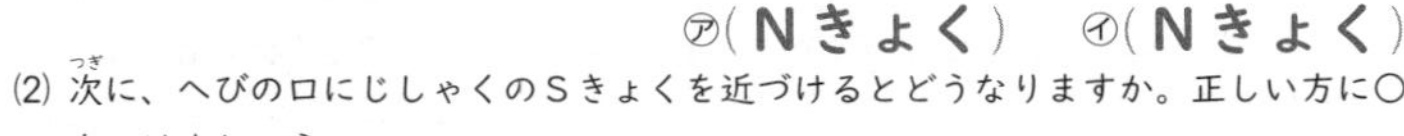

(1) へびの口にじしゃくのNきょくを近づけたら、口がさらに大きく開きました。口にはりつけてあるじしゃくの㋐、㋑の面はそれぞれ何きょくですか。

㋐(Nきょく)　㋑(Nきょく)

(2) 次に、へびの口にじしゃくのSきょくを近づけるとどうなりますか。正しい方に○をつけましょう。

ア(　)口がさらに大きく開く。　イ(○)口がとじる。

(3) へびの口にはりつけてある2このじしゃくを、それぞれうら返しにしてもう一度はりつけます。このとき、へびの口がとじるのは、じしゃくの何きょくを近づけたときですか。

(Nきょく)

ふりかえり
1がわからないときは、68ページの1にもどってかくにんしましょう。
5がわからないときは、70ページの2にもどってかくにんしましょう。

72〜73ページ てびき

1 (1)じしゃくに引きつけられるものは鉄でできています。
(2)アルミニウムはくのアルミニウムや、十円玉の青どうなどは、鉄と同じ金ぞくでも、じしゃくには引きつけられませんが、電気を通します。

2 鉄のくぎがつくのは、じしゃくのはしの方のきょくの部分(NきょくとSきょく)です。

3 同じきょくどうしはしりぞけ合い、ちがうきょくどうしは引き合うことから考えます。

4 鉄くぎがじしゃくになっていると、鉄を引きつけます。鉄でできているものに近づけて、引きつけられるかどうかで、じしゃくになっているかどうかがわかります。

5 へびの口には、じしゃくの㋐と㋑の面が同じきょくになるように、はりつけてあります。㋐・㋑に、じしゃくの同じきょくを近づけると口が開き、ちがうきょくを近づけると口がとじます。

12. ものの重さを調べよう

①ものの重さをくらべよう

74ページ

ものおき方や形をかえると重さはどうなるのかをかくにんしよう。

教科書 158〜162ページ　答え 38ページ

下の( )に当てはまる言葉を書くか、当てはまるものを○でかこもう。

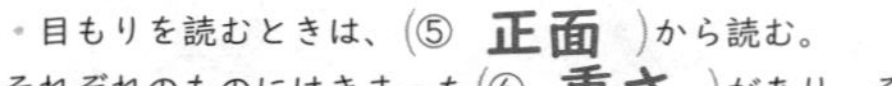

1 ものの重さをはかりではかって調べよう。　教科書 158〜160ページ

▶台ばかりの使い方

- 台ばかりを(① 水平)なところにおく。
- 皿の上には、はかりたいものをのせる前に、(② 紙)をのせる。
- 調せつねじを回して、はりが(③ 0)を指すようにする。
- はかりたいものを皿の(④中央(真ん中))に、しずかにのせる。
- 目もりを読むときは、(⑤ 正面)から読む。

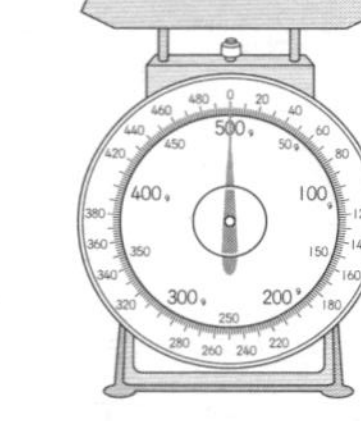

▶それぞれのものにはきまった(⑥ 重さ)があり、その重さは、ものによってそれぞれちがっている。

2 同じものを、おき方や形をかえると、重さはかわるだろうか。　教科書 161〜162ページ

▶ものを手にのせたとき、のせ方によって、(①(手ごたえ)・ 重さ)がちがうことがある。

▶もののおき方や形をかえて重さをはかると、重さはかわるだろうか。

- ㋐のようにおき方をかえて重さをはかる
  ⇒重さは(② かわる ・ (かわらない))。
- ㋑のように形をかえて重さをはかる
  ⇒重さは(③ かわる ・ (かわらない))。
- ㋒のように細かく分けて全部を集めた重さをはかる
  ⇒重さは(④ かわる ・ (かわらない))。

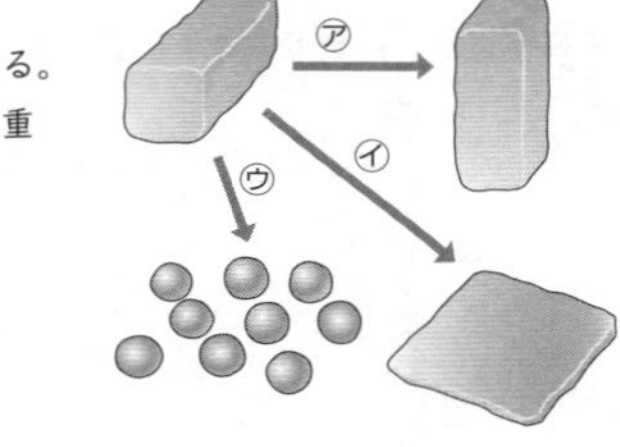
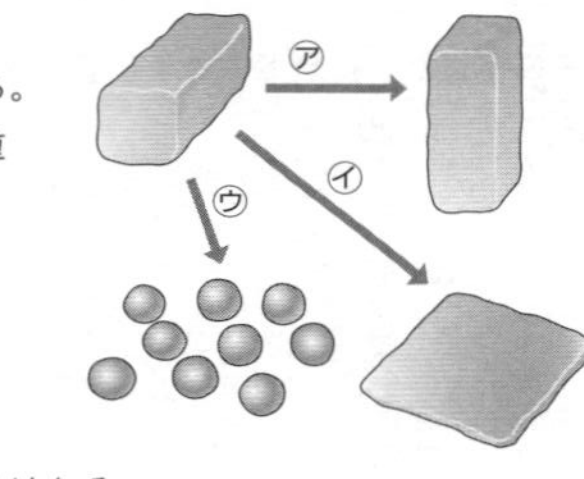
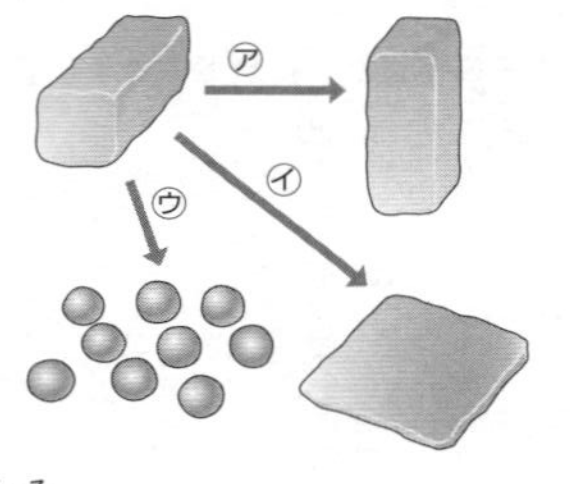

▶ものは、おき方や形をかえたり、細かく分けたりしても、その重さは(⑤ かわる ・ (かわらない))。

ここがだいじ！
①ものにはそれぞれきまった重さがあり、その重さはものによってちがう。
②同じものは、おき方や形をかえても重さはかわらない。

ぴたトリビア　一円玉1まいの重さは1gです。

ぴったり2

練習

12. ものの重さを調べよう

①ものの重さをくらべよう

75ページ

教科書 158〜162ページ　答え 38ページ

1 台ばかりを使って、ものの重さをはかります。次の文が使い方のじゅんになるように、正しくならべかえましょう。

① 台ばかりを水平なところにおく。
② 皿の中央に、はかりたいものをしずかにのせる。
③ 調せつねじを回し、はりが0を指すようにする。
④ 皿の上に紙をのせる。
⑤ 目もりを正面から読む。

(①→④→③→②→⑤)

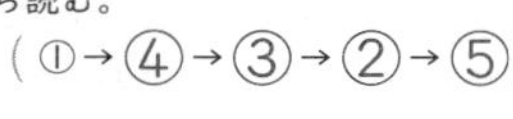
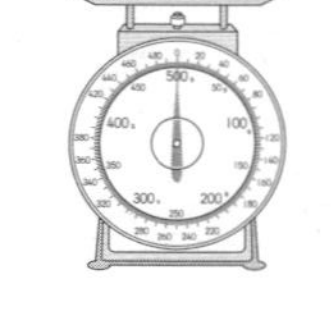

2 ねん土を㋐〜㋒のように、おき方をかえて台ばかりの上にのせ、重さを調べました。重さはどうなるでしょうか。正しいものに○をつけましょう。

ア( )㋐が一番重い。
イ( )㋑が一番重い。
ウ( )㋒が一番重い。
エ(○)どれもみな同じ重さである。

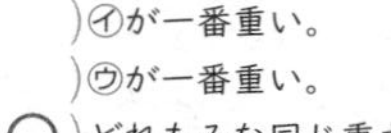
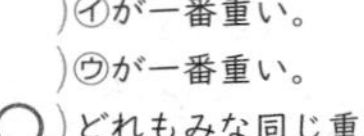
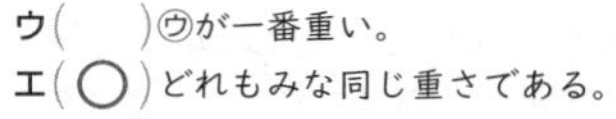

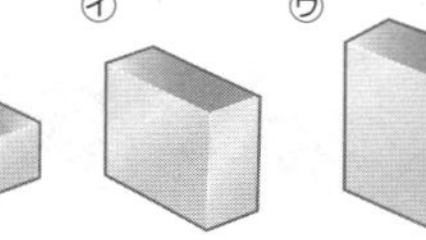
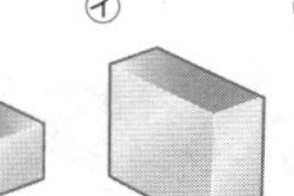

3 重さ200gのねん土を3つじゅんびして、形をかえて重さを調べました。表の①〜③に当てはまる重さを下の[ ]からえらび、記号を書きましょう。

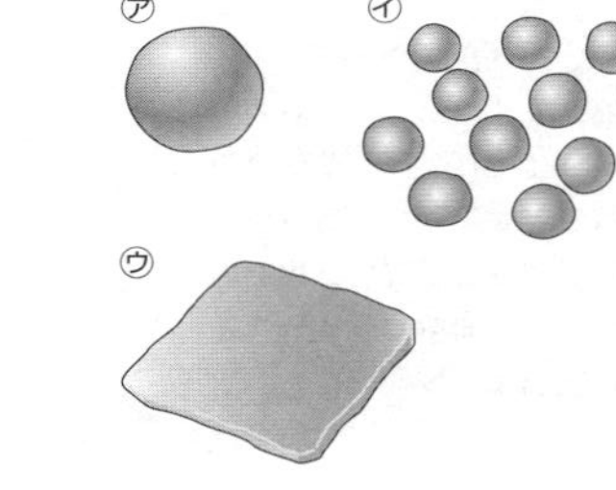
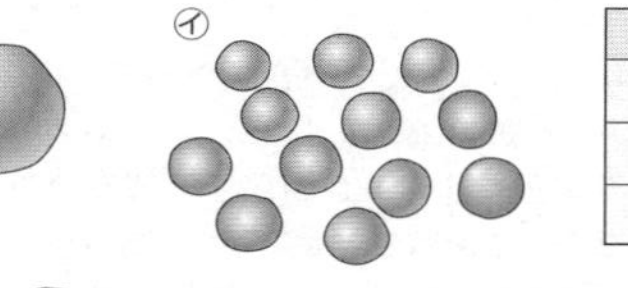
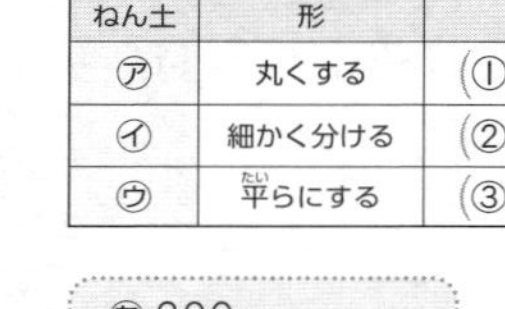
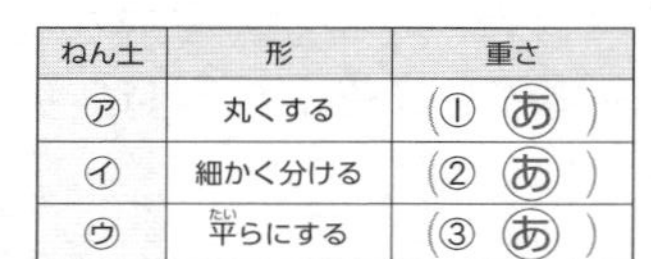
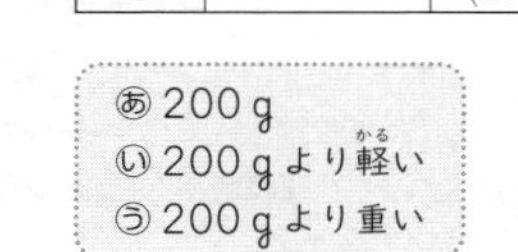

ねん土	形	重さ
㋐	丸くする	(① あ)
㋑	細かく分ける	(② あ)
㋒	平らにする	(③ あ)

あ 200g
い 200gより軽い
う 200gより重い

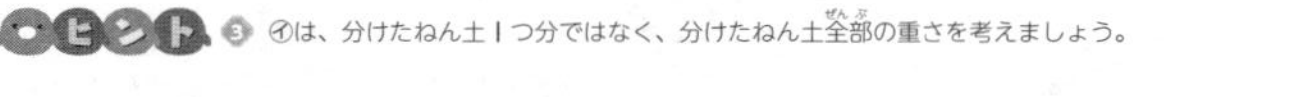
ヒント 3 ㋑は、分けたねん土1つ分ではなく、分けたねん土全部の重さを考えましょう。

おうちのかたへ　12. ものの重さを調べよう

ものの形が変わっても重さは変わらないこと、ものの種類が違うと、同じ体積でも重さは違うことを学習します。粘土などの形を変えると重さはどうなるかわかるか、同じ体積の違う物体で重さを比べるとどうなるかを理解しているか、などがポイントです。

75ページ　てびき

1 ③、④皿の上に紙をのせる前に、はりを0に合わせてしまうと、はかった重さには、紙の重さもふくまれてしまいます。

2 おき方をかえても、ものの重さはかわりません。

3 形をかえたり、細かく分けたりしても、ものの重さはかわりません。

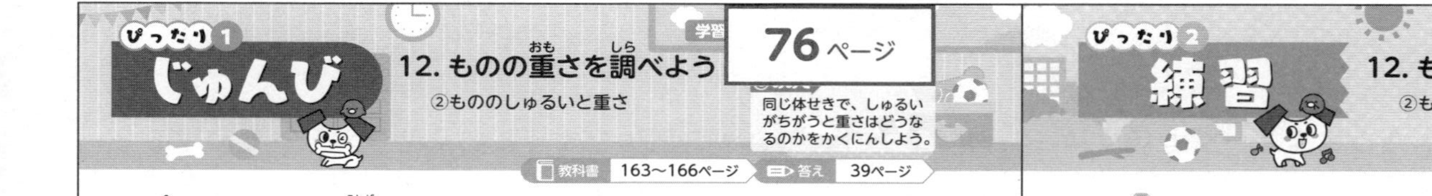

12. ものの重さを調べよう

②もののしゅるいと重さ

76ページ

同じ体せきで、しゅるいがちがうと重さはどうなるのかをかくにんしよう。

教科書 163～166ページ　答え 39ページ

下の(　)に当てはまる言葉を書くか、当てはまるものを○でかこもう。

1 体せきを同じにしたとき、さとうとしおの重さはちがうだろうか。 教科書 163～164ページ

▶もののかさ(大きさ)のことを(① **体せき**)という。

▶さとうとしおを、計りょうスプーンではかり、体せきを同じにする。

・計りょうスプーンに山もりに入れ、もり上がった部分をわりばしで(② **すり切る**)。

・表面を(③ **平ら**)にして、体せきを同じにする。

▶同じ体せきのさとうとしおの重さをそれぞれはかると、重さは(④ 同じ・(ちがう))。

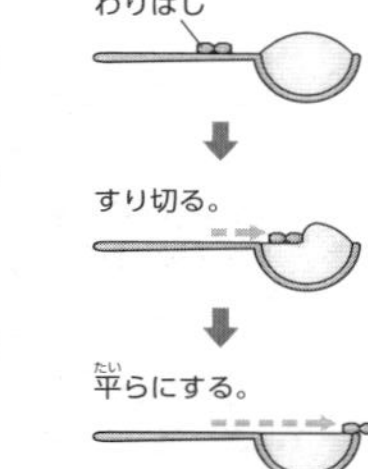

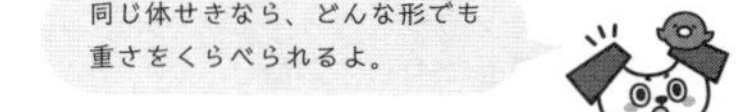

すり切りするときは、
まわりにこぼさないように、
それぞれのようきの上でやろうね。

2 同じ体せきのものの重さは同じだろうか。 教科書 165ページ

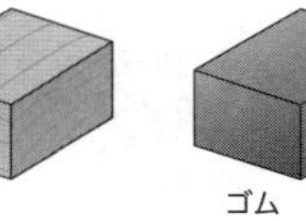

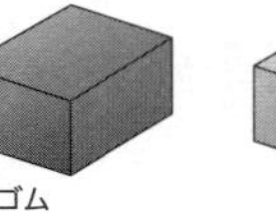

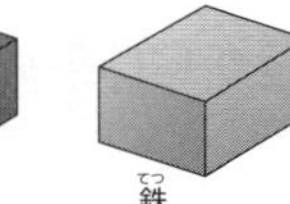

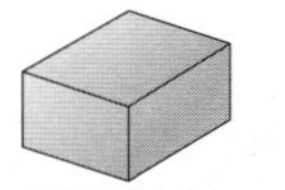

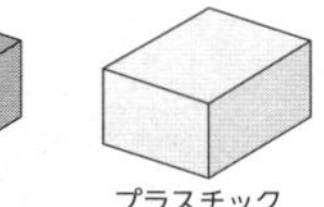

▶同じ体せきのものどうしで重さをくらべる。

・同じ体せきで木と鉄をくらべると、(① **鉄**)の方が重い。

・同じ体せきで、金ぞくの鉄とアルミニウムをくらべると、(② **鉄**)の方が重い。

▶同じ体せきでも、しゅるいのちがうものでは、(③ **重さ**)がちがう。

同じ体せきなら、どんな形でも
重さをくらべられるよ。

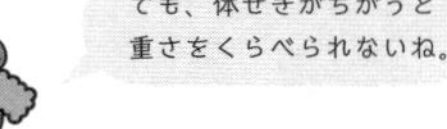

でも、体せきがちがうと
重さをくらべられないね。

ここがだいじ!
①もののかさ(大きさ)のことを体せきという。
②同じ体せきでも、しゅるいがちがうものの重さはことなる。

同じ体せきでも、ものによって重さがちがうことをりようして、ものを見分けることができます。

ぴったり2
練習

12. ものの重さを調べよう

②もののしゅるいと重さ

77ページ

教科書 163～166ページ　答え 39ページ

1 しおとさとうの重さを、デジタルはかりで調べました。

(1) デジタルはかりの使い方として、正しいものには○を、まちがっているものには×をつけましょう。

ア(×)はかりはどこにおいてもよい。

イ(×)スイッチを入れたら、すぐにはかりたいものをのせる。

ウ(○)紙をのせてから、スイッチを入れる。

エ(○)はかりたいものを紙の上にしずかにのせ、数字を読む。

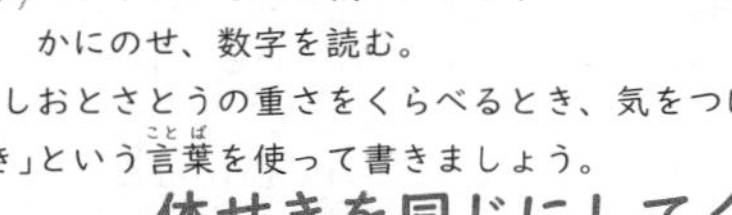
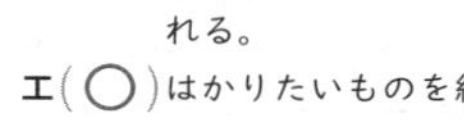

(2) 記述 しおとさとうの重さをくらべるとき、気をつけることはどんなことですか。「体せき」という言葉を使って書きましょう。 思考・表現

(**体せきを同じにしてくらべる。**)

2 同じ体せきのゴム・木・鉄・プラスチックをじゅんびして、重さをくらべます。

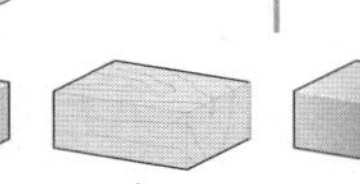

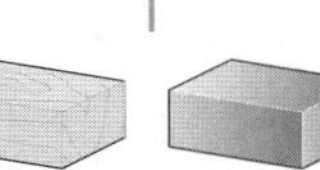

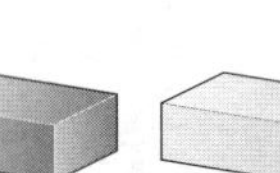

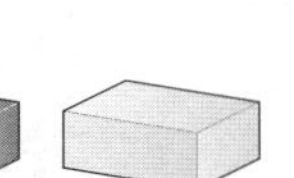

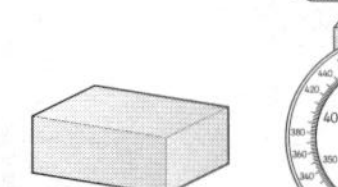
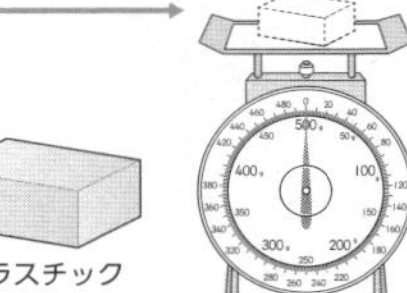

(1) 手で持った感じでは、どれが一番重いですか。 (**鉄**)

(2) 台ばかりを使って、それぞれの重さをはかりました。重さについて、正しいものには○を、まちがっているものには×をつけましょう。

ア(×)どれもみな同じ重さである。

イ(×)ゴムが一番重い。

ウ(×)木とゴムではゴムの方が軽い。

エ(○)鉄が一番重い。

77ページ てびき

1 (1)デジタルはかりの使い方をおぼえておきましょう。

①デジタルはかりを水平なところにおく。

②はかりの上に紙をのせる。

③スイッチを入れる。数字が「0」になっていないときは、0にするボタンをおして、0になっていることをかくにんする。

④はかりたいものを紙の上にしずかにのせて、数字を読む。

(2)重さをくらべるときは、かならず同じ体せきのものどうしでくらべます。しおとさとうを計りょうスプーンではかるときは、すり切りして同じ体せきにします。

もり上がった部分をすり切り、平らにする。

2 (1)鉄は、ゴム・木・プラスチックにくらべてかなり重いので、手で持った感じで一番重いとわかります。

(2)ア　ものの重さは、もののしゅるいによってそれぞれちがいます。同じ体せきでも、もののしゅるいがちがえば、重さもちがいます。

おうちのかたへ 例えば、「鉄が重く、木が軽い」というのは、同じ体積の場合です。鉄と木が同じ重さなら、鉄より木の体積が大きい場合になります。考える上での状況・条件が大切です。

ぴったり3 たしかめのテスト

12. ものの重さを調べよう

78ページ　／100　合格70点

教科書 158〜166ページ　答え 40〜41ページ

よく出る

1 ものを細かく分けたり、形をかえたりして、ものの重さがどうなるかを調べます。

1つ5点(30点)

(1) 50gのねん土の玉を細かく分けて、分けたねん土の合計の重さを調べました。正しいものを1つえらび、○をつけましょう。

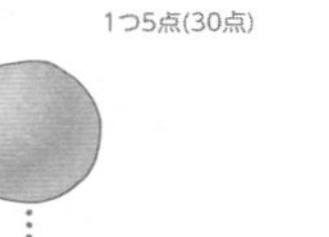

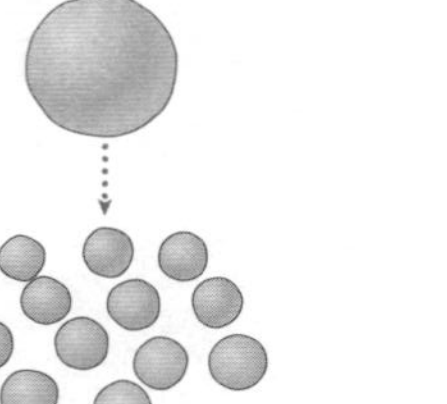

ア(　)小さい玉に分けたので、重さの合計は、分ける前の50gより軽くなる。

イ(　)たくさんの玉に分けたので、重さの合計は、分ける前の50gより重くなる。

ウ(○)ものは細かく分けても全体の重さはかわらないので、50gのままかわらない。

(2) 80gのアルミニウムの皿を丸めて、重さを調べました。正しいものを1つえらび、○をつけましょう。

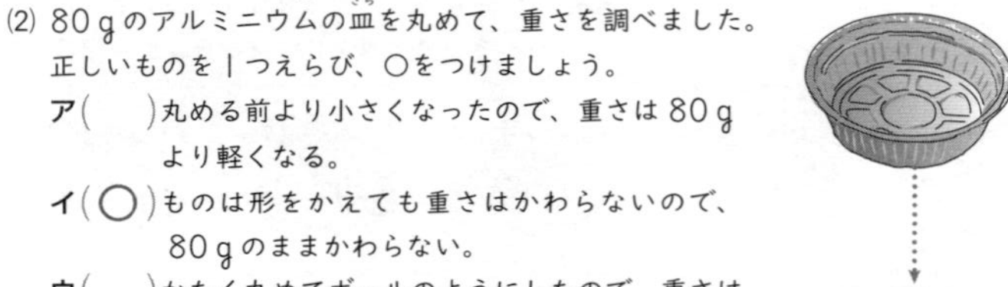

ア(　)丸める前より小さくなったので、重さは80gより軽くなる。

イ(○)ものは形をかえても重さはかわらないので、80gのままかわらない。

ウ(　)かたく丸めてボールのようにしたので、重さは80gより重くなる。

(3) ものの重さについてまとめました。正しいものを4つえらび、○をつけましょう。

ア(　)ものを細かく分けると重さはかわるが、形をかえても重さはかわらない。

イ(　)ものを細かく分けても重さはかわらないが、形をかえると重さはかわる。

ウ(○)ものは細かく分けたり、形をかえたりしても、重さはかわらない。

エ(　)ものの重さをはかるとき、おき方をかえると、重さはかわる。

オ(○)ものの重さをはかるとき、おき方をかえても、重さはかわらない。

カ(○)同じ体せきのものでも、もののしゅるいがちがうと重さはちがう。

キ(　)同じ体せきのものは、どんなものでも同じ重さである。

ク(○)ものにはそれぞれきまった重さがあり、その重さはものによってちがう。

79ページ

2 台ばかりの使い方について、(　)に当てはまる言葉を、下の□からえらんで記号を書きましょう。

技能 1つ5点(20点)

① 台ばかりを(コ)なところにおく。

② 皿の上に(エ)をのせる。

③ はりが0を指していることをかくにんする。目もりがずれているときは、(ウ)を回して0に合わせる。

④ はかりたいものを皿の中央にしずかにのせ、(ケ)から目もりを読む。

㋐はり　㋑皿　㋒調せつねじ　㋓紙　㋔台
㋕中央　㋖横　㋗上　㋘正面　㋙水平

3 同じ体せきのプラスチック・アルミニウム・木の玉があります。この3しゅるいの玉の重さを調べました。

1つ5点(10点)

(1) 3しゅるいの玉の重さを台ばかりではかり、重さを表にまとめました。この表から、一番重いのは3しゅるいの玉のうちどれだといえますか。名前を書きましょう。

(　アルミニウム　)

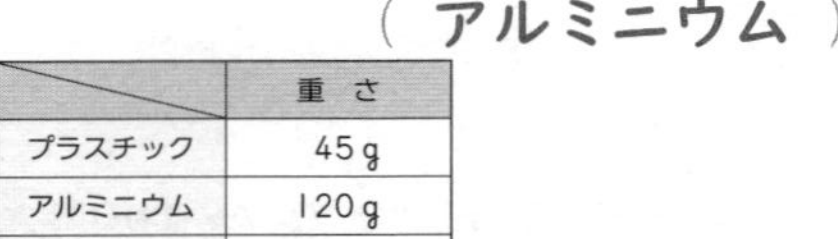

	重さ
プラスチック	45g
アルミニウム	120g
木	18g

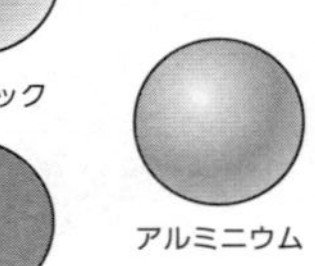

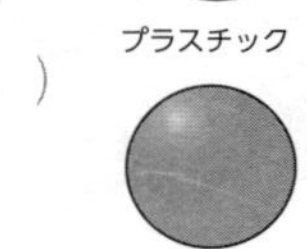

(2) ものの重さとものしゅるいについて、まとめました。正しいものをえらび、○をつけましょう。

ア(　)もののしゅるいによって重さがちがうかどうかを調べるときは、体せきは気にしなくてよい。

イ(　)体せきを同じにして重さをくらべると、どんなしゅるいのものでも重さは同じになる。

ウ(○)体せきを同じにして重さをくらべると、もののしゅるいによって重さはちがう。

ふりかえり　1がわからないときは、74ページの2にもどってかくにんしましょう。
5がわからないときは、76ページの2にもどってかくにんしましょう。

78〜79ページ　てびき

1 (1)、(2)ものにはそれぞれきまった重さがあり、いくつかに分けても形をかえても全体の重さはかわりません。

(3)カ〜ク　ものの重さは、ものによってそれぞれちがいます。同じ体せきのものをくらべると、もののしゅるいによって、重さはちがいます。

2 ①台ばかりは水平なところにおかないと、正しい重さがはかれません。

②、③水平なところにおいたら、まず、皿の上に紙をのせてから、はりが0を指すように調せつします。紙をのせる前にはりを調せつすると、紙の重さまではかってしまうことになります。

④はりを調せつしたら、はかりたいものをしずかに皿にのせます。のせるときは、皿の中央にのせないと、正しい重さがはかれません。正しく目もりを読むには、目もりを正面から読みましょう。

3 (1)体せきはどれも同じなので、表の重さでくらべることができます。

(2)重さをくらべるときは、かならず同じ体せきにします。体せきがちがうと、重さをくらべることができません。

80ページ

4 下の絵のように、いろいろなしせいで体重計にのり、体重をはかりました。

1つ10点(20点)

(1) けっかについて、①、②のように予想しました。2人の考えは正しいですか。ア～ウで正しいものに○をつけましょう。

① すわるしせいが、一番重くなると思うよ。

② 力をこめてのると、力の分だけ重くなるから、一番重くなるはずだよ。

ア(　)①の考えが正しい。　イ(　)②の考えが正しい。

ウ(○)どちらも正しくない。

(2) 記述 (1)の答えをえらんだ理由を、これまで学んだことをもとにせつめいしましょう。

(**もののおき方や形をかえても、ものの重さはかわらないから。**)

できたらスゴイ!

5 すな、ねん土、おがくずを20gずつはかり取って、同じ大きさのカップに入れると、右の絵のようになりました。

思考・表現 1つ10点(20点)

すな
ねん土
おがくず

(1) 体せきが一番大きいのはどれですか。名前を答えましょう。

(**おがくず**)

(2) 同じ体せきにして、重さをくらべたとき、一番重いのはどれですか。名前を答えましょう。

(**ねん土**)

この本の終わりにある「春のチャレンジテスト」をやってみよう!

この本の終わりにある「学力しんだんテスト」をやってみよう!

80ページ　てびき

4 (1)「かた足で立つ」「すわる」「力をこめてのる」は、どれものり方をかえたり、のるときの形をかえたりしただけなので、体重計にのっている全体の重さはかわりません。
(2)ものの重さは、おき方や形をかえてもかわらないことをおぼえておきましょう。

5 (1)カップに入っているりょうから、体せきが一番大きいのはおがくずで、すな、ねん土のじゅんに大きいとわかります。
(2)ねん土とおがくずを、すなと同じ体せきにすると、ねん土は今よりりょうがふえるので、今より重くなります。また、おがくずは今よりりょうがへるので、今より軽くなります。したがって、重いものからじゅんにねん土、すな、おがくず、となります。

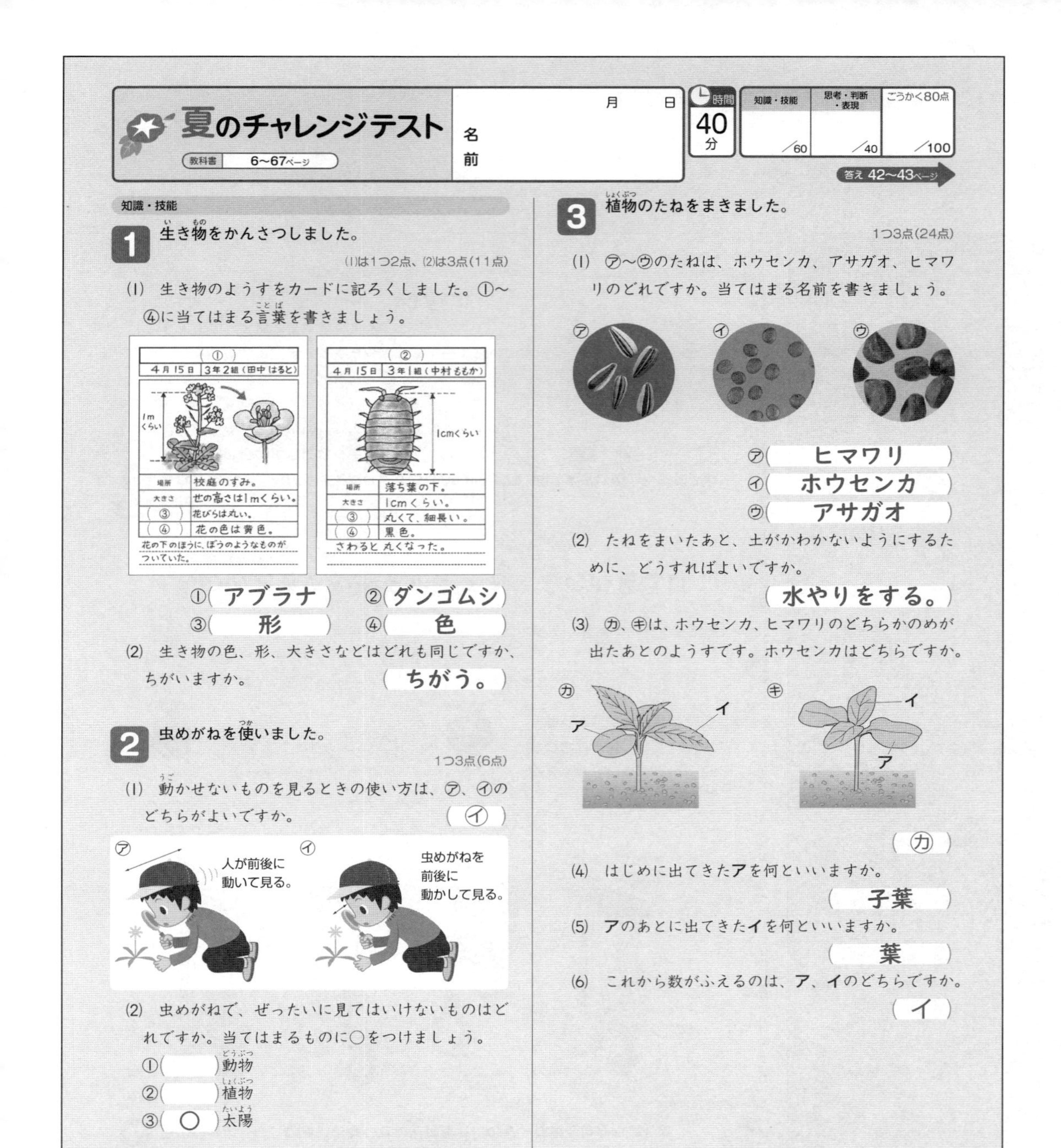

夏のチャレンジテスト

教科書 6〜67ページ

名前　　月　日

時間 40分

知識・技能	思考・判断・表現	ごうかく80点
/60	/40	/100

答え 42〜43ページ

知識・技能

1 生き物をかんさつしました。

(1)は1つ2点、(2)は3点(11点)

(1) 生き物のようすをカードに記ろくしました。①〜④に当てはまる言葉を書きましょう。

①(アブラナ)　②(ダンゴムシ)
③(形)　④(色)

(2) 生き物の色、形、大きさなどはどれも同じですか、ちがいますか。(ちがう。)

2 虫めがねを使いました。

1つ3点(6点)

(1) 動かせないものを見るときの使い方は、㋐、㋑のどちらがよいですか。(㋑)

(2) 虫めがねで、ぜったいに見てはいけないものはどれですか。当てはまるものに○をつけましょう。

①(　)動物
②(　)植物
③(○)太陽

3 植物のたねをまきました。

1つ3点(24点)

(1) ㋐〜㋒のたねは、ホウセンカ、アサガオ、ヒマワリのどれですか。当てはまる名前を書きましょう。

㋐(ヒマワリ)
㋑(ホウセンカ)
㋒(アサガオ)

(2) たねをまいたあと、土がかわかないようにするために、どうすればよいですか。(水やりをする。)

(3) ㋕、㋖は、ホウセンカ、ヒマワリのどちらかのめが出たあとのようすです。ホウセンカはどちらですか。

(㋕)

(4) はじめに出てきた**ア**を何といいますか。(子葉)

(5) **ア**のあとに出てきた**イ**を何といいますか。(葉)

(6) これから数がふえるのは、**ア**、**イ**のどちらですか。(イ)

夏のチャレンジテスト(表)

うらにも問題があります。

夏のチャレンジテスト　おもて　てびき

1 (1)カードには、調べた生き物をスケッチして、言葉でもくわしく書きます。①、②には、調べた生き物の名前を書きます。③や④に書いてあることを見ると、「形」や「色」を書いていることがわかります。

(2)生き物は、それぞれ、すんでいる場所や色、形、大きさなどにちがいがあります。

2 (1)㋑が動かせないものを見るときの使い方です。虫めがねを目に近づけて持ち、虫めがねを前後に動かして、はっきりと大きく見えるところで止めて見ます。

(2)目をいためるので、虫めがねで太陽など光を出すものを見てはいけません。

3 (2)たねをまいたあとは、土がかわかないように水やりをし、世話をしていきます。

(4)〜(6)たねをまいてはじめに出てくるものを子葉(ア)といいます。植物が育つと葉(イ)の数がふえていきます。植物のしゅるいによって形や色、大きさなどにちがいはありますが、同じように育っていきます。

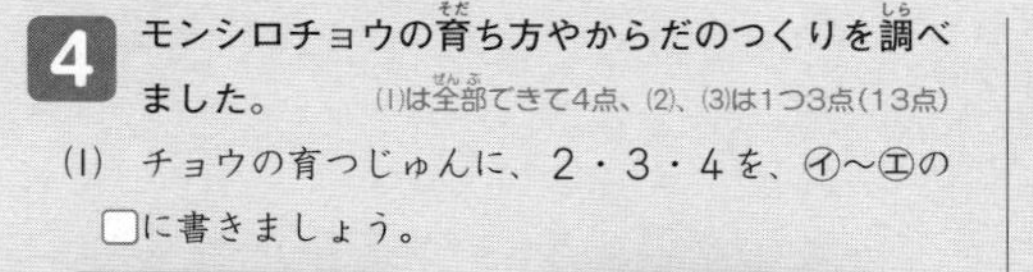

4 モンシロチョウの育ち方やからだのつくりを調べました。 (1)は全部できて4点、(2)、(3)は1つ3点(13点)

(1) チョウの育つじゅんに、2・3・4を、㋑～㋓の□に書きましょう。

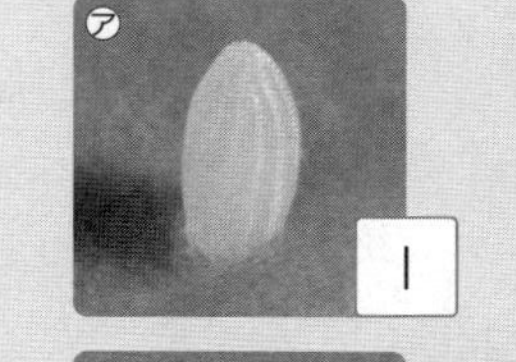
㋐ 1

㋑ 4

㋒ 2

㋓ 3

(2) ㋒、㋓のころのすがたを何といいますか。

㋒(よう虫) ㋓(さなぎ)

(3) チョウの成虫のからだをかんさつしました。このようなからだのつくりをしているなかまを何といいますか。 (こん虫)

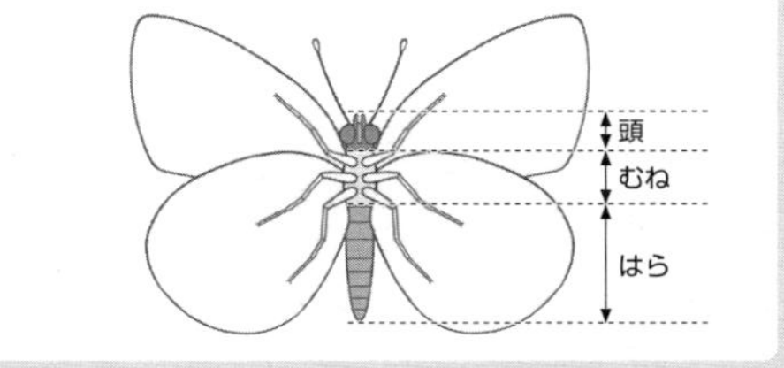

5 方位じしんの使い方を調べました。 1つ3点(6点)

(1) 方位じしんのはりの色のぬってある方は、東・西・南・北のどの方位を指して止まりますか。(北)

(2) はりの動きが止まったあとの文字ばんの合わせ方で、正しいものは㋐～㋒のどれですか。

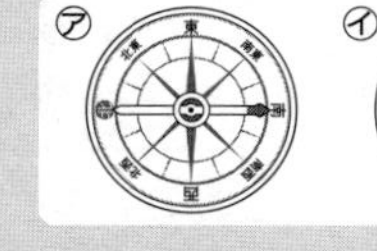

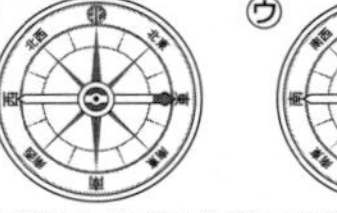

(㋒)

思考・判断・表現

6 午前、正午、午後の3回、かげの向きと太陽のいちを調べました。 (1)～(4)は1つ4点、(5)は6点(22点)

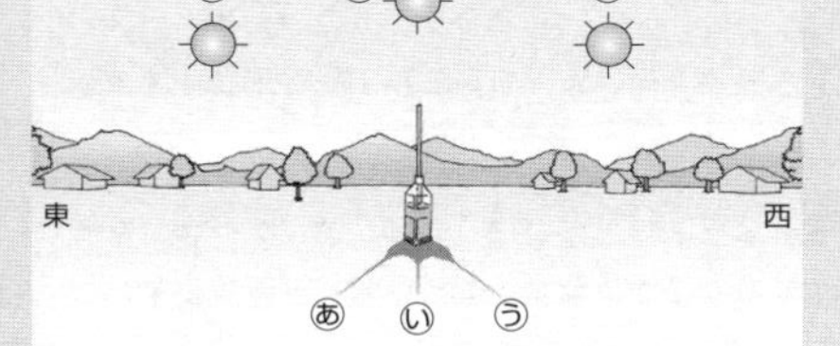

(1) 午後の太陽のいちは、①～③のどれですか。 (③)

(2) 午後のぼうのかげは、あ～うのどれですか。 (あ)

(3) 太陽のいちのかわり方で、正しい方に○をつけましょう。

ア(○)①→②→③　イ(　)③→②→①

(4) かげの動く向きで、正しい方に○をつけましょう。

ア(　)あ→い→う　イ(○)う→い→あ

(5) 記述 時間がたつと、かげのいちがかわるのはなぜですか。

(太陽のいちがかわるから。)

7 ホウセンカとヒマワリのからだのつくりをくらべました。 (1)、(2)とも全部できて1つ9点(18点)

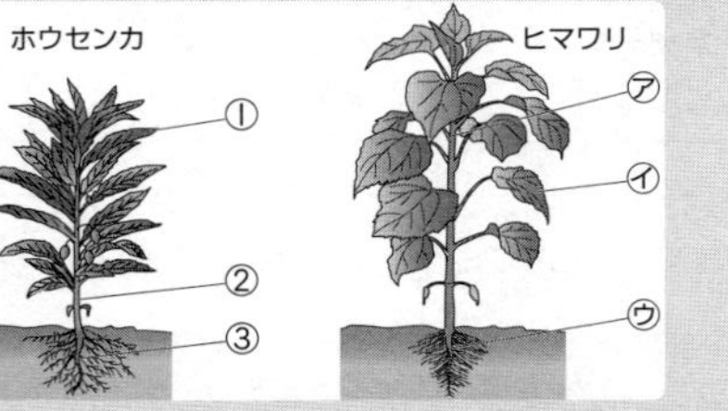

(1) ホウセンカの①～③のつくりは、ヒマワリの㋐～㋒のどこと同じですか。記号を書きましょう。

①(㋑)　②(㋐)　③(㋒)

(2) 植物のからだのつくりについて、当てはまる言葉を④～⑥に書きましょう。

植物のからだは、どれも(④ 根)、(⑤ くき)、(⑥ 葉)からできている。

夏のチャレンジテスト(裏)

夏のチャレンジテスト　うら　てびき

4 (1)チョウは、たまご(㋐)→よう虫(㋒)→さなぎ(㋓)→成虫(㋑)のじゅんに育っていきます。よう虫は皮をぬぐたびに大きくなり、食べるえさのりょうや、ふんのりょうがふえていきます。さなぎのあいだは、何も食べません。

(3)からだが、頭・むね・はらの3つの部分に分かれ、むねに6本のあしがついているなかまをこん虫といいます。

5 (1)はりは、北と南を指して止まり、はりの色がぬってある方は北を指します。

(2)「北」の文字をはりの色がぬってある方に合わせます。

6 (1)、(3)時間がたつと、太陽のいちは、東(①)から南の高い空(②)を通り、西(③)へとかわります。午後には西の方にあります。

(2)太陽のいちが西の方にあるので、かげは東の方(あ)にできます。

(4)かげのいちは西から東へかわります。

(5)かげは、日光(太陽の光)をさえぎるものがあると、太陽の反対がわにできます。太陽のいちがかわると、かげのいちもかわります。

7 形や大きさ、色などにちがいはありますが、植物のからだは、どれも、根(③・㋒)・くき(②・㋐)・葉(①・㋑)からできています。

冬のチャレンジテスト

教科書 70〜141ページ

名前　　　　月　日

時間 40分

知識・技能	思考・判断・表現	ごうかく80点
/60	/40	/100

答え 44〜45ページ

知識・技能

1 トンボの成虫のからだを調べました。 1つ3点(18点)

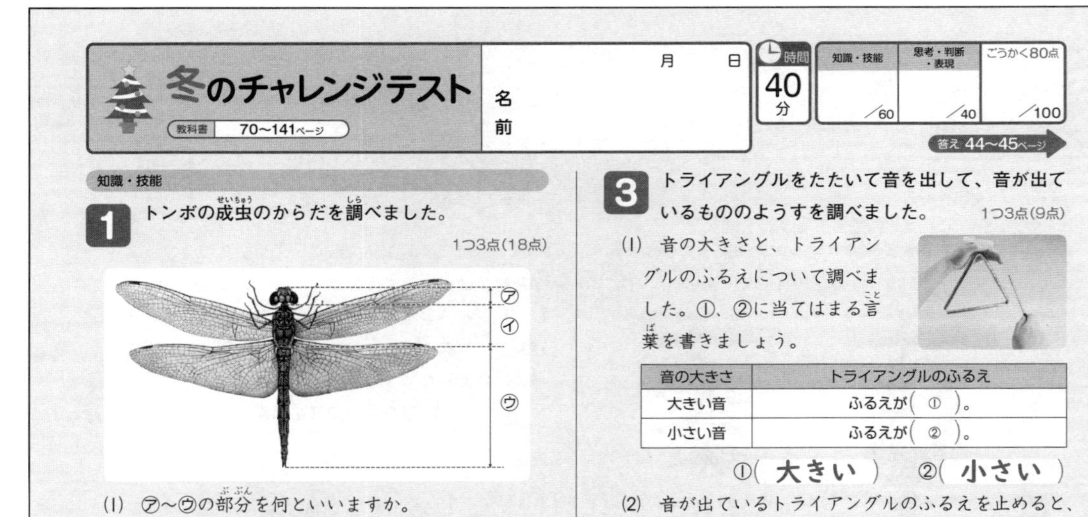

(1) ㋐〜㋒の部分を何といいますか。

㋐(頭) ㋑(むね) ㋒(はら)

(2) あしは、どこに何本ついていますか。

(むね)に(6)本ついている。

(3) トンボの成虫のようなからだのつくりの虫を何といいますか。

(こん虫)

2 ホウセンカの育ち方をまとめました。 1つ3点(12点)

(1) (　)に入る言葉を書きましょう。

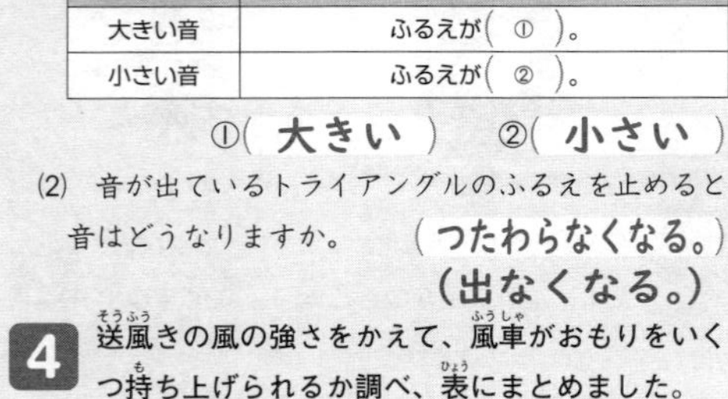

たねをまいた。
子葉が出た。
葉が出てきた。
葉がふえた。
つぼみができた。
(① 花)がさいた。
(② 実)ができた。

(2) (1)の②ができた後、ホウセンカはどうなりますか。

(かれる。)

(3) ヒマワリの育ち方のじゅんばんは、ホウセンカと同じですか、ちがいますか。

(同じ。)

3 トライアングルをたたいて音を出して、音が出ているもののようすを調べました。 1つ3点(9点)

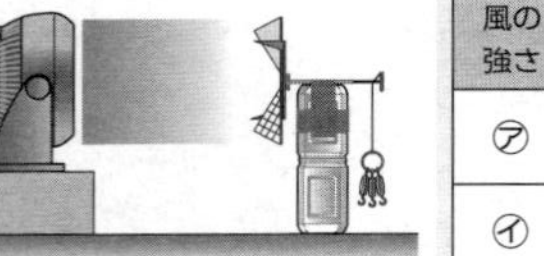

(1) 音の大きさと、トライアングルのふるえについて調べました。①、②に当てはまる言葉を書きましょう。

音の大きさ	トライアングルのふるえ
大きい音	ふるえが(①)。
小さい音	ふるえが(②)。

①(大きい) ②(小さい)

(2) 音が出ているトライアングルのふるえを止めると、音はどうなりますか。 (つたわらなくなる。)(出なくなる。)

4 送風きの風の強さをかえて、風車がおもりをいくつ持ち上げられるか調べ、表にまとめました。 (1)、(2)は3点、(3)は5点(11点)

風の強さ	1回目	2回目
㋐	3こ	3こ
㋑	5こ	5こ

(1) 表の㋐と㋑には風の強さが入ります。風の強さが強いのはどちらですか。

(㋑)

(2) 風車が回る速さをくらべたとき、速く回っているのは㋐、㋑のどちらですか。

(㋑)

(3) この実けんから、風の強さと風車がものを持ち上げる力について、次の文の(　)に当てはまる言葉を書きましょう。

風車がものを持ち上げる力は、風の強さが強くなるほど(大きく)なる。

●うらにも問題があります。

冬のチャレンジテスト　おもて　てびき

1 トンボもこん虫です。こん虫の成虫のからだは、どれも頭・むね・はらの3つの部分に分けることができ、むねに6本のあしがあります。また、こん虫の頭には、目や口、しょっ角などがあります。

2 植物の育ち方には、きまったじゅんじょがあります。ひとつのたねから子葉が出て、葉がふえてせが高くなり、くきも太くなり、花がさいてたくさんの実をつくり、やがてかれていきます。

3 (1)ものから音が出るとき、ものはふるえています。大きい音はふるえが大きく、小さい音はふるえが小さいです。
(2)音が出ているもののふるえを止めると、音はつたわらなく(出なく)なります。

4 (2)風の強さが強いほど、風車は速く回ります。風車のもの(おもり)を持ち上げる力は、風車に当たる風が強いほど大きくなります。

5 図のように、明かりをつけました。

(1)は1つ1点、(2)は3点、(3)は4点(10点)

(1) (　)にそれぞれの名前を書きましょう。

(2) 電気の通り道のことを何といいますか。

(回路)

(3) 記述 豆電球に明かりがつくとき、電気の通り道はどのようにつながっていますか。

(1つのわのようにつながっている。)

思考・判断・表現

6 ゴムをのばして、車を走らせました。

1つ4点(16点)

(1) 車の走るきょりが、①〜③のようになるのは、㋐〜㋒のどれですか。記号を書きましょう。

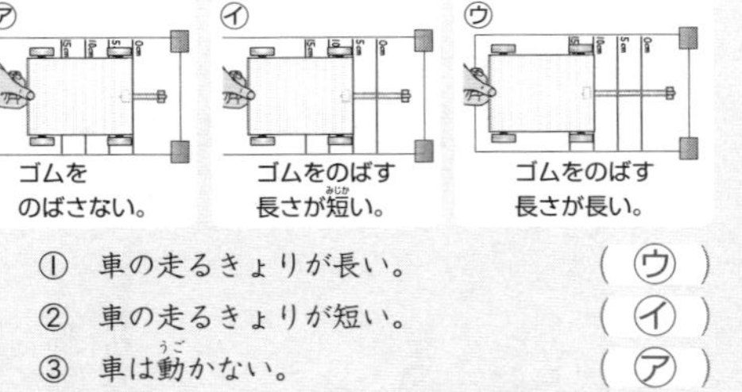

① 車の走るきょりが長い。 (㋒)

② 車の走るきょりが短い。 (㋑)

③ 車は動かない。 (㋐)

(2) ㋓、㋔で、車が走るきょりが長い方の□に○をつけましょう。ゴムをのばす長さは同じにします。

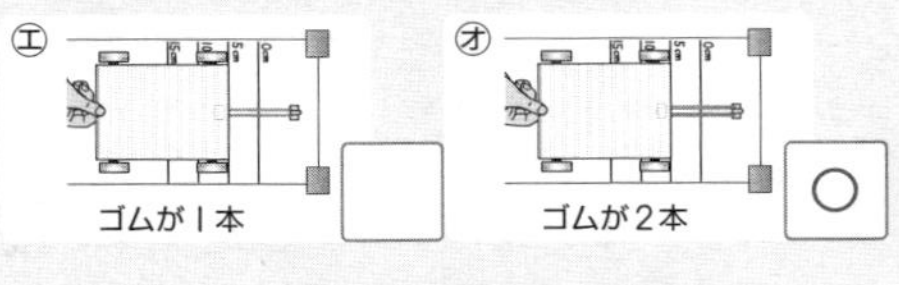

7 かがみを使って、はね返した日光を3分間かべに当てました。

(1)、(3)は3点、(2)は4点(10点)

(1) はね返した日光が当たったかべの温度が高いのは、㋐、㋑のどちらですか。

(㋑)

(2) 記述 (1)の温度が高いのは、なぜですか。

(はね返した日光を集めている かがみのまい数が多いから。)

(3) はね返した日光が当たったところがより明るくなるのは、㋐、㋑のどちらですか。

(㋑)

8 電気を通すものと通さないものを調べました。

(1)は1つ2点、(2)は4点(14点)

(1) 図の?のところにつないで、明かりがつくものに○、つかないものに×をつけましょう。

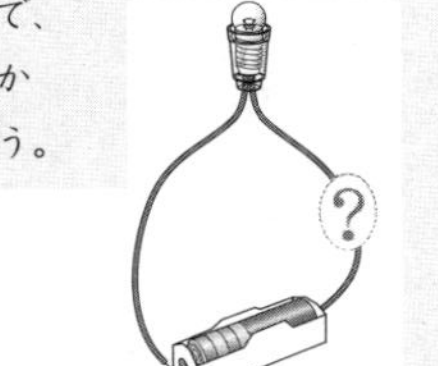

①(○)クリップ(鉄)

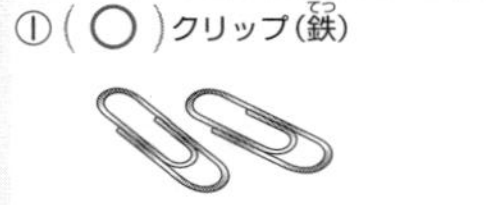

②(○)一円玉(アルミニウム)

③(×)コップ(ガラス)

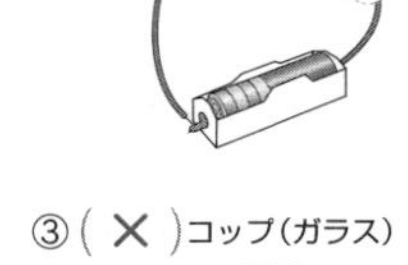

④(×)おり紙(紙)

⑤(○)アルミニウムはく(アルミニウム)

(2) (1)で明かりがついたものは、電気を通すせいしつがあります。これらは何でできているといえますか。

(金ぞく)

冬のチャレンジテスト(裏)

冬のチャレンジテスト　うら　てびき

5 (1)かん電池で、先が出ている方が+(プラス)きょく、出ていない方が−(マイナス)きょくです。

(3)かん電池の+きょく、豆電球、かん電池の−きょくが1つの「わ」のようにつながっている電気の通り道(回路)では、明かりがつきます。

6 (1)のばしたゴムが元にもどろうとする力をりようして、ものを動かすことができます。ゴムは長くのばすほど、元にもどろうとする力が強くなり、車を遠くまで走らせることができます。

(2)ゴムの本数を多くしたり、太いゴムを使ったりすると、ゴムの力は強くなります。

㋓より㋔の方がゴムの本数が多いので、車にはたらくゴムの力も強くなり、㋔の方が走るきょりが長くなります。

7 かがみではね返した日光が当たったところは明るく、温度が高くなります。かがみのまい数を多くして、はね返した日光を集めるほど、日光が当たったところは、より明るく、あたたかくなります。

(2)は「かがみをふやしてはね返した日光を集めているから。」などでも正かいです。

8 鉄、どう、アルミニウムなどを金ぞくといいます。金ぞくは、電気を通すせいしつがあります。一方、紙や木、ゴム、ガラス、プラスチックなどは、電気を通しません。

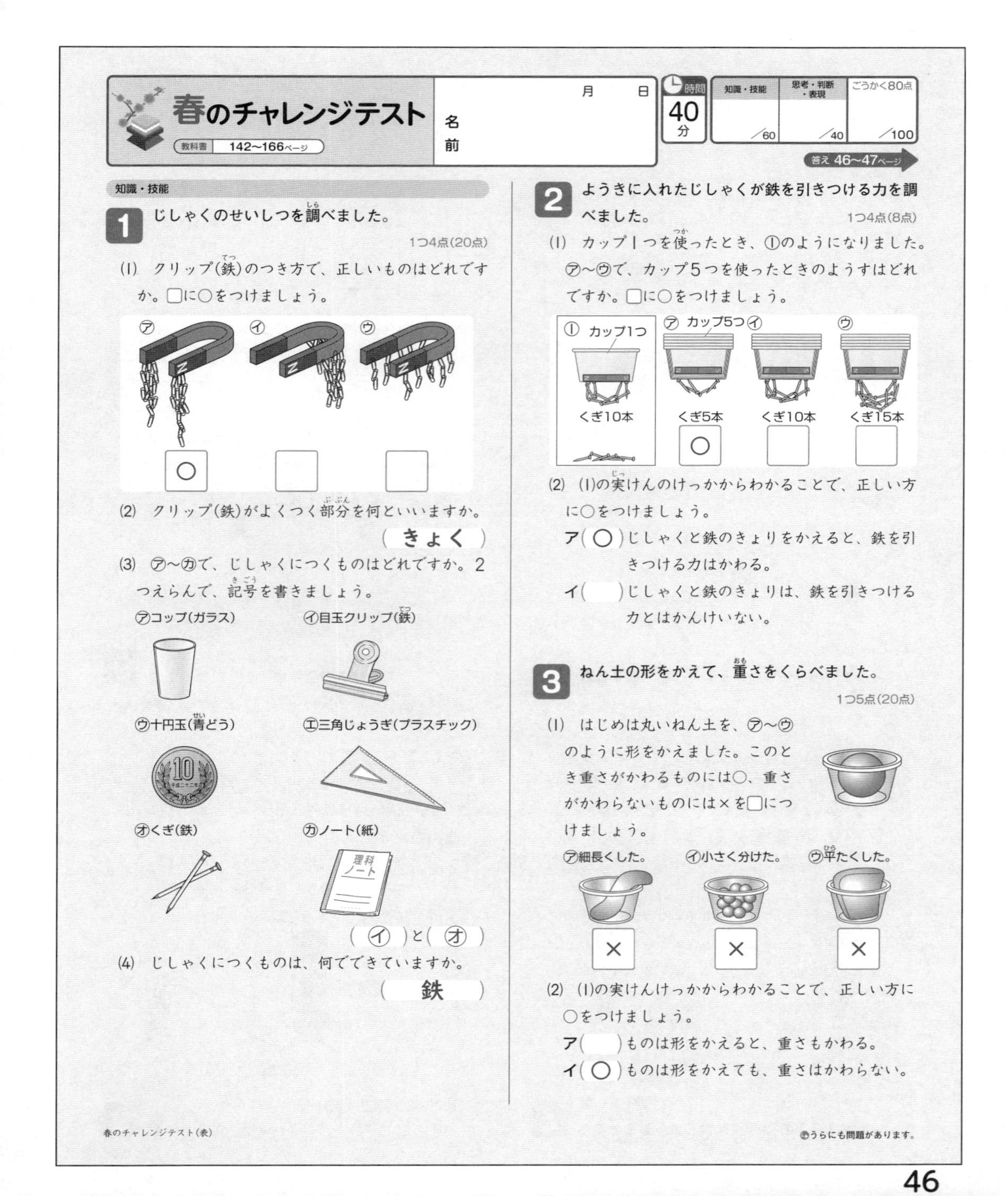

春のチャレンジテスト　教科書 142～166ページ　名前　月　日　時間 40分　知識・技能 /60　思考・判断・表現 /40　ごうかく80点 /100　答え 46～47ページ

知識・技能

1 じしゃくのせいしつを調べました。　1つ4点(20点)

(1) クリップ(鉄)のつき方で、正しいものはどれですか。□に○をつけましょう。

㋐ ○　㋑ □　㋒ □

(2) クリップ(鉄)がよくつく部分を何といいますか。　(きょく)

(3) ㋐～㋕で、じしゃくにつくものはどれですか。2つえらんで、記号を書きましょう。

㋐コップ(ガラス)　㋑目玉クリップ(鉄)　㋒十円玉(青どう)　㋓三角じょうぎ(プラスチック)　㋔くぎ(鉄)　㋕ノート(紙)

(㋑)と(㋔)

(4) じしゃくにつくものは、何でできていますか。　(鉄)

2 ようきに入れたじしゃくが鉄を引きつける力を調べました。　1つ4点(8点)

(1) カップ1つを使ったとき、①のようになりました。㋐～㋒で、カップ5つを使ったときのようすはどれですか。□に○をつけましょう。

① カップ1つ　くぎ10本　㋐ カップ5つ　くぎ5本 ○　㋑ くぎ10本 □　㋒ くぎ15本 □

(2) (1)の実けんのけっかからわかることで、正しい方に○をつけましょう。

ア(○)じしゃくと鉄のきょりをかえると、鉄を引きつける力はかわる。

イ(　)じしゃくと鉄のきょりは、鉄を引きつける力とはかんけいない。

3 ねん土の形をかえて、重さをくらべました。　1つ5点(20点)

(1) はじめは丸いねん土を、㋐～㋒のように形をかえました。このとき重さがかわるものには○、重さがかわらないものには×を□につけましょう。

㋐細長くした。 ×　㋑小さく分けた。 ×　㋒平たくした。 ×

(2) (1)の実けんけっかからわかることで、正しい方に○をつけましょう。

ア(　)ものは形をかえると、重さもかわる。

イ(○)ものは形をかえても、重さはかわらない。

春のチャレンジテスト(表)　●うらにも問題があります。

春のチャレンジテスト　おもて　てびき

1 (1)、(2)じしゃくが、鉄をよく引きつける部分をきょくといい、じしゃくのはしの方にあります。鉄のクリップは、きょくにたくさんつきます。

(3)、(4)鉄でできたものは、じしゃくに引きつけられます。同じ金ぞくでも、どうやアルミニウムなどは、じしゃくに引きつけられません。また、紙や木、ゴム、ガラス、プラスチックなども、じしゃくに引きつけられません。

2 じしゃくと鉄の間に、じしゃくにつかないものがあったり、間があいていたりしても、じしゃくは鉄を引きつけます。

実けんでは、カップの数をかえることでようきのそこのあつさがかわり、じしゃくと鉄の間のきょりがかわります。じしゃくと鉄の間のきょりが遠くなるほど、じしゃくが鉄を引きつける力は弱くなります。

3 ものの形をかえても、重さはかわらないので、丸いねん土をどんな形にしても、重さはかわりません。たとえば、もとの形のときの重さが50gなら、形をかえたあとの重さも50gのままです。

4 同じ体せきのものの重さを、台ばかりを使ってくらべました。 1つ4点(12点)

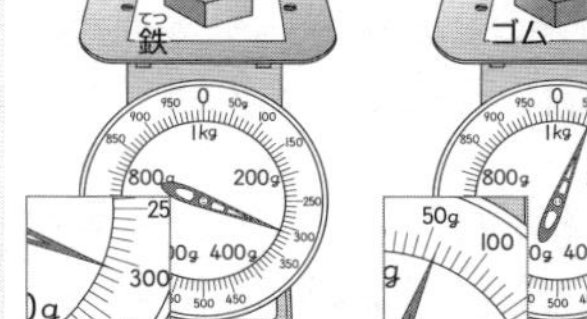

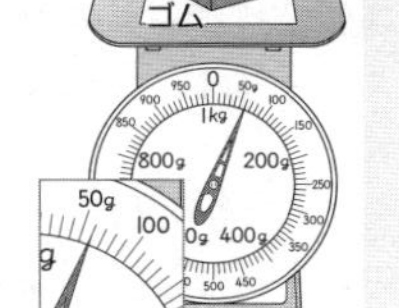

(1) 鉄とゴムの重さを、それぞれ書きましょう。

鉄（ 310g ）
ゴム（ 60g ）

(2) 同じ体せきの鉄とゴムの重さは、同じですか、ちがいますか。

（ ちがう。 ）

思考・判断・表現

5 2つのじしゃくのきょくを近づけました。 (1)は全部できて4点、(2)は8点、(3)は4点(16点)

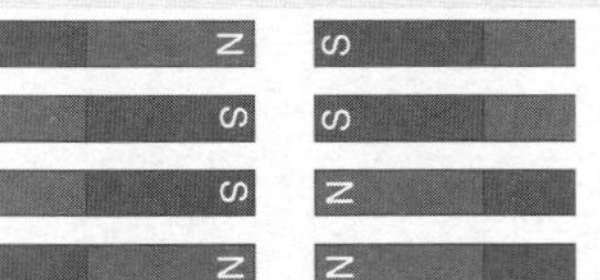

(1) じしゃくが引きつけ合うものを2つえらび、番号を書きましょう。

（ ① ）と（ ③ ）

(2) じしゃくがしりぞけ合うのは、どんなときですか。

（ 同じきょくどうしを近づけたとき。 ）

(3) NきょくとSきょくがわからないじしゃくに、べつのじしゃくのNきょくを近づけたところ、㋐は引きつけられました。㋐は何きょくですか。

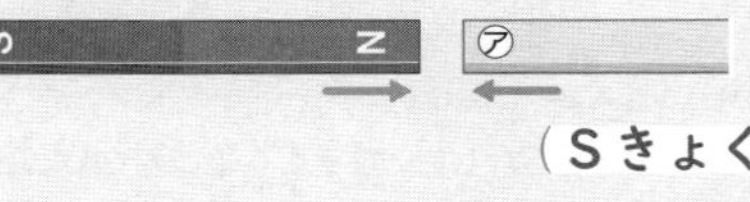

（ Sきょく ）

6 じしゃくにくぎ(鉄)をつけ、つながっているくぎをじしゃくからゆっくりはなしました。 (1)、(3)は1つ4点、(2)は全部できて4点(12点)

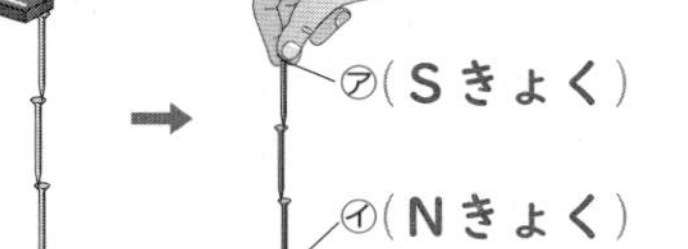

(1) 記述 くぎをじしゃくからはなしても、くぎがつながったまま落ちないのは、どうしてですか。

（ じしゃくについたくぎが、じしゃくになったから。 ）

(2) 図の㋐、㋑はそれぞれ何きょくになっていますか。上の図の（ ）に書きましょう。

(3) このくぎをさ鉄に近づけるとどうなりますか。

（ さ鉄がくぎにつく。 ）

7 台ばかりを使って、同じ体せきの鉄・木・ゴムの重さをくらべました。 (1)は4点、(2)は8点(12点)

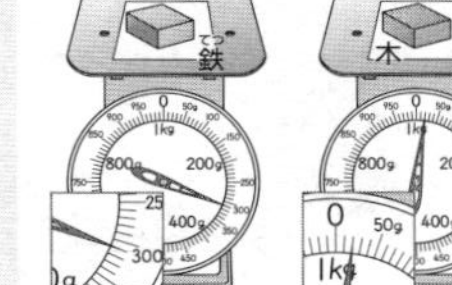

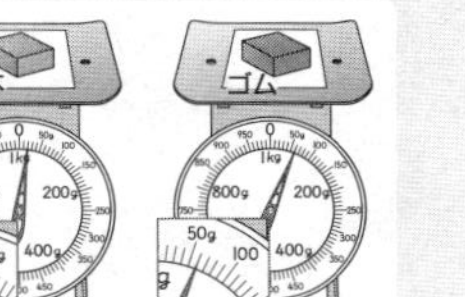
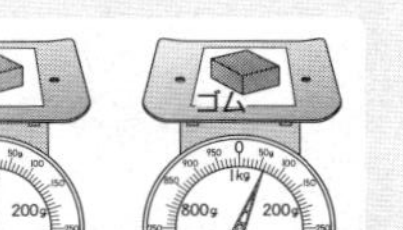

(1) 鉄・木・ゴムの重さで、正しいことを言っている方の□に○をつけましょう。

重いじゅんに、鉄→ゴム→木となります。 ㋐ ○

鉄も木もゴムも、すべて同じ重さです。 ㋑ □

(2) 記述 実けんからわかることを、[ ]の言葉を全部使ってまとめましょう。

[同じ体せき　しゅるい　重さ　ちがう]

（ 同じ体せきでも、しゅるいのちがうものは重さがちがう。 ）

春のチャレンジテスト　うら　てびき

4 (1)台ばかりのはりが指す目もりを、正面から読みます。図の台ばかりの１目もりは10gです。
(2)もののかさや大きさのことを体せきといいます。同じ体せきでくらべても、しゅるいのちがうものの重さはちがいます。

5 (1)、(2)２つのじしゃくのきょくどうしを近づけたとき、ちがうきょくどうしは引きつけ合い(①、③)、同じきょくどうしはしりぞけ合います(②、④)。
(3)㋐はNきょくに引きつけられたことから、㋐とNきょくはちがうきょくということがわかります。つまり、㋐はSきょくです。

6 (1)じしゃくについた鉄のくぎは、じしゃくになります。また、くぎについているくぎも、直せつじしゃくについていなくてもじしゃくになります。
(2)㋐はじしゃくのNきょくについていたので、Sきょくになります。Sきょくの反対がわの㋑はNきょくになります。

7 (1)同じ体せきの鉄、木、ゴムの重さを、台ばかりの目もりから読みとればわかります。
(2)鉄、ゴム、木だけでなく、同じ体せきでも、しゅるいのちがうものの重さはちがいます。
ものの重さをくらべるときは、体せきを同じにしてくらべます。

3年 理科のまとめ　学力しんだんテスト

月　日

名前

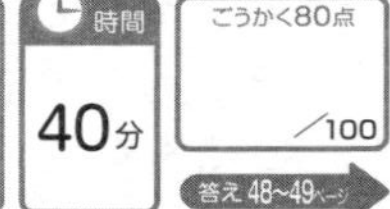

答え48～49ページ

1 アゲハの育つようすを調べました。

(1)、(4)は1つ4点、(2)、(3)はそれぞれ全部できて4点(16点)

㋐ 

㋑ 

㋒

㋓

(1) ㋐のころのすがたを、何といいますか。

(**さなぎ**)

(2) ㋐～㋓を、育つじゅんにならべましょう。

(㋑)→(㋒)→(㋐)→(㋓)

(3) アゲハの成虫のあしは、どこに何本ついていますか。

(**むね**)に(**6**)本ついている。

(4) アゲハの成虫のようなからだのつくりをした動物を、何といいますか。

(**こん虫**)

2 ゴムのはたらきで、車を動かしました。

1つ4点(8点)

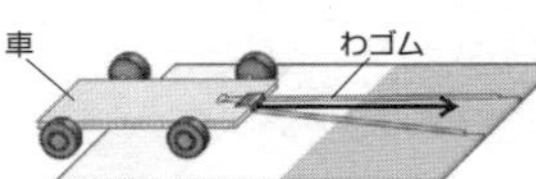

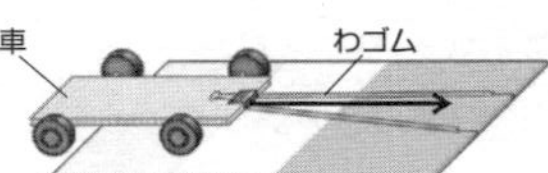

(1) わゴムをのばす長さを長くしました。車の進むきょりはどうなりますか。正しい方に○をつけましょう。

①(○)長くなる。　②(　　)短くなる。

(2) 車が進むのは、ゴムのどのようなはたらきによるものですか。

(**のばしたゴムが元にもどろうとする力によるはたらき。**)

3 ホウセンカの育ち方をまとめました。

1つ4点(12点)

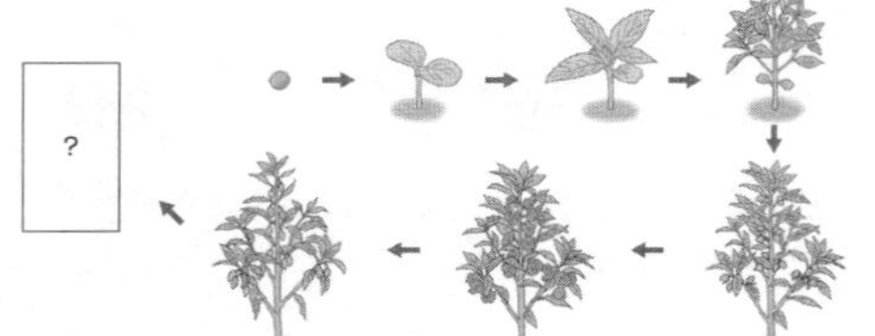

(1) 図の?に入るホウセンカのようすについて、正しいことを言っている方に○をつけましょう。

せの高さが高くなって、花がさきます。

実をのこして、かれてしまいます。

①(　　)　②(○)

(2) ホウセンカの実の中には、何が入っていますか。

(**たね**)

(3) ホウセンカの実は、何があったところにできますか。正しいものに○をつけましょう。

①(　　)子葉　②(　　)葉　③(○)花

4 午前9時と午後3時に、太陽によってできるぼうのかげの向きを調べました。

1つ4点(12点)

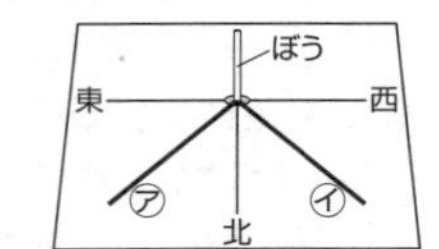

(1) 午後3時のかげのいちは、㋐と㋑のどちらですか。

(㋐)

(2) 時間がたつと、かげのいちはどのようにかわりますか。正しい方に○をつけましょう。

①(　　)㋐→㋑　②(○)㋑→㋐

(3) 時間がたつと、かげのいちがかわるのはなぜですか。

(**太陽のいちがかわるから。**)

うらにも問題があります。

学力しんだんテスト　おもて　てびき

1 (1)、(2)チョウは、たまご(㋑)→よう虫(㋒)→さなぎ(㋐)→成虫(㋓)のじゅんに育っていきます。

(3)、(4)こん虫の成虫のからだは、どれも、頭・むね・はらの3つに分かれ、むねに6本のあしがあります。

2 (1)ゴムを長くのばすほど、ものを動かすはたらきは大きくなります。

(2)ゴムを引っぱったり、ねじったりすると、元にもどろうとする力がはたらきます。

3 植物はひとつのたねから子葉が出て、葉の数がふえ、せが高くなり、くきが太くなっていきます。つぼみができて花がさき、やがて実となります。実がなってたねができた後にかれていきます。

4 時間がたつと、太陽のいちは東→西にかわり、かげのいちは西(㋑)→東(㋐)にかわります。かげのいちがかわるのは、太陽のいちがかわるからです。

5 虫めがねを使って、日光を集めました。

1つ4点(8点)

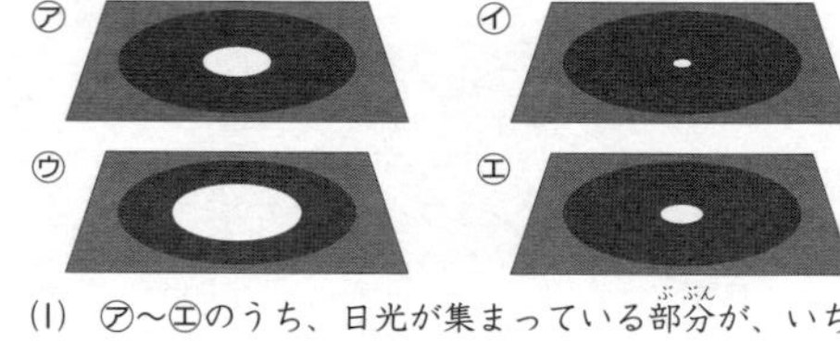

(1) ㋐～㋓のうち、日光が集まっている部分が、いちばん明るいのはどれですか。

(㋑)

(2) ㋐～㋓のうち、日光が集まっている部分が、いちばんあついのはどれですか。

(㋑)

6 電気を通すもの・通さないものを調べました。

1つ4点(12点)

(1) 電気を通すものはどれですか。2つえらんで、○をつけましょう。

アルミニウムはく　消しゴム　鉄のくぎ　ガラスのコップ

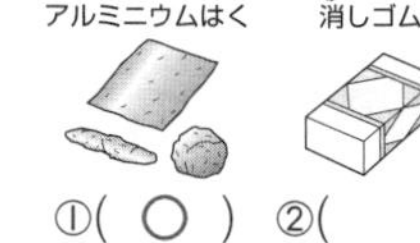

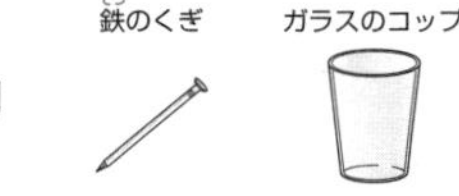

①(○) ②(　　) ③(○) ④(　　)

(2) (1)のことから、電気を通すものは何でできていることがわかりますか。

(金ぞく)

7 トライアングルをたたいて音を出して、音が出ているもののようすを調べました。

1つ4点(12点)

(1) 音の大きさと、トライアングルのふるえについて調べました。①、②に当てはまる言葉を書きましょう。

音の大きさ	トライアングルのふるえ
大きい音	ふるえが(①)。
小さい音	ふるえが(②)。

①(大きい) ②(小さい)

(2) 音が出ているトライアングルのふるえを止めると、音はどうなりますか。

(つたわらなくなる(止まる)。)

活用力をみる

8 おもちゃをつくって遊びました。

1つ4点(20点)

(1) じしゃくのつりざおを使って、魚をつります。

① つれるのは、あ～えのどれですか。

(あ)

② じしゃくの㋐～㋒のうち、魚をいちばん強く引きつける部分はどれですか。

(㋑)

(2) シーソーのおもちゃで遊びました。シーソーは、重いものをのせた方が下がります。

① 同じりょうのねん土から、リンゴ、バナナ、ブドウをつくり、シーソーにのせました。ア～ウのうち、正しいものに○をつけましょう。

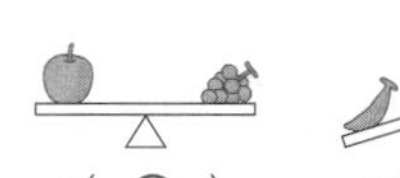

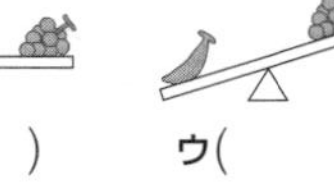

ア(　　) イ(○) ウ(　　)

② 同じ体せきのまま、もののしゅるいをかえて、シーソーにのせました。リンゴ、バナナ、ブドウの中で、いちばん重いものはどれですか。

リンゴ(ゴム)　バナナ(鉄)　ブドウ(プラスチック)

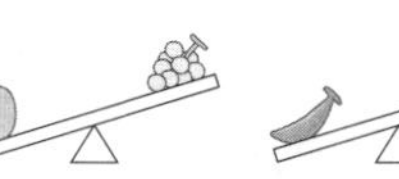

(バナナ)

③ 同じ体せきでも、ものによって重さはかわりますか、かわりませんか。

(かわる。)

学力しんだんテスト　うら　てびき

5 虫めがねを使うと、日光を集めることができます。日光を集めたところを小さくするほど、明るく、あつくなります。

6 アルミニウムや鉄などの金ぞくは、電気を通します。ゴムやガラスなどは、電気を通しません。

7 (1)音がつたわるとき、音をつたえているものはふるえています。大きい音はふるえが大きく、小さい音はふるえが小さいです。
(2)ふるえを止めると、音がつたわらなくなるため、音が止まります。

8 (1)①鉄でできたものは、じしゃくにつきます。どうやアルミニウムなど鉄いがいの金ぞくは、じしゃくにつきません。消しゴム(プラスチック)も、じしゃくにつきません。
②じしゃくがもっとも強く鉄を引きつけるのは、きょくの部分です。
(2)①同じりょうのねん土の形をかえても、重さはかわりません。よって、シーソーは水平になって止まります。
②シーソーの図を見ると、
　リンゴよりバナナが重い。
　ブドウよりリンゴが重い。
　ブドウよりバナナが重い。
これらのことから、鉄のバナナがいちばん重いことがわかります。

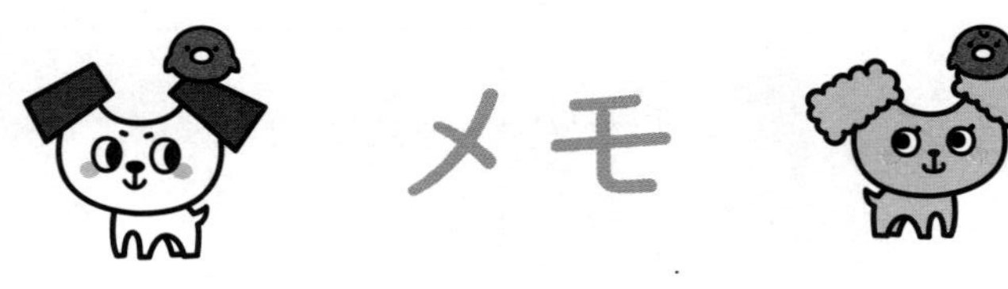

メモ

メモ

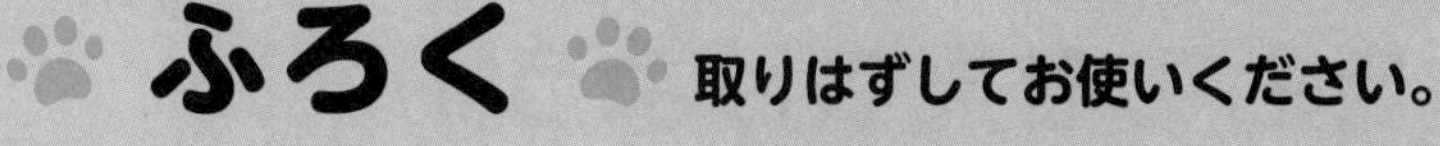
ふろく　取りはずしてお使いください。

理科
スタートアップドリル

3年

このドリルを使って
２年生までに学習した
ことをふり返ろう。

年　　組

1 生きものを見つけよう①

1 春の校ていで、生きものを見つけました。
(　　)にあてはまる生きものの名前を、あとの□からえらんで、
(　　)にかきましょう。

①

(　　　　　　)

②

(　　　　　　)

③

(　　　　　　)

④
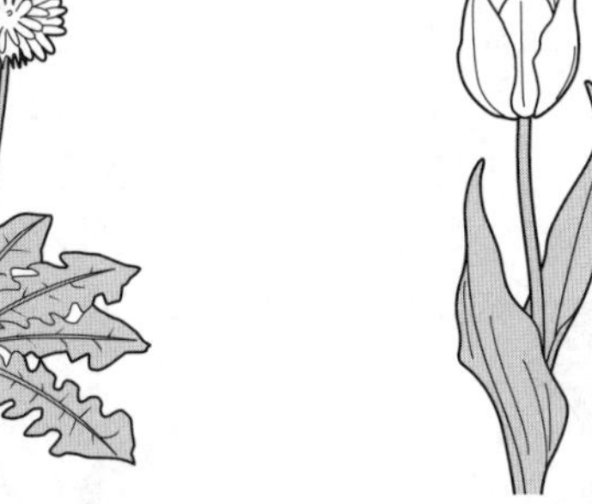

(　　　　　　)

⑤
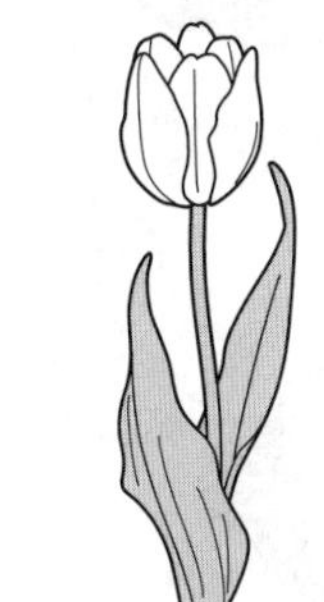
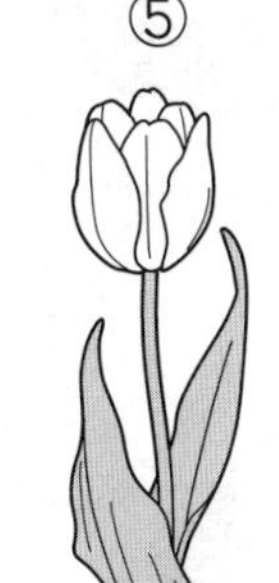

(　　　　　　)

ダンゴムシ　タンポポ　チューリップ　チョウ　テントウムシ

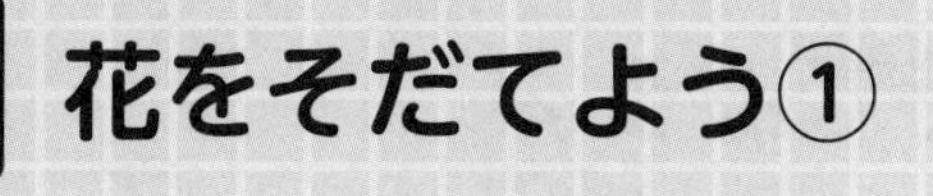

2 花をそだてよう①

1 たねと、花やみをかんさつして、ひょうにまとめました。
①や②は、㋐と㋑のどちらに入りますか。(　　)にかきましょう。

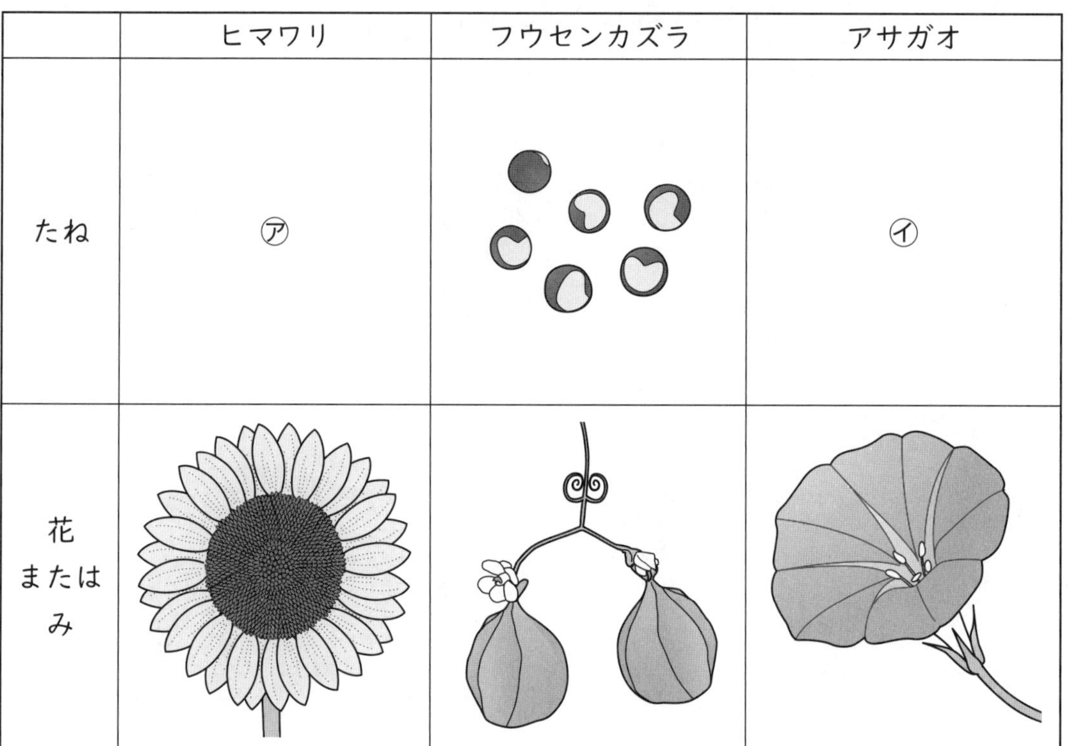

	ヒマワリ	フウセンカズラ	アサガオ
たね	㋐		㋑
花 または み			

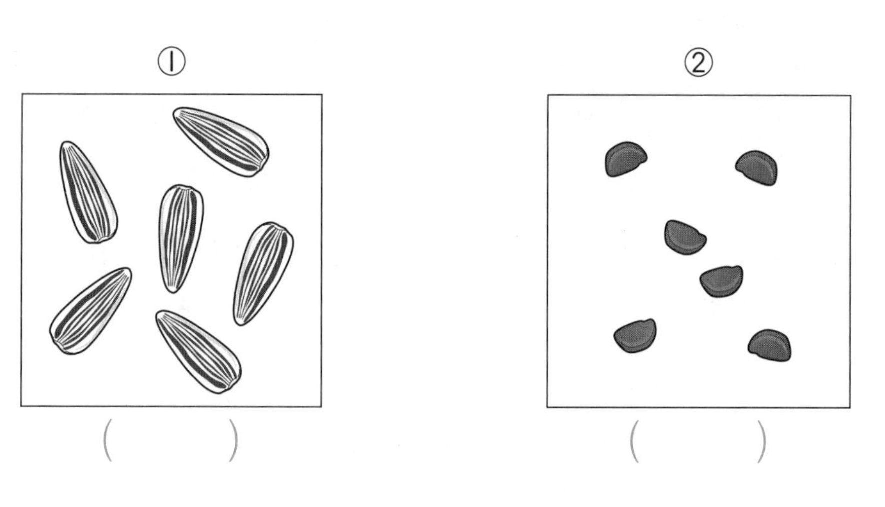

①　(　　　)

②　(　　　)

3 花をそだてよう②

1 アサガオのたねをまいて、そだてました。

(1) アサガオのたねまきを、正しいじゅんにならべかえます。
(　　)に、1から3のばんごうをかきましょう。

(　　)　(　　)　(　　)

(2) アサガオのそだちを、正しいじゅんにならべかえます。
(　　)に、1から3のばんごうをかきましょう。

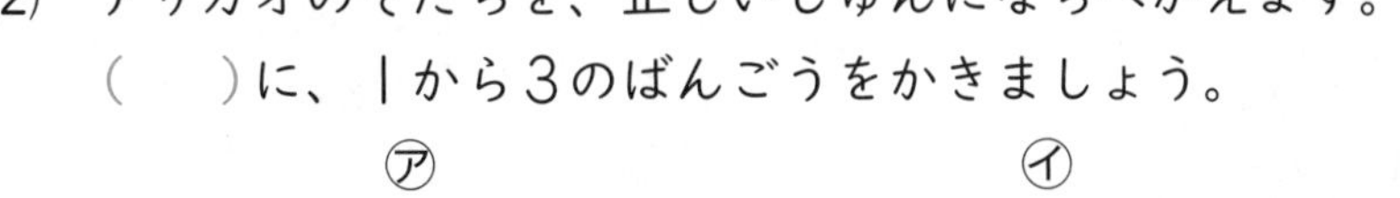
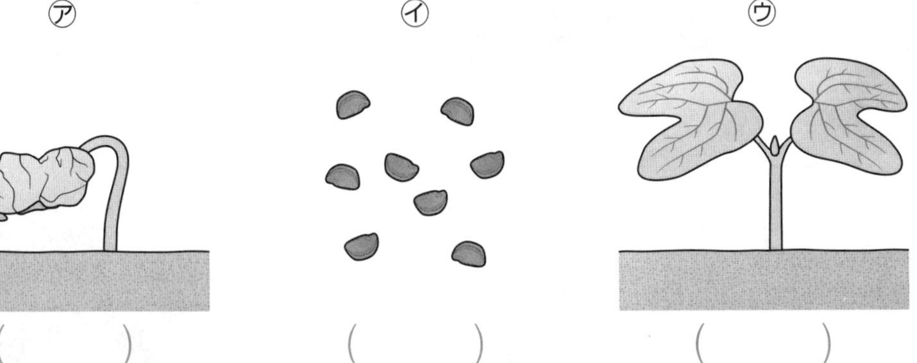

(　　)　(　　)　(　　)

(3) ①から④で、アサガオのせわのしかたで、正しいものはどれですか。
正しいものを2つえらんで、(　　)に○をかきましょう。

①(　　　)日当たりのよい場しょにおく。
②(　　　)水は毎日よるにやる。
③(　　　)ひりょうはやらなくてよい。
④(　　　)つるがのびたら、ぼうを立てる。

4 きせつだより

1 それぞれのきせつに、生きものをかんさつしました。
夏に見られる生きものには○を、秋に見られる生きものには△を、
（　　）にかきましょう。

①ヒマワリ（花）　（　　）

②アサガオ（花）　（　　）

③キンモクセイ（花）　（　　）

④イチョウ（黄色の葉(は)）　（　　）

⑤カエデ（赤色の葉）　（　　）

⑥エノコログサ　（　　）

⑦コナラ（み）　（　　）

⑧カブトムシ　（　　）

⑨コオロギ　（　　）

5 野さいをそだてよう

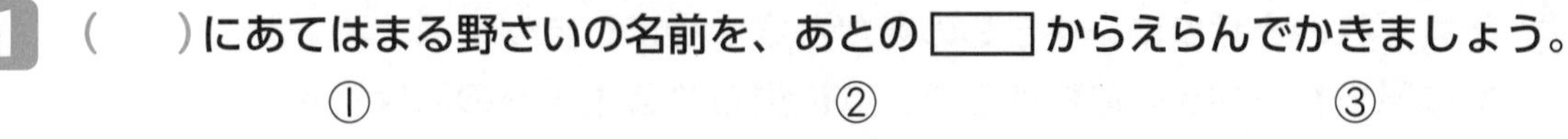

1 （　　）にあてはまる野さいの名前を、あとの［　　］からえらんでかきましょう。

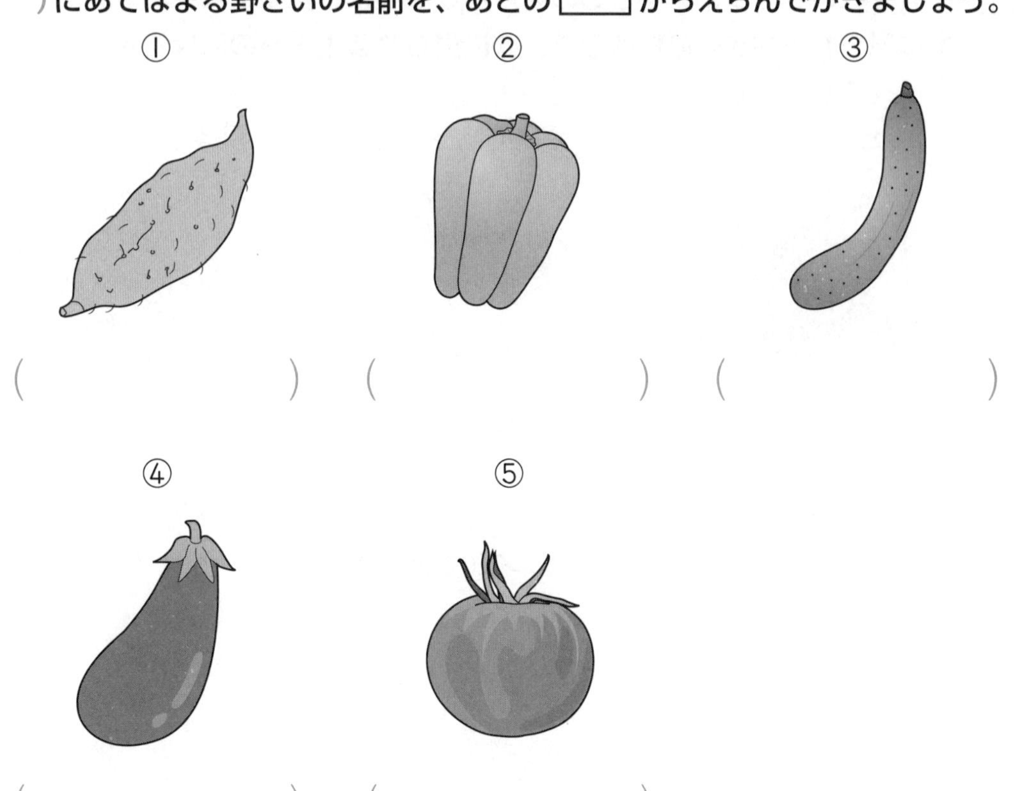

①（　　　　）　②（　　　　）　③（　　　　）

④（　　　　）　⑤（　　　　）

キュウリ	サツマイモ	トマト	ナス	ピーマン

2 野さいのなえのうえかえを、正しいじゅんにならべかえます。
（　　）に、１から３のばんごうをかきましょう。

㋐土をかけて、上からかるくおさえる。

（　　）

㋑なえをそっととり出し、うえる。

（　　）

㋒なえが入る大きさのあなをほる。

（　　）

6 生きものを見つけよう②

1 ①から④の生きものは、どこで見つかりますか。
（　　）にあてはまることばを、あとの□からえらんでかきましょう。

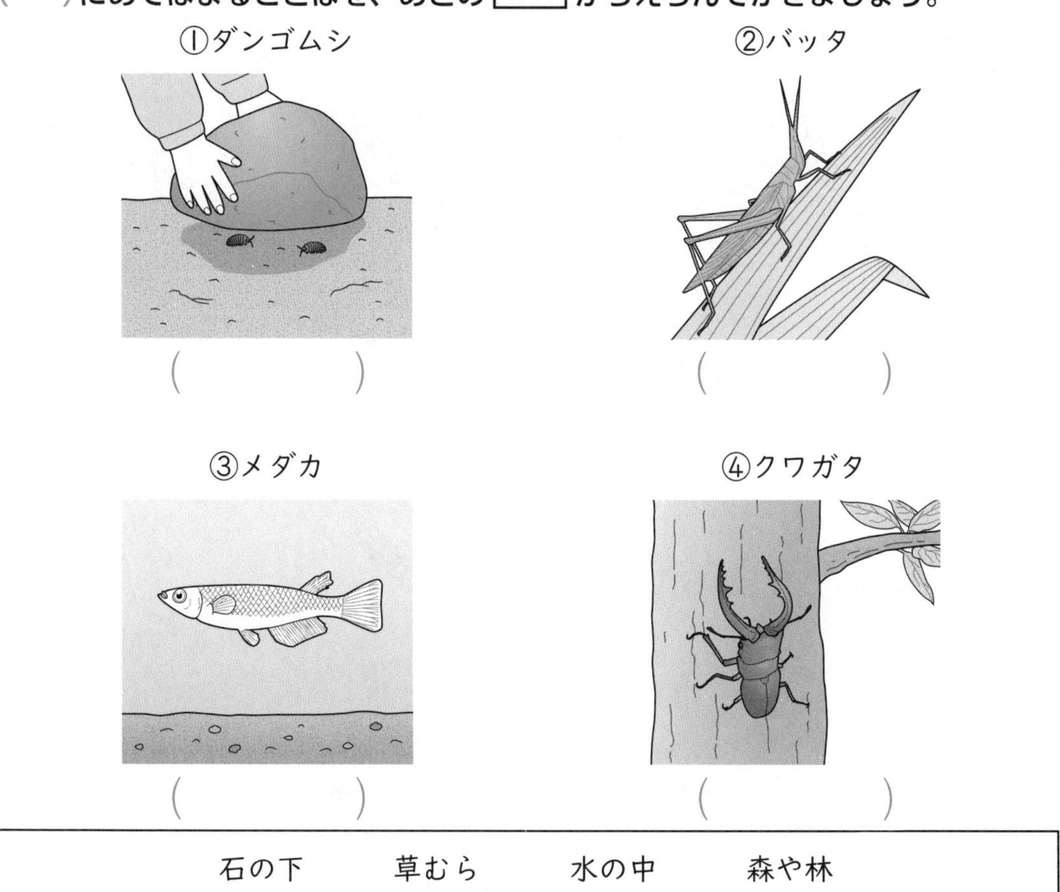

①（　　　　）　②（　　　　）

③（　　　　）　④（　　　　）

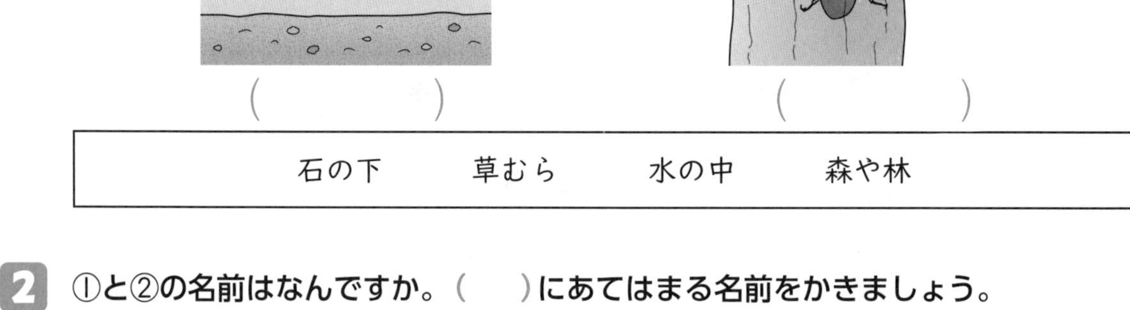

石の下	草むら	水の中	森や林

2 ①と②の名前はなんですか。（　　）にあてはまる名前をかきましょう。

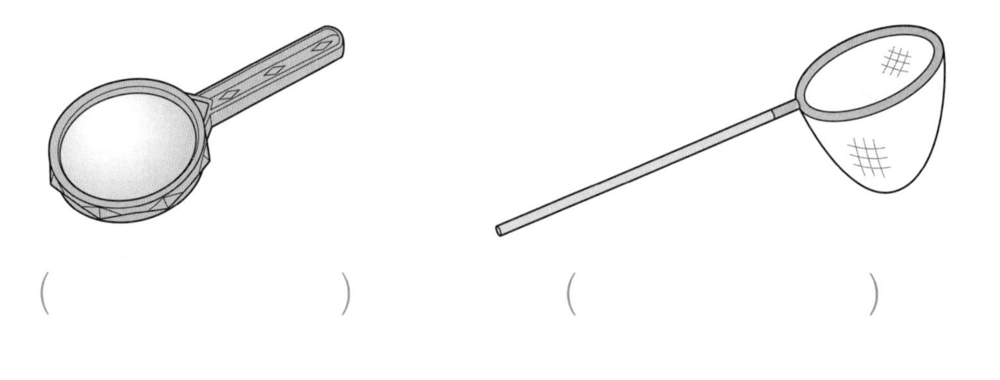

①（　　　　）　②（　　　　）

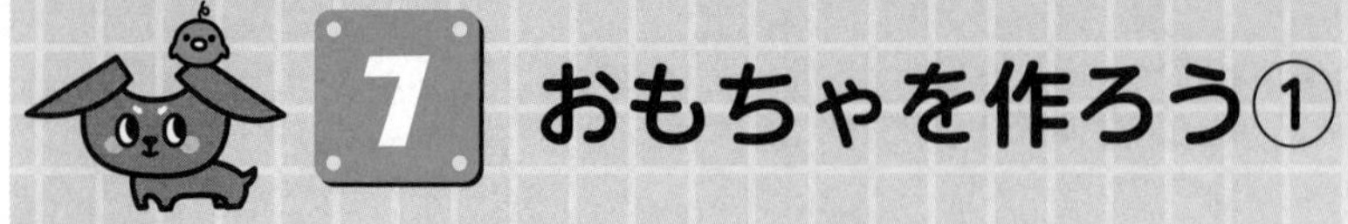

7 おもちゃを作ろう①

1 おもちゃを作るときに、道ぐをつかいます。
（　　）にあてはまることばを、あとの□からえらんでかきましょう。

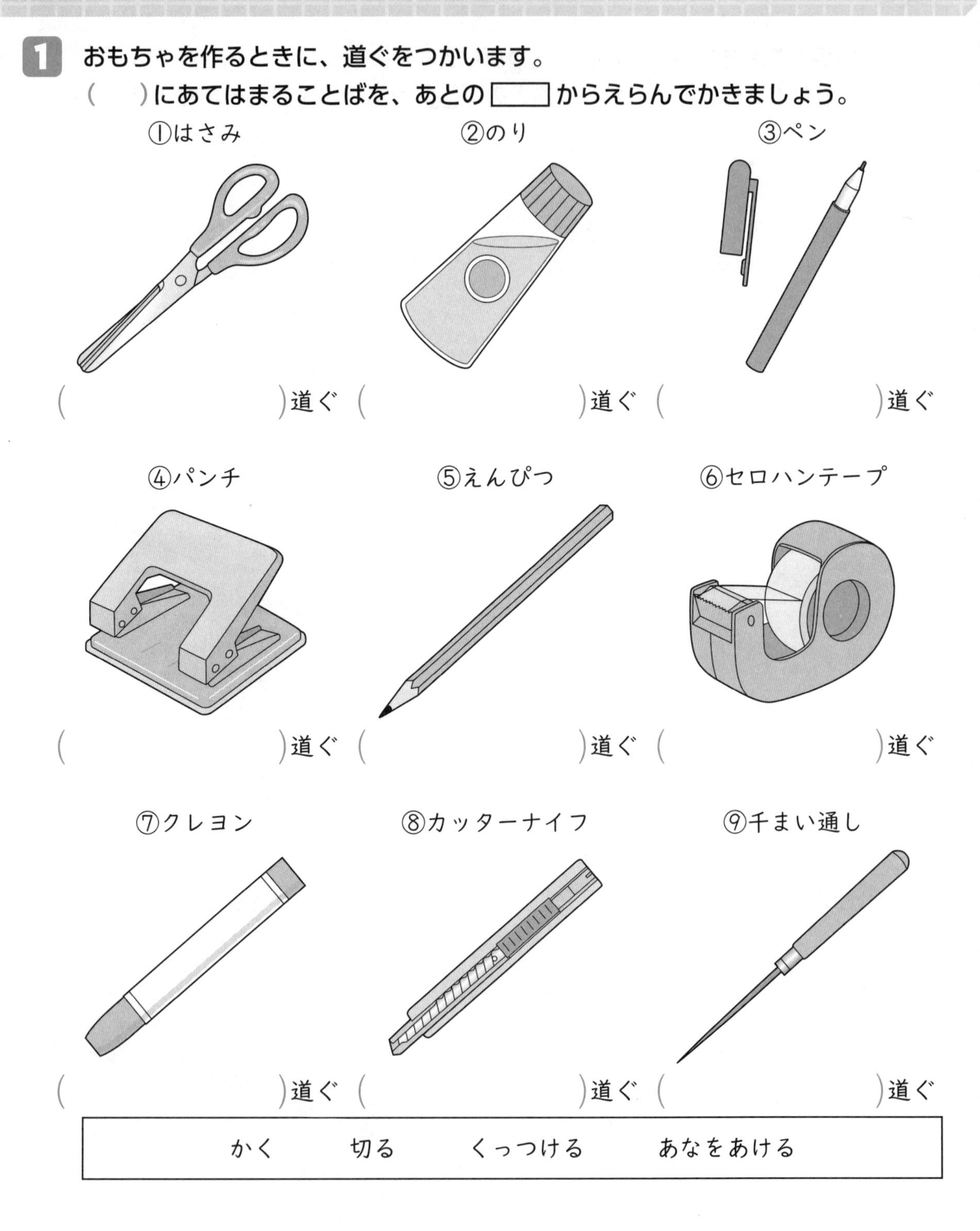

①はさみ　（　　　　　）道ぐ
②のり　（　　　　　）道ぐ
③ペン　（　　　　　）道ぐ
④パンチ　（　　　　　）道ぐ
⑤えんぴつ　（　　　　　）道ぐ
⑥セロハンテープ　（　　　　　）道ぐ
⑦クレヨン　（　　　　　）道ぐ
⑧カッターナイフ　（　　　　　）道ぐ
⑨千まい通し　（　　　　　）道ぐ

かく　切る　くっつける　あなをあける

8 おもちゃを作ろう②

1 カッターナイフをつかうときのやくそくです。
①から③で、正しいものに○を、正しくないものに×を、(　　)にかきましょう。

①もつほうをむけて
わたす。

②はの通り道に
手をおかない。

③すぐつかえるように
ずっとはを出しておく。

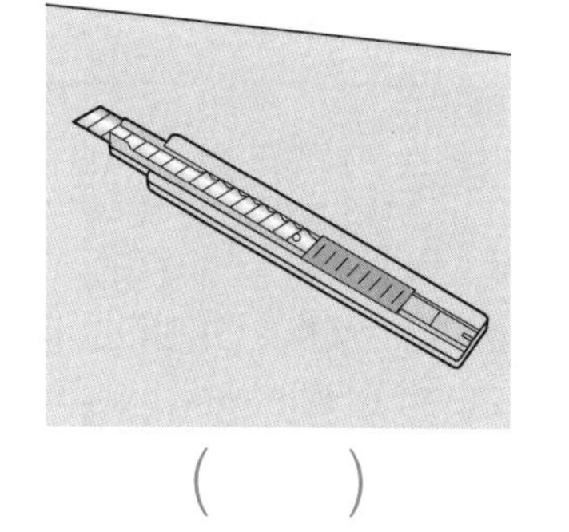

(　　)　(　　)　(　　)

2 おもちゃを作りました。①から③は、何の力をつかったおもちゃですか。
(　　)にあてはまることばを、あとの□からえらんでかきましょう。

①ごろごろにゃんこ　②ウィンドカー　③さかなつりゲーム

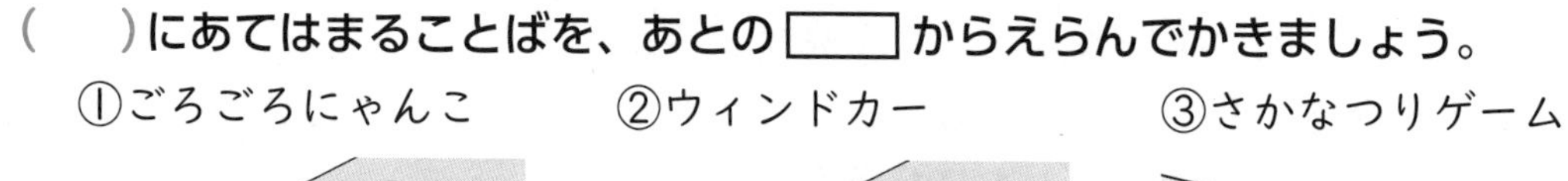
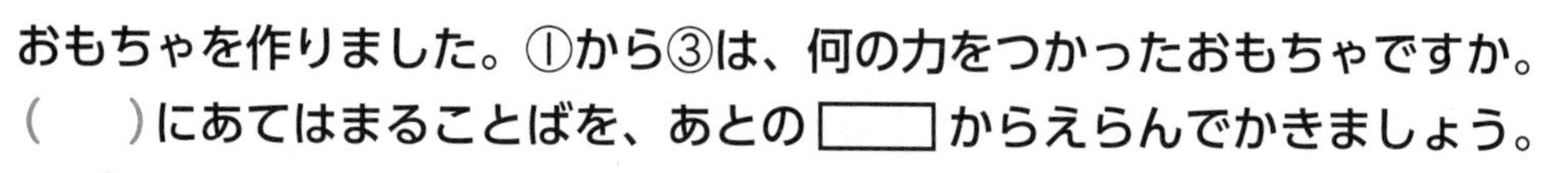

(　　　　)　(　　　　)　(　　　　)

おもり　　風　　じしゃく

9 はっぴょうしよう

1 話し合いをするときに大切なことについて、
（　　）に入ることばを、あとの［　　］からえらんでかきましょう。

①話し合いをするときに、（　　　　）をきめておく。
②自分が（　　　　）いることを、はっきりと言う。
③だれかが（　　　　）いるときは、しっかりと聞く。

思って　　話して　　めあて

2 はっぴょう会で、自分のしらべたことをはっぴょうしたり、
友だちのはっぴょうを聞いたりしました。

(1) 話し方として、正しいものを2つえらんで、（　　）に○をかきましょう。
①（　　）下をむいて、ゆっくりと小さな声で話す。
②（　　）ていねいなことばづかいで話す。
③（　　）聞いている人のほうを見ながら話す。

(2) 話の聞き方として、正しいものを2つえらんで、（　　）に○をかきましょう。
①（　　）話している人を見ながら、しずかに聞く。
②（　　）まわりの人と話しながら聞く。
③（　　）さいごまでしっかりと聞く。

3 しらべたことやわかったことを、伝えるときのまとめ方について、
①や②はどのようなまとめ方ですか。
（　　）に入ることばを、あとの［　　］からえらんでかきましょう。

①けいじばんなどにはって、たくさんの人に伝えることができる。
（　　　　　）
②伝えたい人が手にとって、じっくりと読んでもらうことができる。
（　　　　　）

げき　　パンフレット　　ポスター

答え

1 生きものを見つけよう①

1 ①　②　③

チョウ　テントウムシ　ダンゴムシ

④　⑤

タンポポ　チューリップ

★生きものをかんさつするときは、見つけた場しょ、大きさ、形、色などをしらべて、カードにかきましょう。また、きょうかしょなどで、名前をしらべましょう。

おうちのかたへ

３年理科でも身の回りの生き物を観察しますが、そのときには生き物によって、大きさ、形、色など、姿に違いがあることを学習します。

2 花をそだてよう①

1 ①　②

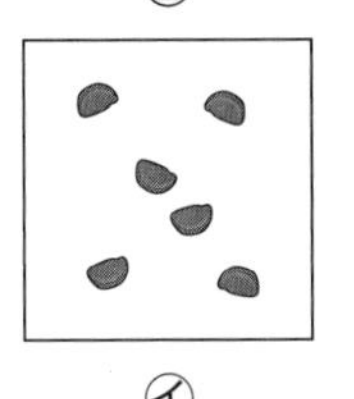

㋐　㋑

★ヒマワリ、フウセンカズラ、アサガオで、たねの大きさや形、色がちがいます。くらべてみましょう。

おうちのかたへ

３年理科でも植物のたねをまき、成長を観察しますが、そのときには植物の育つ順序や、植物の体のつくりを学習します。

3 花をそだてよう②

1 (1)　㋐　㋑　㋒

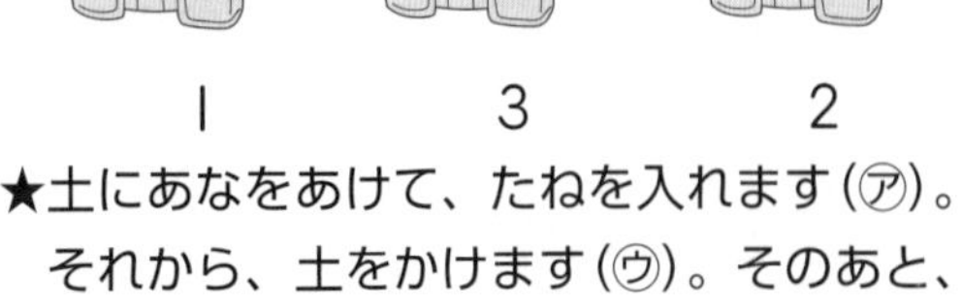

1　3　2

★土にあなをあけて、たねを入れます(㋐)。それから、土をかけます(㋒)。そのあと、土がかわかないように、水をやります(㋑)。

(2)　㋐　㋑　㋒

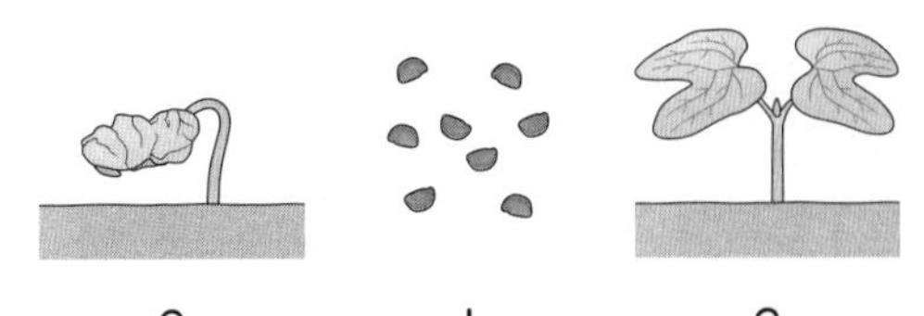

2　1　3

★たね(㋑)からめが出て(㋐)、葉がひらきます(㋒)。

(3)①と④に○

★アサガオをそだてるときには、日当たりと風通しのよい場しょにおきます。水は土がかわいたらやるようにします。

おうちのかたへ

３年理科でも植物の栽培をしますので、そのときに、たねのまき方や世話のしかたを扱います。

4 きせつだより

1

①ヒマワリ（花）	②アサガオ（花）	③キンモクセイ（花）
○	○	△
④イチョウ（黄色の葉）	⑤カエデ（赤色の葉）	⑥エノコログサ
△	△	△
⑦コナラ（み）	⑧カブトムシ	⑨コオロギ
△	○	△

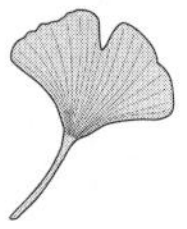

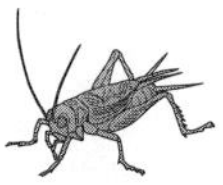

★イチョウやカエデの葉は、夏にはみどり色ですが、秋になると黄色や赤色になって、やがて落ちます。

おうちのかたへ

動物の活動や植物の成長と季節の変化の関係は、４年理科で扱います。

5 野さいをそだてよう

1

①サツマイモ　②ピーマン　③キュウリ
④ナス　⑤トマト

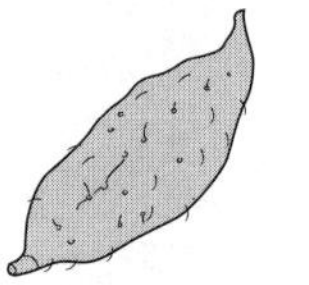

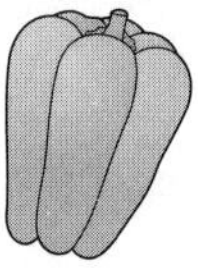

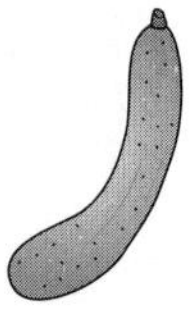

★ふだん食べている野さいを思い出しましょう。

2

㋐	㋑	㋒
3	2	1

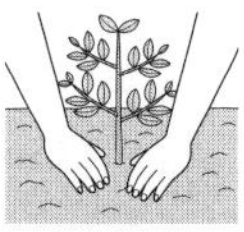

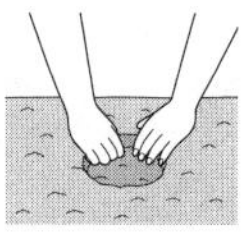

★なえの大きさに合わせて、あなをほります（㋒）。ねをきずつけないように、そっとなえをとり出して（㋑）、土にうえます。うえたあとは、土をかぶせてかるくおさえます（㋐）。

おうちのかたへ

３年理科でも植物の栽培をしますので、そのときに、植え替えのしかたを扱います。

6 生きものを見つけよう②

1 ①ダンゴムシ　②バッタ

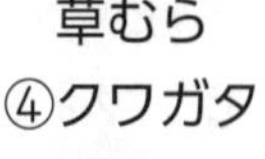

石の下　草むら

③メダカ　④クワガタ

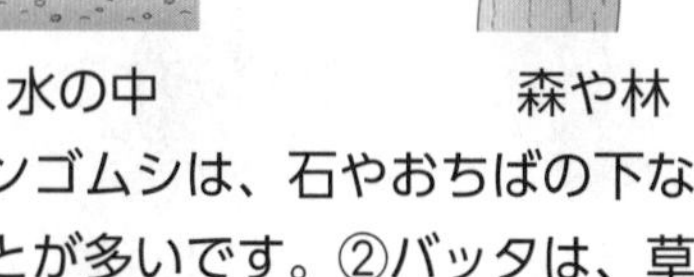

水の中　森や林

★①ダンゴムシは、石やおちばの下などにいることが多いです。②バッタは、草むらにいることが多いです。③メダカは、池やながれがおだやかな川などにすんでいます。④クワガタは、じゅえきが出る木にいます。

おうちのかたへ

３年理科で、生物と環境の関わりを扱いますので、そのときに昆虫のすみかや食べ物の関係を学習します。

2 ①　②

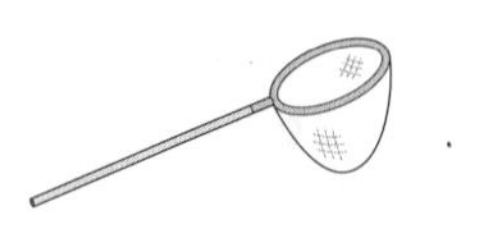

虫めがね　(虫とり)あみ

★虫めがねは、小さいものを大きくして見るときにつかいます。(虫とり)あみは、虫をつかまえるときにつかいます。

おうちのかたへ

３年理科で、虫眼鏡の使い方を学習します。

7 おもちゃを作ろう①

1 ①はさみ　②のり　③ペン

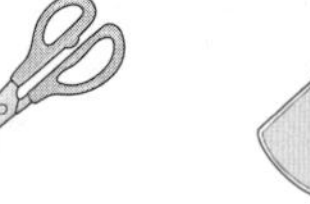

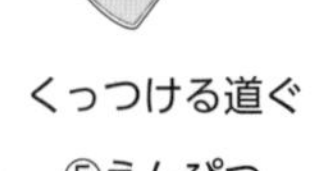

切る道ぐ　くっつける道ぐ　かく道ぐ

④パンチ　⑤えんぴつ　⑥セロハンテープ

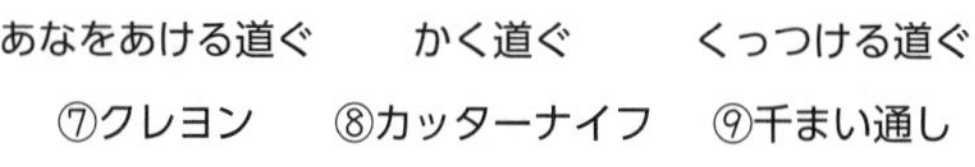

あなをあける道ぐ　かく道ぐ　くっつける道ぐ

⑦クレヨン　⑧カッターナイフ　⑨千まい通し

かく道ぐ　切る道ぐ　あなをあける道ぐ

★⑧カッターナイフは、はを紙などに当てて切る道ぐです。はが通るところに手をおいてはいけません。⑨千まい通しは、糸などを通すあなをあけたいときにつかいます。

8 おもちゃを作ろう②

1

①    ○

② 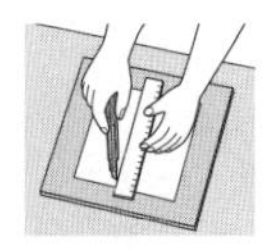  ○

③ 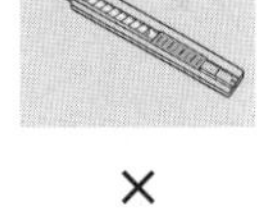 ×

★②カッターナイフのはが通るところに、手をおいてはいけません。③カッターナイフをつかわないときには、はをしまっておきます。

2

①  おもり

② 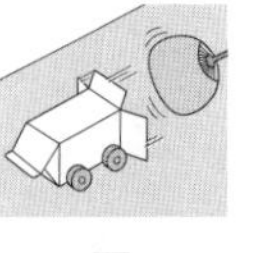 風

③ 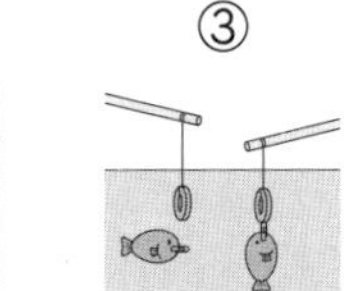 じしゃく

★①中に入れたおもりによって、前後にゆらゆらとうごくおもちゃです。②広げた紙が風をうけて、前へすすみます。③紙でつくった魚につけたクリップがじしゃくにくっつくことをつかって、魚をつり上げます。

おうちのかたへ

理科でも、ものづくりは各学年で行います。風の力や磁石の性質は、3年で扱います。

9 はっぴょうしよう

1 ①めあて
②思って
③話して

2 (1)②と③に○

★みんなのほうを見ながら、ていねいなことばづかいで、聞こえるように話しましょう。

(2)①と③に○

★話している人にちゅう目し、話をよく聞きましょう。しつもんがあれば、はっぴょうがおわってからします。

3 ①ポスター
②パンフレット

★だれに何をどのようにつたえたいかによって、はっぴょうのし方をえらびます。